陳春花——著

經營的本質

THE ESSENCE
OF BUSINESS OPERATIONS

回歸4大基本元素
讓企業持續成長

目錄

Chapter 3

行銷的本質

Chapter 4

產品的本質

Chapter 5

服務的本質

【繁體中文版總序】
在不確定中尋求確定

近二十年來，我一直在研究處於複雜環境下企業如何獲得可持續增長的問題。我的關注焦點涵蓋諸多方面：管理者所面臨的主要問題是什麼？影響組織績效的因素是什麼？互聯網技術背景下，個體與組織的關係發生了什麼改變？商業模式創新對組織管理的挑戰是什麼？企業所面對的數字化挑戰是什麼？

這一系列的研究讓我發現了很多變化的東西，但也同樣讓我發現了一些獨特的東西，那就是變化中有一些不變的東西。我開始從經營與管理兩個方面去觀察，並得到了一些認識，這些認識就是《經營的本質》與《管理的常識》寫作的核心內容。

現實的觀察和我自己親身的實踐，都讓我明確地知道，在任何環境之下，總是有優秀的企業脫穎而出；總是有優秀企業能夠超過複雜變化，找到驅動增長的力量；總是有企業能夠獲得發展的機會，無論順境還是逆境。在仔細分析這些企業內在的影響因素時，讓我深深地瞭解到：成功的企業會持續關注變化的因素，但是也從來都關注那些最基本的要素，都在回歸基本層面上做努力，這也正是它們取得成功的祕訣。它們成功的實踐讓我關注到了規律性的認知，這就是有關「經營的本質」的判斷與行動，以及對「管理的常識」的認知與行動。

所以在這兩本書中，我對「本質」與「常識」性的問題進行深入研究，希望達成三大主要目標：(1)清晰明瞭地提煉出用於提高組織中的管理效率的有效思考路徑，以便更好地闡述為什麼回歸「管理常識」是如此的重要；(2)向讀者闡述，在競爭愈發激烈的當今世界，為什麼企業更需要回歸「經營的本質」；(3)就有效增長與可持續發展這一至關重要的問題，為企業領導者和管理者提供思考和實踐的分享。

這兩本書的觀點、支撐案例以及相關資料，是源自我於一九九二年至二〇一四年間所完成的大量企業調查研究，而最令我感到欣喜的是，我所深度調查研究的這些企業，如華為、聯想、海爾、TCL、美的、騰訊、新希望等，業已發展成為各自領域的領先者。無論是這些企業自身的發展，還是我自己的持續研究，都讓我深信，對於不斷變化的環境，企業需要回歸到顧客層面去做全面的改變和調整，而改變的方法就是回歸經營的本質去思考和行動；對於不斷變化的環境，企業都需要回歸到組織成員的層面去做全面的改變和調整，而改變的方法就是回歸管理的常識去思考和行動。這兩本書所體現的正是這個觀點。

很高興這兩本書能夠在台灣出版，我非常期待看到這本書的每位讀者，能夠展開一段反思的旅程，能夠離開紛繁的複雜環境，定下心來思考這些最根本性的話題，並由此獲得屬於你自己的確定性。

陳春花
北京大學王寬誠講席教授、中國發展研究院BiMBA院長

序
經營的邏輯

二〇一〇年為了梳理管理中的基本問題，我寫了《管理的常識》這本書。書籍出版後，很多讀者問我，是否可以把經營中的基本問題做一個整理，這引發了我寫作本書的慾望。特別是時任華章公司總經理的周中華，特地和我溝通，並建議我能否也寫一本關於經營的常識之後，我覺得有必要做這樣的整理，以幫助大家澄清經營上的一些認知偏差。從二〇一〇年到現在，寫作斷斷續續，一方面由於需要將過去自己有關經營的思考整理出來，另一方面由於需要深入到企業的經營實踐中，在一個完全不確定的環境下確認我自己認知的合理性。

在與中國企業共同成長的二十多年時間裡，我曾為中國境內大大小小公司的董事會和CEO提供諮詢和服務，自己也曾有幸直接承擔CEO的職責。這些深入的交流以及完整的績效擔當，讓我注意到，每個優秀的企業家和經理人，總是可以幫助企業實現年復一年的盈利和成長。無論順境還是逆境，他們總是可以自如地超越，他們能夠透過複雜的商業現象和錯綜複雜的市場脈絡，找到企業經營的核心要素，讓公司的每個成員理解這些核心要素，並落實到企業的經營行動中。

那麼這些核心要素到底是什麼？怎樣才可以幫助企業實現有價值的增長？尤其是在一個完全不確定的、不再提供增長的環境中，如何能不受環境的約束，獲得企業自身的成長？這些都是我所關注和需要面對的問題。二十多年的觀察、研究和實踐，讓我深深地了解到：成功的企業從來都關注那些最基本的要素，從來都可以回歸到基本層面上做努力，這也正是它們取得成功的祕訣。它們取得成功的祕訣，讓我關注到了規律性的認知，這就是有關「經營的本質」的判斷與行動。

若靜下心來思考，經營並沒有我們感受到的那樣複雜。企業活動中的一些普遍規律可以幫助我們化繁為簡，透過複雜的商業現象找到企業經營中的基本要素，並讓公司裡的每個人都能理解這些最基本的要素，從而使每個員工的行動與這些最基本的要素相關。如果能夠做到這一點，每個人都會感到公司經營的這些最基本要素與他們的工作息息相關，並從中獲得最大的成就感和滿足感，而公司也能因此獲得盈利性的成長。

經營的基本元素只有四個：顧客價值、合理成本、有效規模、具有人性關懷的盈利。每個人都可以掌握這四個最基本的要素，並且可以培養自己沿著這四個要素做出選擇和判斷的思維習慣。所以對於策略、行銷、產品、價值鏈、服務、品牌本質的認識，都是基於對這四個基本元素的理解。我想告訴讀者的是：企業經營活動遵循著自己的本質規律，一旦掌握了這些基本規律，你就掌握了面對不確定性成竹在胸的能力。

這本書應該說是我一貫思考的延續，《領先之道》、《回歸營銷基本層面》、《超越競爭》、《中國企業的下一個機會》、《冬天的作為》這一系列的研究，都是在力圖解決中國企業如何成長的問題。一九九二年開始至今，我只是希望在不斷變化的市場環境下，持續關注中國企業所面對的問題，並能夠找到一條可持續的道路，回歸經營本質是今天不得不做出的選擇和調整。

本書思想的基礎，來自自己長期不懈地觀察那些最成功的中國企業之思考和行動。在本書中，讀者將會看到這些成功的企業運用經營的本質要素展開行動，並取得成功的過程。所以我非常感謝美的集團、華為公司、新希望六和集團、TCL集團、騰訊公司、阿里巴巴、西部超導科技公司等，也感謝和我一起研究這些企業案例的劉禎和陳鴻志同學，以及袁璐編輯。這些成功的企業非常了解自己的顧客，也非常清晰地理解成本、規模與盈利的結構，它們改採取的行動和選擇，人人都可以運用。當你學會回歸到本質去思考和行動時，你就會減少很多不必要的浪費，你會看到一切努力都會富有成效。更重要的是，你會更有激情，因為能夠看到你所投入的資源和努力，都可以幫助公司成長，而你自己的能力也會大大提升。

我深信，對於不斷變化的環境，企業需要回歸到顧客層面去做全面的改變和調整，而改變的方法就是回歸經營的本質去思考和行動，本書所體現的正是這個觀點。我非常期待看到這本書的每位讀者，能夠先拋開自己的經營經驗，雖然這些經驗曾經幫助你獲得過成功，未來有可能也會幫助你成功，但是抓住過去不放，無助於你鍛鍊自己的思維和提高自己的能力，也不能幫助你更好地去應對不斷湧現的新情況。

一個學生講了一個關於皮鞋的小故事，我轉述如下：

很久很久以前，人類都還赤著雙腳走路。有一位國王到某個偏遠的鄉間旅行，因為路面崎嶇不平，有很多碎石頭，刺得他的腳又痛又麻。回到王宮後，他下了一道命令，要將國內的所有道路都鋪上牛皮。他認為這樣做，不只是為自己，還可造福他的人民，讓大家走路時不再受刺痛之苦。但即使殺盡國內所有的牛，也籌措不到足夠的皮革，而所花費的金錢、動用的人力，更無以數計。雖然根本做不到，甚至還相當愚蠢，但因為是國王的命令，大家也只能搖頭嘆息。一位聰明的僕人大膽向國王提出建言：「國王啊！為什麼您要勞師動眾，犧牲那麼多頭牛，花費那麼多金錢呢？您何不只用兩小片牛皮包住您的腳呢？」國王聽了很驚訝，但也當下領悟，於是立刻收回成命，採納了這個建議。據說，這就是「皮鞋」的由來。

這正是我想表達的觀點，過去三十多年的中國經濟快速增長，的確造就了非常成功的一大批企業和企業管理者，但這並不能說明這些企業和企業管理者一定能夠保證未來的成功，尤其是如果這些成功並不是來源於最基本的經營元素，而是來源於資源和環境的增長。事實上，未來屬於那些能夠趕在變化之前就做出準確判斷，圍繞著經營基本元素做出改變的人。如果故步自封、固守自己的核心優勢，不願創新，就會被市場所拋棄，這也是我在本書最後一部分特別強調的內容。袁璐編輯問我，為什麼不把創新作為單獨的一章來寫？他問得非常好，我之所以沒有把創新作為單獨的一章來寫，是因為創新需要體現在每一個行動中，創新已經是必備的基本能力，如果不能夠創造性地理解經營的基本元素，也就無法真正實現經營本身。

陳春花
於廣州天河五山

1

經營的基本元素

「經營」是一個在日常營運中反覆提及的詞彙，但是人們對於經營的理解卻是千差萬別。我對經營的理解是和對經濟這個詞的理解分不開的。多年前在看一位文學家寫的隨筆時，讀到這樣一段話：「如果學習經濟學，一定會是滿含眼淚，因為這是一門悲哀的學問。」我第一次看到這句話的時候，搞不懂為什麼學習經濟學會是這樣的情緒，自己簡單地認為這是文學家的渲染。隨著對於經濟學理論的理解，開始明白這句話的深刻含義。格里高利·曼昆（N. Gregory Mankiw）教授每一年在為哈佛大學一年級學生講授經濟學課程的時候都會說：「經濟學課程的目的是理解人類居住的這個世界，而不是倡導某個特定的政策立場。」[1]

借助於曼昆對於經濟學的理解，我明白為什麼經濟學如此的悲哀，因為「經濟」就是用有限的資源，去滿足人們無限的需求，這是一個經濟學本身根本無法完成的任務。經營與經濟最大的差異在於：經營是用有限的資源，創造一個盡可能大的附加價值，再用附加價值來滿足人們無限的需求。換個角度看，就是經營較之經濟，會創造出更大的價值，而兩者所使用的資源是一樣的。自從我如此理解經營的含義之後，無論是講授管理課程，還是成為一個管理者，我都要求自己一定要牢記「創造價值的經營理念」，要求自己無論是怎樣關注管理，都必須要在「經營理念」下發揮管理的作用。

經歷了三十年發展的中國企業，已經具備了一定的基礎和實力。隨著環境以及競爭特性的改變，企業如何經營才能夠適應當下這個變化的環境？企業管理者如何才能夠讓企業免於陷入危險的境地？這成為企業管理者需要解決的關鍵話題。中國的企業熱衷於追逐最新的管理工具，管理學者也熱衷於不斷推介新的管理理論，但對於什麼才最有效，什麼最符合企業的需要，要如何選擇，不少企業感到困惑。

在過去二十年管理工具調查中發現，企業在二〇〇〇至二〇一〇年這十年間，大幅提升了各種管理工具的使用率，在我自己訪問的企業中平均每個企業使用十六種管理工具，這些企業都不同程度地使用了策略規畫、標竿學習、企業文化、流程再造、目標管理、平衡計分卡、績效考核、六標準差（Six Sigma）等工具。目前全球最新、最熱的管理工具在中國企業中得到廣泛使用，普及程度超出我的想像。

但是，大家都忘了一個簡單的事實：企業並不是新理論和新工具的實驗場。企業需要的並不是令人眼前一亮的新管理工具，也不是新的管理概念。企業需要的是實實在在的經營結果，這些管理工具如果不能夠為提升經營品質、獲得經營結果服務，就無法真正產生價值，僅僅是工具而已。人們應該關心的是如何圍繞經營本質的基本元素來展開工作，而不是單純地追求管理本身的效果，離開經營本質的基本元素所做的一切努力都可能是無效的管理。如果不能回歸基本面，追求新穎時髦的管理實務與管理工具，只是捨本逐末罷了。

經營的目的就是獲得顧客的認同和市場的回饋，就是要取得經營成效，取得投入產出的有效性，這是經營之所以重要的原因，因此為實現經營目標，就需要界定經營的基本元素是什麼。我認為經營的基本元素有四個：顧客價值、成本、規模、盈利。

顧客價值

真正影響企業持續成功的主要重心不是公司的策略目標，也不是發展策略和營運管理的流程，而是專注、焦點集中於為顧客創造價值的力量。聚焦於為顧客創造價值是第一個經營的關鍵基本元素。所以彼得・杜拉克（Peter F. Drucker）說：「企業的目的就是創造顧客」。[2]

二〇一〇年十一月，騰訊QQ與奇虎360的爭端升級以致水火不容，把互聯網企業追逐利益的心態顯露無遺，而網友則用「我們剛剛做出了一個非常艱難的決定」這句話開始了造句熱潮（這句話是騰訊決定放棄用戶來回應360時所傳遞的說辭），用這樣的方式來表達內心的不滿和憤怒。二〇一〇年十一月四日，騰訊控股（00700.HK）股價應聲下跌三・一％。遊戲公司4399董事長、天使投資人蔡文勝表示，感謝QQ、360和騰訊微博，讓人們看到如此殘酷、詭異又波折的一場互聯網大戰，雖然主角只有兩個，配角卻是所有的互聯網公司，而廣大網友才是真正的參與者和最後的仲裁者。[3]

的確，這是一場多輸的網路大戰，只是不知道兩位主角為什麼要把衝突強加在用戶的身上，這兩家企業是否有了解到：傷害顧客價值的選擇一定會使得自己失去顧客，從而失去自己存在的價值。

理解顧客價值

就其本質而言，企業應當貼近顧客。作為企業就應該去滿足顧客的需求，但是這場互聯網企業紛爭中的企業行為，讓我感受到的是過於熱衷競爭遊戲，而不是圍繞顧客需求展開日常工作。很多企業在過去的二十年間，都經歷了巨大的變化：製造活動實施了全面品質管理，供應活動正努力向即時管理方向過渡，資訊技術的運用使得企業內部大量的文字工作被替代，管理人員的數量也在減少，等等。但是，我最為驚訝的是在這一切努力的背後，對於顧客所做的努力並沒有太大的改變，確切地說就是企業的經營沒有什麼改變。

為了應對當下的挑戰並在未來的時代扮演好應有的角色，今天的企業需要表現出來一系列新的特徵，這些特徵就是更好地理解顧客的需求，提供真正的價值。早在一九六〇年，西奧多．李維特（Theodore Levitt）在其影響深遠的「行銷短視症」（Marketing Myopia）[4]理論中就提出顧客導向。李維特認為許多大量生產的組織錯誤地採取了「產品導向」而不是「顧客導向」，為此他寫文章傳達的關鍵訊息之一就是，如果企業從提供大量製造產品的做法轉向滿足顧客的真正需求，那麼企業進入市場的方向就應該有重大的改變。正因為此，因應顧客時代的到來，企業需要做出重大的改變，不能再以以往的成功經驗來面對這個全新的時代，更加不能沿用企業原有的定位、舊有的習慣，企業需要真正以顧客為導向做出全面的調整。

因此，騰訊和360之間的爭端從任何角度看，無論兩家公司各自的理由如何充分，都不能夠被接受。因為無論騰訊還是360都沒有在顧客感知價值上做深入的判斷，而簡單地理解為「自己代表的就是顧客立場」，因此兩家公司都在用戶上較勁，而不是基於用戶的立場來做出選擇，這個方向從根本上講就是錯誤的。其錯誤就在於兩者對於顧客理解的錯誤。無論是騰訊還是360對於顧客的理解都來自對於自身產品的概念，認為產品本身滿足了顧客的需求。事實上顧客既沒有跟隨騰訊，也沒有跟隨360，顧客只是顧客，顧客沒有在兩個公司那裡，顧客是在顧客自己那裡。

熟悉麥可．波特（Michael Porter）的人知道，波特曾經明確地表示：策略定位起源於三個明顯彼此間不包含又常常相互銜接的地方。首先，策略定位可以確立在提供一個亞系列的產品或服務上，波特稱為「多樣化策略定位」。策略定位的第二個基準就是為特殊消費群的大部分需求或全部需求服務，波特稱為「需求策略定位」。策略定位的第三個基準就是分割以不同方式贏得的顧客，儘管他們的需求與其他顧客的需求相似，但進入經營活動的布局卻不同，波特稱為「進入式策略定位」。波特在界定這三種來源的時候，也許是關注策略定位所要獲得的一個特定地位，我卻想借助於波特的界定來說明一個方向：離開競爭的著力點是目標市場的選擇，而騰訊和360兩個公司剛好去到了相反的方向，違背了各自的顧客價值。[5]

那麼什麼是顧客價值呢？「顧客價值」這個概念一直是爭論的熱點，人們希望能夠得到關於這個概念的清晰解釋，我自己也竭力想搞清楚如何描述這個概念，但是後來的實踐讓我放棄這種努力。我發現，「顧客價值」不是一個概念，而是一種策略思維，是一種準則，這個準則和思維用另外一個方式來表述就是「以顧客為中心」。「以顧客為中心」的思維方式涵蓋著這樣的思考：

- 顧客的需要和偏好是什麼？
- 何種方式可以滿足這種需要和偏好？
- 最適合於這種方式的產品和服務是什麼？
- 提供這些產品和服務的投入要素是什麼？
- 使用這些投入要素的關鍵資產與核心能力是什麼？

一個能夠創造顧客價值的公司應該是基於現代價值鏈進行思考，一切從顧客開始，為顧客創造價值，由顧客的偏好決定企業的技術和服務所付出的努力，由技術和服務的價值引導資源的投入，最後獲得公司的資產和核心能力，這樣的企業才會被確認是擁有市場能力並能實現持續成長的企業。人們之所以對互聯網企業之間的這場紛爭感到失望，是源於這兩家公司並沒有從顧客的價值出發，沒有考慮到顧客的偏好以及所需要的價值。如果用「顧客價值」來理解兩個公司今天的行為，人們看到的只是企業自身的邏輯，看不到「顧客為中心」的思維方式，看不到在這些行動中哪些因素是基於顧客層面所做出的投入。

相反在這次大戰中，人們看到更多的是企業自身的立場、自身的價值以及「以自己為中心」的思維方式。當討論即將結束的時候，由於網友、行業協會以及相關部門已經介入，使得騰訊和360能夠理性地解決問題，但是企業如果沒有從根本上認識到自己的錯誤，還是無法保證未來不發生類似的事情。我很高興看到這兩家公司回歸理性，也回歸到顧客價值的層面做出了調整，我希望這樣的回歸是這兩家企業之後長久的選擇。

企業只有一個立場

顧客的變化是一個根本的事實，大多數企業已經確認這一點，但是光有這個認識還不足夠，還需要企業管理者清楚圍繞顧客變化所做的努力如何展開，這就要求企業能夠圍繞著顧客思考，來選擇自己的策略。

傳統的經營思考起始於這樣的假設：價值是由企業創造的。透過選擇產品和服務，企業自主決定它所提供的價值。顧客代表著對企業提供產品和服務的需求。這樣的經營假設，企業需要建立一種與顧客之間的連接點（銷售過程），使企業的產品和服務從企業的手中交付到顧客手中。而騰訊和360正是傳統經營方式的典型代表，在這兩家企業看來，因為它們能夠提供產品和服務，所以它們假設顧客完全需要它們提供的產品和服務。因而在它們看來，可以給顧客施加壓力或者提出要求，來配合它們自身的需要。

但是，這些假設表現的是工業時代的企業觀點和實踐。管理者關注的是企業自身的價值鏈，也就是企業自身各個作業環節的過程。這種價值鏈系統主要代表著產品與服務成本的線性增加，有關製造什麼、從供應商那裡採購什麼、在哪裡組裝產品或者提供服務的決策，都源於這樣的假設。員工關注的是企業產品與過程品質，而這些主要靠六標準差和全面品質管理等內部管理規則來改進和強化，包括技術創新、產品創新與過程創新。所以，我們發現，企業所做的價值創造是在自己封閉的體系內完成的，價值創造的過程與市場是分離的。企業也做市場調查，也強調對於市場和消費者的理解，但是在具體的過程中，企業只按照自己的意願和標準進行努力，與消費者並沒有真正的連結。

由於認識到這一點，許多企業開始尋找新的經營假設，在這個方面所做的努力使得一些企業可以脫穎而出，而我堅持這個新的經營假設核心是：價值是由顧客和企業共同創造的。普哈拉（C.K. Prahalad）也提出這個觀點，他說：「傳統企業的關注焦點和企業對於價值鏈的關注，是創造和向消費者轉移產品所有權。但是，消費者的目標越來越趨向為獲取他們想要的體驗，而未必一定是產品的所有權。」[6]

所以，企業需要能夠以顧客的思維模式進行思考。這就要求企業學會放棄過去習慣的思維方式和管理方式。以往的企業思維模式是基於企業內部展開的，企業關注的是技術、計畫的制定、產品品質、成本降低、效率等。企業關注這些要素並沒有什麼錯誤，但是這表明企業的思維模式是由內向外的，也就是企業依據自己的能力來做選擇；而顧客則關注的是自身與社會的關係，或者可以說是由外而內的，也就是說顧客會依據自身在社會生活中所必須採取的行動來做選擇。這樣看來顧客和企業在思維模式上存在著巨大的差異，如果我們沒有關注到這個差異，企業所有的努力就無法真正對顧客產生影響並具有價值。

其實如果我們靜下心來，好好思考一下就不難理解，企業所做的很多努力為什麼不能夠提升顧客的購買意願，反而讓顧客離企業越來越遠。根本的原因就是企業受自己思維模式的誤導：過多地強調了自身的價值追求，卻忽略了顧客使用過程的價值。越來越多的企業行為給顧客帶來的是更多的困惑和疑慮，如果企業的行為導致顧客無法做出選擇，那麼顧客只有放棄選擇。因此，企業真正需要改變自己的思維模式而保持和顧客思維模式的契合，企業只有一個立場，就是顧客的立場。

顧客是競爭能力的源泉

時至今日，已經有越來越多的企業認識到顧客的重要性，並深刻理解到顧客在幫助企業建

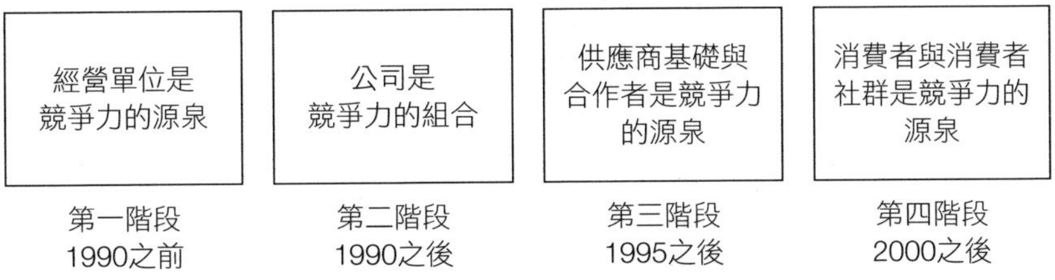
經營單位是
競爭力的源泉
公司是
競爭力的組合
供應商基礎與
合作者是競爭力
的源泉
消費者與消費者
社群是競爭力的
源泉
第一階段
1990之前
第二階段
1990之後
第三階段
1995之後
第四階段
2000之後

圖1-1

構新的競爭能力中所產生的作用。「核心競爭力」理論創始人之一的普哈拉在《消費者王朝》（*The Future of Competiton*）[7]這本書裡談到了競爭能力來源的變化（見圖1-1）。

從這個過程可以看出，在二〇〇〇年之後，企業的競爭能力不再是由企業內部的資源決定，而是由顧客資源決定，因而需要企業轉變自己對於市場和顧客的認識，需要企業從內部視角轉換到顧客視角。需要人們警醒的是，很多企業依然停留在第一階段和第二階段中，依然以自己的經營單位為核心競爭要素，依然根據公司資源來組合自己的競爭能力，順利發展到第三階段的企業並不多。如果不能夠從第一階段和第二階段發展到第三階段和第四階段，企業就無法適應當前的市場環境，因為那樣的企業其能力和市場特徵不相符合。

僅僅從理論上去理解還不夠，因為問題的關鍵是如何讓企業從顧客的角度來設計和組織企業的所有活動。例如蘋果公司（Apple），當一個產品成為熱銷產品時，他們會組織小組研究消費者下一個需求是什麼，從而提前準備好替代這個熱銷產品的新產品。正是在與消費者不斷的互動中，蘋果占據了競爭的優勢位置，從而保持領先。同樣的例子是樂高機器人（Lego Mindstorms），樂高機器人在其革新過程中就鼓勵消費者積極參與，而樂高機器人的使用者已經開發出整個軟體開發環境，與消費者積極而主動的體驗相結合，這些優勢積極地拓展了樂高機器人的可能性和應用性。

再看這樣一個案例，透過實施一項被稱作「創新激勵」（innocentive）的活動，美國禮來醫藥公司（Eli Lilly and Company）已經掌握了八千多位科學家的技能，用來解決與醫藥有關的、複雜性不同的科學問題。透過獲取公司外部的競爭能力，並對這個獲取過程進行有效控制，禮來醫藥公司成功地拓展了其研究與開發能力。這些成功的案例說明，今天的企業需要從顧客資源中汲取競爭能力的源泉。

企業不能獨立創造價值

今天的消費者可以從世界各地獲取有關企業、產品、技術、績效、價格和消費者行動與反映的訊息。在十年前，人們可能還不清楚汽車的基本知識，十年後，在網路上可以找到七百多種汽車車型的清單，任何地方的人都可以夢想擁有其中一款。透過獲取前所未有的大量訊息，有學識的消費者可以做出更精明的決策，透過網路連接在一起的消費者，現在正在共同挑戰產業的傳統，從金融業到製造業、從娛樂業到教育產業，無一倖免。

消費者變換角色的實際效果是什麼呢？就是企業不能夠再獨立自主地採取行動、設計產品、開發生產流程、精心製作市場行銷訊息和控制沒有消費者干預的通路。消費者正努力爭取在經營體系中的每一部分發揮影響力。的確，需要承認這樣一個事實：消費者已經開始更全面地影響企業的各個決策。消費者的不斷參與，使得傳統經營的假設受到了極大的衝擊：第一，任何既定企業或者產品都可以單方面地創造價值；第二，價值全部存在於企業或者產品與服務之中。換句話說，傳統經營的假設是企業可以獨立創造價值，但是全新的消費者形態使得這個假設不再成立，企業已經無法獨立創造價值。

在常規的價值創造過程中，企業與消費者扮演著不同的生產與消費的角色，產品與服務中包含著價值，在市場上進行交換，使產品與服務從生產者手中轉移到消費者手中，價值創造是發生在市場之外的。但是伴隨著消費者角色的轉換，企業和消費者不再具有明顯的區分和差異，消費者已經越來越多地參與到價值的界定和創造過程之中，所以價值創造不再發生在市場之外，而是發生在市場之中，可以說是企業與消費者共同在創造價值。

「核心競爭力」理論創始人之一普哈拉曾經這樣描述企業與消費者互動模式：這個模式立足於提高消費者與公司關係的複雜性，提高價值的獨特性。從公司與消費者一對一的共同創造體驗開始，進入公司與消費者社群一對多的共同創造體驗的變化和差異性，再到多家公司與多個社群多對多的共同創造體驗的個性化，普哈拉把這個模式稱為共同創造體驗的連續光譜。他說：「在當今的新興現實中，消費者與企業之間的上述互動模式，將會最終塑造價值創造的過程，挑戰現有的價值創造與經營方式。同時，它們也為企業與消費者創造了大量的新機遇。」[8,9]這就意味著，需要放棄企業獨立創造價值的傳統認知思維方式，必須放棄基於企業的顧客分類方法，也必須放棄站在企業層面理解顧客的習慣。

在共同創造的世界裡，應該把每一個與企業互動的個體視為消費者，以往人們是從自己的企業出發看待問題，沒有以單個消費者作為出發點看待問題，這是工業時代的基礎。然而，今天的競爭卻依賴於完全不同的、新的價值創造方法——基於以個體為中心，由消費者與企業互動共同創造價值。我稱之為「顧客價值時代開始」。[10]

很顯然，把來源於企業內部價值鏈的供應與消費者的需求高效地匹配起來，才是最具有價值的事情，也就是說，顧客價值的體系是企業價值體系的參照，企業需要一個全新的經營假設：價值創造的過程是以顧客及其創造體驗為中心的過程。

新的經營假設為經營管理帶來全新的啟示和要求，消費者與企業之間的互動成為企業創造價值的場所，二〇一一年風靡中國電視市場的《非誠勿擾》，二〇一〇至二〇一一年持續不斷的蘋果魅力，二〇一二年響徹雲霄的《中國好聲音》，等等，這些企業的成功都是從這樣一個全新的經營假設中獲得的。

對於企業而言，這樣的假設需要全新的經營能力，管理者必須有能力與消費者互動，企業必須具有柔性能力和柔性的網絡，以便形成多種共同體驗的機會和條件，以便讓消費者能夠在創造共同體驗中表達自己的需求，使得企業與消費者最後能夠融合在一起。

在這個全新的價值創造體系中，最為關鍵的是企業需要明白：新的經營模式既不是經營活動向顧客轉移，要求顧客來進行企業的經營；也不是面向顧客實施的資源外取活動，更不是產品與服務的訂製化。這樣的經營假設，不是企業與顧客之間的責任分配，更加不能理解為是分工，因為這個經營假設不是圍繞企業的產品與服務而發生的顧客事件，它是以圍繞顧客為中心的企業實踐。

必須集中公司能量專注於顧客價值

任何企業都需要謹慎對待顧客，並保持公司的運作模式與顧客需求相匹配。一些公司不斷擴大企業自身的能力，一味地追求更多、更大，這些都是在浪費公司的資源。如果公司不能夠專注於自己的顧客，這個公司不會具有真正的競爭優勢。

因此，對於企業管理者來說，工作的場所需要從公司的辦公室轉移到顧客的身邊，經理人需要關注的不是企業內部人員如何工作，而是需要關心顧客在做什麼。換句話說，經理人需要把自己的「工作焦點」與「顧客」重疊起來。強調「關注顧客」不是什麼新的觀點，全面品質管理（TQM）及顧客滿意度的概念的核心，便是由此產生，美國的馬康巴立治國家品質獎

（Malcolm Baldrige National Quality Award）更是此概念的延伸[11]。這一切早在《市場領導學》（*The Discipline of Market Leaders*）[12]一書中就明確地表述出來，該書的寫作前提是「無任一公司能同時應付各種人」，並鼓勵經理人要「選擇顧客、集中焦點、掌握市場」。無論經歷什麼樣的市場環境變化，所有成為市場領先的企業所表現出來的共性是：經理人能夠聚焦於顧客。

市場行銷觀念提醒人們必須注意一個事實：要跟上環境的變化，就必須研究消費者的欲求和價值觀並做出響應，必須針對同業提供的選擇快速做出調整。這個事實還特別提醒人們注意另一個事實：競爭經常來自行業外部。這一切提醒的背後，是在闡述這樣一個概念，那就是：沒有比顧客更重要的。當經理人對顧客投入關注，並能夠取得豐富資料的時候，整個組織便轉變為顧客導向的組織，顧客不再只是業務、行銷以及現場人員的責任，顧客成為全公司所有員工的事業，從生產作業、研究開發到財務人員等都清楚：公司的成功來自於顧客的認同，而他們也必須為此負責。

經理人需要知道，如果要建立屬於自己的時代，就必須集中企業的能量專注於目標顧客。能量不能夠集中，或者市場範圍過大，都會導致面臨困境，這是經理人必須有的邏輯思維，具有這樣邏輯思維的經理人就可以帶領企業在市場中取得競爭優勢。新的企業為什麼能夠取代強大的老企業，就是因為新的企業能夠專心一致地集中力量尋找突破口，而傳統的居領導地位的企業，反而因為擁有太多的訊息和機會，經不住誘惑以及資源雄厚的條件，設定了太多的目標，結果失敗。

其實，回顧今天在市場中領先的企業，都歸功於它們的專注和一心一意。做到這一點，就要求經理人具有清晰的目標及方向。經理人需要敏銳的市場感覺，並能夠明確表達企業的定位及方位。經理人需要做的就是使得公司的流程、作業系統、分工以及激勵政策等，都以顧客導向為基本前提，調動公司的所有資源圍繞著顧客需求展開。

打破企業和顧客之間的邊界

世界知名品牌如蘋果、Google、微軟（Microsoft）、豐田（TOYOTA）、IBM、可口可樂（Coca-Cola）、維珍航空（Virgin Atlantic Airways），它們有什麼共同點呢？其共同的特點就是每一個品牌都是人們生活的一部分。無論你在什麼地方，無論你使用什麼樣的語言，無論你習慣於什麼樣的文化，這些品牌都不會讓使用者有任何障礙，換句話說，這些企業已經和顧客實現無邊界融合。

企業需要打破和顧客之間的界限，與顧客融合在一起。我常常驚訝於新興企業的快速成

1 美國國家品質獎設立於一九八七年，頒發給商業、醫療護理、教育、非營利事業領域中表現卓越的組織，該獎也被認為是全面品質管理的最佳指引。詳情可參閱美國政府官方網站：http://www.nist.gov/baldrage/baldrige-award。

長，百度、阿里巴巴、攜程（旅行網）、騰訊等，這些企業也和上述企業一樣，因為尋找到顧客生活的需求，並有能力以最快捷的方式滿足顧客的需求，讓企業自身和顧客的生活融合在一起，就有了生存的空間，並獲得了快速的成長。

在傳統觀念中，顧客是企業提供產品的被動需求目標。顧客和企業之間猶如獵手和獵物的關係，而銷售人員就像是獵人。這樣的關係導致了企業不斷地推出新的產品，銷售人員不斷地尋找顧客，循環成為一個惡性的閉環，讓顧客和企業站在了對立的立場上，企業無法持續生存，顧客也厭倦了產品和企業。

當顧客可以全程參與價值鏈的所有環節時，顧客和企業之間就形成了相互依存的關係，透過與顧客之間的共同創造，企業更可以充分理解顧客及其趨勢的變化，顧客能夠根據自己的觀點和需求，來指導企業為他們創造價值，從而達成資源的合理有效運用。

看看思科公司（Cisco）的案例。思科創新性的網路化資訊技術系統使其能夠做出獨特的即時反應，然而這一系統的缺陷造成了思科公司二〇〇一年二十億美元的庫存積壓。思科公司的供應鏈包括一些按照要求直接為客戶提供產品的契約製造商，同樣也依賴於一些大的零件製造商和晶片製造商，而這些製造商則依賴於更大的全球供應商基礎。

思科公司按照大於其銷售能力的需求計畫，來確保其稀缺零件的大量供應。然而，它並沒有意識到：許多顧客正從其競爭對手那裡加倍訂購產品，並計畫從較早供貨的供應商那裡採購產品。同樣稀缺的零件供應就會在契約製造商那裡出現瓶頸。思科意識到這個問題之後，開始了一項野心勃勃的計畫，這一計畫是為了透過一個新系統，來排除對稀缺零件的競爭。這個新系統就是夥伴界面過程，它可以為多個訂單提供前所未有的透明度，從而使顧客在線交易的同時更新思科的財務數據庫和供應鏈，藉此思科獲得了自己資源的價值。

的確，作為經營的第一個基本元素，顧客價值決定經營的價值，這就需要經營者站在顧客的立場，運用顧客的思維方式，集中公司的能量，打破企業與顧客之間的邊界，與顧客互動，一起創造價值。

有競爭力的合理成本

成本是衡量企業管理水準的關鍵元素，成本的能力也是實現企業經營績效的基礎。但是，企業不應追求最低成本，因為沒有最低成本，成本只能是合理。在改革開放的三十多年間，中國很多企業借助於不斷追求低成本而獲得競爭優勢，並自認為具有了麥可·波特所提出的成本領先策略，但這其實是誤解。波特的競爭策略中，有關成本的優勢是指總成本領先而不是最低成本。事實上，這樣的低成本是把成本轉嫁出去的低成本，是壓抑了勞動力價值的低成本，這樣的低成本不是真正意義上的低成本，而是不規範經營以及沒有承擔企業本該承擔的責任，僥倖獲得的結果。使成本合理的競爭力是攸關企業能否實現持續成功的四項基本元素之一。中國企業認真理解成本構成，透徹分析自己成本的合理性，尋找成本的競爭優勢已經迫在眉睫。

廉價勞動力不能保證獲得成本優勢

二〇一〇年富士康決定給生產線員工加薪的消息帶來爭論，是我料想不到的，甚至有相當多的海外華人認為富士康加薪帶來的效應，會影響到中國大陸代工企業的競爭力。[13,14]這樣的擔心在台資企業和港資企業蔓延，在大陸製造基地的區域也開始蔓延，但是，低廉的勞動力就是製造企業低成本優勢的真正來源嗎？

中國「世界工廠」的模式，長期以來將中國企業國際化競爭力建基於廉價的勞動力成本之上，富士康只是一個縮影。這是改革開放三十多年來中國不得不接受的一個事實。但是，人們不能因為這樣的事實，就認為低廉的人力成本就是獲得成本優勢的來源，關鍵是需要找到製造企業真正的成本優勢來源。談到成本優勢，我們自然會想到三個企業：美國的西南航空（Southwest）、日本的豐田、美國的沃爾瑪（Wal-Mart）。

西南航空公司的員工部要和一萬八千多名員工打交道，員工部的每一位成員都要在該部門的使命宣言上簽名，然後把簽了名的使命宣言十分明顯地張貼在總部的牆上，上面寫著：「我們認識到員工就是公司的競爭優勢，我們將會提供各種資源和服務，幫助我們的員工成為優勝者，以支持公司的發展和獲利能力，並同時保持西南航空公司的價值觀以及特有的企業文化。」[15]儘管西南航空公司成功的原因很多，但是我覺得最突出的就是員工所貢獻的成本與服務品質。

西南航空公司的平均成本是每英里[2]七・一美分，而其他航空公司的單位成本達到十美分左右，比西南航空公司要高出二〇%至三〇%。西南航空公司的這一成本優勢部分來自於員工突出的生產率。例如，西南航空公司飛機從到達登機口到起飛一般只需要十五分鐘，聯合航空和大陸航空公司一般需要三十五分鐘。西南航空公司之所以可以用總成本領先的策略持續成功，其關鍵概念就是「盡可能少占用顧客的時間」並讓員工快樂地工作。

豐田堅信一線員工不是一部製造機器上沒有靈魂的齒輪，他們可以是問題解決者、創新者和變革推動者。美國公司依靠內部專家來設法改進流程，而豐田公司則賦予了每一位員工技能、工具和許可權，以便隨時解決問題並防止新問題的發生。這樣做的結果是：年復一年，豐田公司從員工身上獲得的價值要遠超過競爭對手，豐田真正的優勢在於它能夠運用「普通」員工的才智。

準時化生產、看板管理、全面品質管理、品質管理活動小組、合理化建議制度、生產的

2 一英里＝1609.344公尺。

分工與協作、以消除浪費為核心的合理化運動……這些員工參與並實施的行動計畫，都是豐田成功的保證。「精益生產」因為在全世界開創了全新的生產標準，甚至被美國人詹姆斯・沃馬克（James P. Womack）譽為「改變世界的機器」。豐田生產方式的創始人大野耐一也曾經這樣表示：「豐田生產方式固然重要，但豐田人的創造力、努力和實際能力，則是生產方式的精華。」[16]

沃爾瑪創始人山姆・沃爾頓（Sam Walton）曾經說過：「與你的員工分享你所知道的一切；他們知道得越多，就越會去關注；一旦他們去關注了，就沒有什麼力量能阻止他們了。」[17]過去五十年中，沒有任何公司能成功地模仿沃爾瑪，因為它的成功是基於簡單的管理規則，其成功的關鍵是員工有效地執行規則而又不墨守成規。例如光是偷竊的損失，沃爾瑪就比競爭者少了一％，這樣的成果和三％的淨利相比，真是貢獻可觀。除此之外，沃爾瑪還運用集中發貨倉庫，全球衛星連線的管理資訊系統等，使得採購成本也低於同業競爭對手一％，沃爾瑪便以這些看似平淡無奇的管理手法，保證了每天可以提供低價商品給顧客，創造出全球最大的零售企業。

西南航空公司的成本優勢來自於時間效率、豐田成本優勢的關鍵是「一線員工發揮智慧」、沃爾瑪的成本優勢來源於管理效率，而中國企業的成本優勢卻來源於勞動力、土地資源、政策以及原材料，這實在需要我們好好反思。令人惋惜的是，在今天依然很多人認為如果富士康提升產線工人的薪資，一定會失去成本的競爭優勢。這裡面所蘊涵的正是對於關鍵問題認識的能力偏差，如果認為製造企業的成本優勢來源於產線工人的低工資，那就是大錯特錯了，產線工人最重要的價值正是貢獻產品成本與品質的競爭力，沒有這樣的認識，一個以製造取勝的國家就會喪失其競爭優勢。

進入二〇一一年對於每一個營運企業的管理者來說都是極大的挑戰，這相對於之前的三十年來說，最大的不同是環境產生了一些完全不同的變化。三十多年來，總體上中國製造一直在走粗放型生產製造之路。金融危機曾使珠三角、長三角八萬家中小企業倒閉，也使中國製造業真正開始思考：如何實現產業升級？如何加強品牌意識？如何應對匯率變化以及出口市場的遊戲規則？如何面對環境保護所提出的挑戰？而在二〇一一年尤為不同的是，通貨膨脹將再一次給企業敲響警鐘，如何打造具有國際競爭力的產品，參與國際市場競爭？

中國製造業，包括整個中國實體經濟正在受到通膨的威脅。一方面是原材料價格不斷上漲，生產資材成本、人工成本等均不斷增加；另一方面是面對可能帶來的市場萎縮，對於製造業來說，無疑將是雪上加霜。

面對這樣的變化和壓力，很多企業從消費者細分入手，特別是消費升級入手，這是一個好的選擇，而且也必須從市場入手。但是從根本上來講，還是需要製造企業能夠打造出自己的核心能力，來持續面對變化和挑戰，適應市場對企業提出的全新要求，這是一個企業內功的問題，好的企業一定是不受環境影響，並可以保持與環境的互動。因此，中國製造企業在面對這樣巨大挑戰的時候，還是需要靜下心來從內在的能力提升入手，而內在能力的最重要顯現就是：具有競爭力的合理成本。做到這一點就需要企業從以下幾個方面入手，包括產品與服務的能力、有效生產的能力、流程簡化的能力，人盡其才的能力、以及經營的意志力，下面分別展開論述。

產品與服務持續符合顧客的期望

成本具有競爭力的第一個來源就是：產品與服務符合顧客的期望。很多企業不清楚顧客的需求和期望，一味相信自己對於產品的理解。我曾經到一家冰箱生產企業交流，這家企業的設計人員很自豪地告訴我，在他們設計的冰箱裡，連螺絲釘都有十二種，在他看來這是很有價值的事情，但是從顧客的角度看，這些螺絲釘不會因為種類繁多而創造價值。這樣設計出來的產品，和顧客期望沒有連接在一起，十二種螺絲釘所帶來的成本就是一種浪費。

「物有所值」是麥當勞對顧客的承諾，合理的價格，營養豐富的食品，就是全世界近四千萬顧客天天光臨麥當勞的原因所在。針對現代人體重一路攀升的狀況，麥當勞二〇〇四年一月開始在紐約等地採取了一項名為「真實生活選擇」的計畫：在菜單上標明幾款套餐的脂肪以及碳水化合物含量。這個計畫目前已經在紐約、新澤西和康乃狄克州部分地區隆重推出。在最先推出這項服務的六百五十家速食店裡，可以清楚地看到這種標有營養成分明細的菜單。這樣一來，顧客就可以根據自己的營養需求，從現有的套餐中「加加減減」，從而防止攝取過多的脂肪、碳水化合物和卡路里。之所以要這麼「加減」，是為了讓顧客明白，他們喜歡的麥當勞食品可以滿足他們的營養需求。有關專家表示：「真實生活選擇」計畫可以讓人們在不改變口味的情況下，吃得更健康。麥當勞在給顧客提供高品質的、營養均衡的美味食品同時，也為顧客帶來了更多的選擇和歡笑，顧客在麥當勞大家庭充分體驗到了「物有所值」的承諾。

麥當勞之所以能夠用簡單的商業模式進入到全球市場，最根本的原因就是不斷和顧客溝通，了解顧客的需求，解決顧客的問題，讓產品一直符合顧客的期望，從而讓麥當勞可以面對每一個時期的變化。在二十世紀八〇年代早期，麥當勞的廣告主題「麥當勞和你」強調了麥當勞和每一個獨立個體的呼應，強調了個體在生活中需要確立獨立地位的價值追求。二十世紀八〇年代中期普遍出現了一種向「我們」方向的轉移，反映了傳統的對於家庭價值的關注，麥當勞的廣告也相應發生了變化，其主題從個人顧客轉向了家庭導向。它的口號是「**It's a Good** Time for the Great Taste McDonald's」（是去嘗嘗麥當勞美味的好時候了），有效地將美食和家庭價值連結了起來。尤其是關注對小孩的養育，讓家長可以借助麥當勞的產品和策略讓兒童快樂起來。

二十世紀九〇年代早期發生經濟蕭條，於是，在一九九一年，麥當勞開始實行一系列的減價，推行了大量的特價銷售，「物有所值」開始成為其廣告主題。當經濟情況好轉起來，但經濟不安全感仍然存在的時候，麥當勞採用了一個更具親和力的主題：「Have You Had Your Break Today?」（你今天休息了嗎？）透過這樣的暗示，表達出麥當勞對於顧客深切的關心和體貼。[18]

對於今天的製造企業而言，精益與精準是必須要學習和掌握的能力，環境已經不再提供粗放的資源給企業使用，企業不再可能僅僅依靠經驗和製造能力就能夠滿足顧客的需求，企業需要做得更多，更加要和顧客去做互動，並了解顧客的期望。我多年前用了一個觀點來表達自己的想法：擁有和顧客一樣的思維方式，無論是產品設計、技術創新、銷售推動還是服務，都要從顧客的需求出發，而不是從企業產品本身出發，要和豐田一樣選擇精益製造，為「節省顧客的每一分錢」做出努力。

杜絕一切浪費

相對於以上這些優秀的企業而言，很多中國企業在生產力發揮、產能轉換、管理成本、通路效率、資金有效性等很多方面存在著浪費，人們一方面認為未來人力成本提升的壓力、原材料提升的壓力以及環境保護需要支付成本的壓力很大，另一方面又沿著原有的管理習慣工作。如果願意在工作習慣上做出改變，這些成本都可以消化掉，只要企業持續地改善生產力，堅決杜絕一切浪費，這些價值就會被釋放出來。

在我持續觀察中國企業的過程中，感受到企業有太多可以改進的地方，能夠提升效率的空間很大，選兩個小的角度來做說明。一個是「流程成本」。本來可以兩個人溝通之後半個小時內解決的問題，卻選擇了借用流程來解決，一個流程走下來要經過至少三個人，同時還要三四天的時間。當我問這些管理者為什麼不馬上解決，他們說這是流程的需要，我把這個稱為流程成本。其實這樣的成本非常多，但是大家習以為常，並認為這是正確的做法。因此導致企業中流程眾多、錯綜複雜。

第二個是「沉默成本」。這個習慣類似女生的衣櫃，只要經濟條件許可，女生會很喜歡去買新衣服，但是一個奇怪的現象是，買了新衣服的女生，在大多數情況下還是喜歡穿經常穿的那幾件衣服，買來的衣服都掛在衣櫃裡，並且還是覺得沒有合適的衣服穿，之後再不斷買新的衣服放進衣櫃裡。這些掛在衣櫃裡的衣服就是「沉默成本」。這兩個小小的例子，只是想說明在管理中可以節省的地方很多，不要談到成本就是勞動力、原材料，事實上在管理中存在著非常多的浪費，只要願意就可以從任何一個角度展開調整並取得成效。

三星集團大中華區總裁朴根熙，曾經分享了十年前三星度過亞洲金融危機的經驗。一九九七年，亞洲金融危機中的韓國，眾多財團艱難度日。當時三星已處於生死邊緣，長期負債最糟糕時達到一百八十億美元，幾乎是公司淨資產的三倍，公司瀕臨倒閉。關鍵時刻，三星開始了痛苦的自我救贖之旅。朴根熙告訴記者，從一九九七年的金融危機中重新站起來的三星，已習慣用危機意識武裝公司的全體員工。「首先要保證現金流，同時要確保競爭力。一定要挑戰極限式的降低成本。」據其回憶，當時為了壓縮開支，三星節約到每一個細節。比如減少公司司機數量，鼓勵管理層自己開車；免掉大型會議的聚餐，專務人員搭飛機只坐經濟艙。「那時候三星的會議室裡面都沒有飲料，工廠裡也不再發免費的制服，這些要自己掏錢來買。」沒錯，挑戰極限式的降低成本讓三星在金融危機中脫穎而出，這足以給我們一個極佳的示範。[19]

很多中國企業在人力資源的投放上也存在著非常大的浪費，我在一九九四至二〇〇二年做過一個二百家企業員工工作狀態的調查，調查的結果讓我很驚訝，因為在這二百家運作比較好的公司中，五%至十%的員工是對公司很不滿的，他們沒有任何的績效產出，反而給公司的管理工作帶來很多麻煩；二〇%左右的員工是為了「次品」而工作，他們所產出的工作結果不合格；二〇%的員工蒙著做，不知道為什麼把事情做好了，也不知道為什麼事情做不好；二〇%至二五%的員工符合績效要求，而真正高績效產出的員工也只有二〇%左右。這個調查的結果說明企業在人力資源上的浪費更為嚴重，接近六〇%的員工沒有有效的績效產出。無論是在人力資源管理上、產生轉化上還是系統提升上，我們都可以釋放出更多的成本空間，讓企業可以面對今天的挑戰。

最近幾年來人們開始關注到中秋月餅過度包裝的問題，一個單純的月餅，經過誇張的包裝把價格提升到「天價」，也許是有人以此來消費，但是這真的是一種浪費。而類似的行為非常之多，所以就有人說過一句很形象的話：「購買商品成了購買空氣。」倘若企業這樣去追求，一定無法獲得成本優勢的。我很喜歡無印良品的經營理念以及商業模式，正如無印良品自己所追求的那樣：無印良品已經不再是一個商標，而是一種生活的哲學和方式。

簡化、簡化、再簡化

我不是一個反對體系建設的人，但是對於過度地關注體系建設而不關注解決問題，讓管理複雜化的安排我是持反對意見的。以對中國企業觀察的結果看，這些企業並不是缺少管理反而是管理太多；不是體系建設不足，而是系統能力不足；不是員工執行力不行，而是管理指令太多無法執行。這些問題的存在都是源於一個根本的原因：企業的管理太複雜，組織層級複雜、薪酬體系複雜、考核複雜、分工複雜，甚至連企業文化都很複雜。在這樣一個複雜的、權責不明的管理狀態下，如何能夠提高效率來面對變化呢？

我自己一直希望企業能夠把管理盡可能地簡單化，為此還專門寫了一本書《管理的常識》[20]，很多時候我們沒有發揮管理的效能，是因為管理者把管理做得太複雜，事實上並不需要這樣複雜，只要圍繞著顧客需要的價值來進行營運和管理，就如杜拉克先生所言：管理就是兩件事，降低成本、提高效率。管理並不需要像很多管理者做得那樣轟轟烈烈。我曾經有幸到六和公司出任總裁，能夠吸引我到這家公司任職的動機，是這家公司對於飼料行業生產方式的認識，因為他們知道應該如何為養殖戶生產飼料。

六和公司就在行業一片迅猛發展、盈利高漲的時候，提出了「微利」經營的策略原則，並強行推動，公司要求所有的飼料場月月檢討，人人督促。「微利經營」策略主要體現在幫助養殖戶提升養殖效率的同時降低飼料價格。剛剛開始的時候，很多經理人不理解，為什麼到手的利潤總公司硬是不讓賺，誰賺多了誰挨罵。濰坊分公司的一位經理，原本是老闆唐芝先生的同學，因利潤高了被痛斥一頓，心中想不開：賺錢是商人的本分，多了還有錯？經理人替股東把到手的錢撿起來還有錯？為什麼有錢不賺？這位經理搖著頭流下了淚。

為了進一步表明微利經營的必要性和緊迫性，董事長唐芝先生在經理人員大會上說：六和公司五年前進了五大步，公司建了若干新廠，買了大車，但看看養殖戶的情況，追隨六和公司五年的忠實客戶，有多少因與六和同舟共濟而發達的？養殖業環節是農民兄弟在操持，但行業利潤多分布在了藥業、料業、食品業、育種業，農民得到的太少了，長此以往，養殖環節將因孱弱、無利而倒掉，而整個行業也難以存活和發展。均衡價值鏈上的利潤，微利經營的思路越來越清晰，越來越被經理人和業內人們所認識。

因為六和運用了「微利經營」的策略，找到了最適合的簡單生產方式，所以獲得了豐厚的市場回報。其一，十多年來，六和公司的飼料產量從年產十多萬噸發展到了現在的年產千萬頓，整個市場有了巨大的發展；其二，「微利經營」使六和公司苦練了內功，摒棄了高利潤下的浮躁，即使到了行業利潤平均只有三‰甚至二‰，許多投資者開始退出的時候，六和公司仍樂此不疲地大步向前；其三，也是最重要的，「微利經營」讓六和人始終不忘企業植根於養殖業，植根於同行，植根於農民百姓，善以做人，實在做事，企業和養殖農民實際上是一本經營帳，消長與共。正如六和創始人之一效成先生所言：「價廉物美，千古商規。同樣的商品賣便宜一些，同樣的價格把品質做好一點，經營再無難。」

簡化還來自於促進企業的合作與訊息交流。面對這樣巨大的壓力和挑戰，一個企業是無法獨立承受的，這需要企業能夠與其他企業達成合作和交流，能夠把握住變化的訊息，能夠借助於價值鏈的力量來獲得成長的機會。因為企業間的合作和訊息交流可以獲得最重要的能力：快速的市場反應。成功的快速反應是指，企業透過與利益共同體的合作，準確把握來自顧客的所需價值，以低成本高速度滿足市場和顧客的需求。

二十世紀九〇年代戴爾（Dell）是成功快速反應的代表：要讓分布在全球的供貨商、生產基地，能夠即時分享訊息、了解彼此供需、適時相互支持。為了在最短時間內完成顧客訂製化要求，就必須發揮材料管理的最大效率。在戴爾採用i2的供應鏈工具之後，有九〇％以上的採購程序透過互聯網完成。有了與供貨商的緊密溝通管道，工廠只需要保持兩小時的庫存即可應付生產。除此之外，戴爾更推出一個名為valuechain.dell.com的企業內聯網，此網站堪稱供貨商的入門網站，供貨商可以在上面看到專屬其公司的材料報告，隨時掌握材料品質、績效評估、成本預算和製造流程變更等訊息。這些努力讓戴爾脫穎而出，成為那個時代的成功者。

同樣的情形出現在今天的蘋果公司，蘋果可以獲得如此巨大的成功，一方面源於自己對於產品和顧客的理解，另一方面得益於合作的夥伴，當數以萬計的開發企業協同在蘋果的平台上，共同分享顧客的訊息，共同滿足顧客的需求，共同提供全新的顧客體驗的時候，蘋果也就成為這個巨變時代的領導者。

而最具示範作用的是沃爾瑪公司，它所形成的競爭力來源於被其命名的「高效消費者回應」。沃爾瑪要求自己做到對於消費者的高效回應，為此展開了一系列的企業合作和訊息交流。沃爾瑪關注每一天顧客消費的需求，把這些訊息分享到所有的供應商中，是其取得成功的「快速反應」的首要因素。沃爾瑪把顧客選擇作為尤其重要的事情對待：精心界定每一天的顧客購買訊息，更重要的是把這些訊息提供給供應鏈策略的客戶。沃爾瑪隨時和供應商一起來滿足顧客的需求，透過銷售訊息與供應商的直接聯繫，使得所有的供應商與沃爾瑪一起高效地為顧客服務，從而獲得持續的、強有力的競爭地位。

把最佳人才擺到最靠近行動的前線

正如杜拉克先生所指出的那樣，提升經濟績效的最大契機完全在於企業能否提升員工的工作效能。在企業中，員工透過為顧客提供他們生產的產品或服務而貢獻價值；他們可以為公司所有者貢獻價值、創造利潤，而且他們可能透過學習和共同完成工作，改進自我價值來互相貢獻價值。作為領導者，你必須認識到你的員工能夠做出的潛在貢獻，並且讓他們得到發展。

盛田昭夫曾經說過這樣的話：「優秀企業的成功，既不是什麼理論，也不是什麼計畫，更不是政府的政策，而是『人』。『人』是一切經營的最根本出發點。」[21]豐田生產方式的創始人大野耐一也曾經這樣表示：「豐田生產方式固然重要，但豐田人的創造力、努力和實際能力，則是生產方式的精華。」[22]在二〇〇八年全球金融危機的低迷環境中，華為依然取得強勁的增長，任正非正是藉由開啟一線員工的產出績效獲得了成功，他寫了一篇非常著名的文章「讓聽到炮聲的人做出決策」。透過這篇文章，可以了解到任正非和華為如何激發出企業的創造能力：貼近一線的員工可以做出決策，企業信賴一線員工所做出的決策。[23]

依賴於員工，依賴於優秀的人才，企業才可以從根本上解決面對的所有挑戰，關於這一點很多企業管理者還需要好好理解並落實到實踐中。在這樣認識的基礎上，把優秀的人放在一線，放到最靠近行動的地方去。我之所以強調這一點，是因為在很多企業的管理中，優秀的人往往被提拔起來放在二線，放在離顧客最遠的地方。而當管理做出這樣安排的時候，我相信企業離增長和盈利也越來越遠了。

對於很多管理者而言，他們關心盈利和規模的增長，關心競爭對手所做的調整和變化，但是沒有人願意花比較多的時間來思考：員工的創造力如何被發揮出來，如何提供員工成長的平台，如何保證優秀的人在一線最靠近顧客的地方。如果不能夠注重運用和開發員工的創造力和潛力，公司最有效的創造性資產就被浪費掉了，而接觸顧客最多、創造價值最直接的正是一線的員工，企業只要把一線員工的創造力和潛力與所有的顧客連接在一起，就會具有明顯競爭優勢。企業需要明白，只有優秀的人在一線，企業才能夠獲得最直接的、最快速的優勢。

企業必須真正了解一線員工到底掌握了什麼技能，因為這些員工直接面對顧客，他們的能力和水準就決定了企業服務的品質，這些員工也直接決定著公司的投入產出是否最大化，更加直接決定著公司成本的有效性和最直接的競爭力。因為，在我的認知裡，一線員工決定著公司的成本、品質和銷售量。所以我一方面堅持需要把優秀的人放在一線，一方面認為一線員工不能夠輕易被調整。

一些企業把「末位淘汰」放在一線員工的身上，是一個認知的錯誤，末位淘汰應該在管理者成員中，應該在二線。也正是這個原因，我才要求管理者一定要關注到一線團隊的建造，關注到一線員工能力和水準的建立，必須把最優秀的人放到一線去。管理者必須了解員工到底掌握了什麼技能，這些技能是否被合理使用，同時，還必須保證把最有能力和水準的員工留在一線，讓員工的積極性和創造性充分發揮出來，以獲得顧客稱讚的服務品質，從而獲得與顧客在一起的機會。

有效的規模

在通常的意義裡，規模是衡量一個企業經營能力的指標，所以大部分情況下，企業經營者都會把規模作為最重要的目標來追求。從經營的結果上看，我並不反對這樣的認識，但是從經營的本質上來看，這樣的認識是很侷限的，規模作為經營基本元素之一，需要我們正確地認識和有效地運用。沒有規模，就沒有企業生存的位置，規模是企業存在的一個基礎。因此，我把規模定義為企業經營本質的基本元素之一。經營企業的人必須清醒地知道，規模的本質意義是：帶來成本優勢、帶來市場影響力，規模從本質上講是競爭、而非顧客。

所以，需要澄清的是：第一，企業追求規模是為了有效地獲得成本優勢和市場影響力，而不是規模本身。第二，企業對於規模的認識需要在三個層面上做出努力，其一是生存規模，借助於生存規模，企業可以在市場中具有自己的生存空間；其二是競爭規模，企業借助於競爭規模獲得市場占有率，使得企業能夠在市場中具有相對的競爭優勢；其三是發展規模，企業借助於發展規模獲得行業的領先地位，可以整合產業價值鏈，讓企業融入產業獲得發展的空間，並延伸到自己從未延伸到的領域。生存規模、競爭規模和發展規模是企業需要獲得的規模。第三，用大量的資源投入獲得的規模不是有效的規模。衡量規模的標準並不是多少或者大小，更不是數量上的概念，衡量規模是否有效的指標是人均投入和產出，是效率概念。所以，規模必須是有效的，而不是最大的。[24][3]

如何理解規模

規模和利潤之間如何平衡，一直是很多經理人必須面對的挑戰。接近三十年持續增長的中國市場，帶來了認識上的一個誤解，人們認為規模增長是獲得市場領導者地位的根本途徑，規模越大，利潤越多，成功越大。所以在更多的人看來，規模和利潤是沒有矛盾的，甚至更有人直接認為，有了規模就有了一切。但是隨著競爭的深化，特別是技術和創新帶來的變化，讓人們更加清晰地看到，規模和利潤之間並不是完全正相關，而更加可以確定的是：如果企業陷入規模和利潤的正相關關係中，就會忽略一個關鍵因素，這個關鍵因素就是「顧客」。

中國的三株就是這樣一個例子。這家口服液企業為了在市場中占據統治地位，不斷擴大規模，擴充銷售團隊，開闢大片的市場。人們可以在很多鄉村和城鎮看到「三株口服液」的廣告，可以看到銷售團隊的開發，為了吸引顧客、擴大市場，它們做出了極大的努力。但是，三株恰恰沒有關注到和顧客的有效溝通，沒有關注到廣告和顧客需求之間，需要產品來連接而不僅僅是銷售，雖然三株已經取得了足夠的規模，但是當顧客對於其產品有了疑惑的時候，三株的規模並沒有能夠幫助它逃離困境。

中國彩電業備受推崇的長虹彩電，在二十世紀八〇年代到九〇年代，也是規模追隨者。在八〇年代中後期，長虹已經具有了接近一千萬台的銷量，占據了中國市場的大半占有率，為了做到這一點，長虹多次降價。在這樣的情況下，康佳、TCL兩家彩電生產廠商，也不甘示弱，開始效仿，這樣一來，消費者也開始不斷透過比較廠商價格來獲取較低的價格，這使得整個行業彩電製造商價格戰不斷升級。我們都很清楚，調整價格相對於降低成本來說相對容易很多，但當成本不能夠維繫持續低價的時候，企業也就失去了競爭的能力。而因為無法給顧客提供獨特的價值，這些企業沒有能力在顧客層面上與其他同業區分開來，反而想透過規模的力量來區分。但是，一番競爭後的結果是，這三個彩電製造商都沒有取得足夠的市場能力實現持續發展。

而備受關注的中國汽車製造業，會否和中國家電產業一樣，陷入規模的泥淖？這讓我不得不萌生出擔心。僅以中國汽車製造業中的比亞迪發展做例子，就可以表明我所擔心的事情並非杞人憂天。比亞迪在前幾年的高速擴張規模之後陷入陣痛，公司在二〇一一年不得不宣布大量裁員，調整產品結構，並改造銷售通路以及銷售策略，用王傳福自己的總結來說，就是盲目擴張惹的禍。[25,26]

在經歷了追求規模的二十多年發展之後，經驗和教訓要求管理者從一個簡單的問題重新開

3 有關規模部分的內容請參看作者在《中國企業的下一個機會》一書中的觀點，本書選擇的觀點也源自這本書。

始思考：「規模」比「企業的持續發展」更重要嗎？這個問題好像不難回答，但是很多中國企業在實際的操作中，依然會為了追求規模而忽視企業的可持續發展。如果我們仔細想想，規模如何產生，這個問題就不難回答。並不是規模越大越好，這是一個真實的道理：追求規模而忽略、甚至偏離了原有的定位，忽略了顧客價值，最終會失去市場。但是越大越好的思想在很多經理人的頭腦裡根深蒂固。

美國喬治梅森大學的經濟學家湯姆．魯斯蒂奇說過這樣一段話：「如果讓他們拍著胸脯說自己是最賺錢的企業，他們會感到難為情。也許說自己擁有最大的市場占有率會更心安理得，尤其是當他們沒那麼賺錢的時候。」[27]這段話也許能夠解釋為什麼大家會熱衷於規模，覺得越大越好。其實，對於顧客而言，規模的大小並不是他們所真正關心的，顧客真正關心的還是企業為顧客帶來什麼樣的價值，並且要能夠感受到這些價值。

規模真的有魅力嗎？

人們之所以追求規模，是因為很多人都自然而然地認為規模具有下述魅力。

魅力一：規模可以帶來領導者地位和市場權力。從理論上講，規模大的企業的確可以確定市場定價，可以影響整個市場，使得小企業必須跟隨。但是現實的市場並不完全如此。價格和市場地位是由市場來決定的，而不是由規模來決定的。沒有一家企業強大到能夠擊退全世界的競爭對手，自封的「市場主導者」不過是自欺欺人罷了。

魅力二：規模自然會帶來更高的回報率。很多人認為隨著市場占有率的擴大，利潤也會提高，但是這卻是錯誤的觀點。的確，有一些規模大的公司比其主要的競爭對手賺錢要多，但是多數情況下卻並非如此，高利潤並非大規模的自動結果，甚至在某些行業，規模並不是確定公司盈利能力的合理標準。請記住，溫德米爾調查結果顯示：七〇％賺錢的公司並不是那些擁有最大規模的公司。

魅力三：規模經濟起作用。也就是說，產量越大，單位價格就越低。這個觀點看起來也沒有什麼不對，只是我們需要更深入地理解，才能夠了解到規模經濟的本質意義是什麼，是否有規模，就一定經濟。其實較高的規模不會自動產生規模經濟。多數公司的管理層費盡心思擴大規模，並認為規模經濟會隨之而來。

曾經擔任哈佛商學院教授的傑克．海伊說：「他們以為市場占有率是獲得規模經濟的手段，其實不是。」因為一家大公司可能會從供應商那裡贏得一些優惠，但是供應商可能會拒絕公司提出的降低成本要求，因為他們認為一家大公司是不在乎多花這點小錢的（這要視公司和它的供應商力量強弱而定，如果在一家公司可供選擇的供應商比較多的情況下，那麼一定會存在比價上的競爭）。況且，在經濟學家那裡我們還知道另外一個概念「規模不經濟」，隨著公司規模的擴大，會增加管理人員，增加其他開支，如提高培訓費用、開辦新的業務等。

上面這三個就是被稱為規模魅力的觀點，經過分析我們已經知道這些理解都是一種誤解，並不是對規模的合理客觀認識。還有一點需要人們重視的就是：巨大的企業規模對招募優秀經理並不見得有利，大型企業獲得優秀人才的原因，是其建立了充滿活力、開明的企業文化，而不是規模本身的魅力。前GE的CEO傑克·威爾許（Jack Welch）就明確地說過：吸引優秀經理人的不是企業的規模，而是積極健康的企業文化。

規模的本質是競爭而不是顧客

回顧企業發展的歷史，需要承認在一個時期裡，企業規模越大，批貨量越大，成本越低，收入越多，就可以有更多的資金投入研發，隨之而來的就是產品品質得到進一步提高，以及製造的進一步改善，數量單位的增加使得單位成本下降。規模似乎牢牢地把顧客給吸引住了，因為大規模營造出了一種長盛不衰的假象，增強了人們對品牌的信任程度。在這個時期，的確規模越大越好，因為規模越大意味著：成本更低，利潤更高，創新更易，品質越好。但是為什麼在今天，規模大的企業卻無法獲得這些優勢了呢？

因為時代變了。早期規模能夠帶來優勢，是因為市場處在需大於求的階段。這些大企業鮮有競爭對手，它們擁有大量的訂單，在這個時候，首要的任務就是盡可能多地生產產品以滿足市場需求，此時市場是基於需要，而非基於價值。另外，在這個時期，顧客相對於大企業來說力量是非常弱小的，根本沒有任何話語權，只有接受大企業的判斷。但是，隨著技術革命的到來，規模的神話被打破。

第一，競爭環境的改變打破了顧客和企業之間的力量平衡。現在，市場開始處於供大於求的狀態，顧客服務和提高生產能力的重要性開始有所改變，顧客的權力開始超越生產者的權力，顧客開始具有話語權。

第二，細分市場成為現實。市場進一步細分、細化，不同類型的顧客，不同需求的選擇，使顧客要求得到為自己設計的產品，而不是大規模統一的產品。服務成為關鍵性的競爭優勢，那些曾經單純依靠規模起家的企業也開始改善自己的策略，否則就會失去市場。

第三，技術改變市場結構。科技的進步，使得盈利模式開始發生根本性的變化，以往用規模來獲得市場占有率的格局，開始受到技術帶來的衝擊，因為技術使得規模效益慢慢移向那些小企業了。

時代改變要求我們必須調整企業的導向，從規模導向調整到顧客導向。和二十世紀比較，今天全球市場出現的變化更為激烈和複雜，科技和資本投資出現歷史性飛躍，眾多風險投資企業擁有巨大的資本，使市場進入的門檻大大降低，自由貿易和經濟全球化造就了一批新生的競爭力量，而且在大部分行業裡，生產能力大於現有的實際需求，所有這些市場要素已經發生了根本變化，所以如果再以規模為導向，就違背了市場的現實。因為規模的本質是競爭，而不是顧客。如何回到正確的立場上來？傑克・威爾許給了我們明確的答案：

我們經常衡量各種指標，實際上卻什麼也沒弄明白。一家企業需要對三件事情做出評估衡量：客戶滿意度、員工滿意度和現金流。如果你的客戶滿意度提高了，那麼你在全球市場的占有率肯定會隨之提高。如果你的員工滿意度提高了，就會改進生產效率，改進品質，激發自豪感，刺激創造力。而現金流相當於一個企業的脈搏，是一家企業最最重要的體徵。

單純規模增長導致增長極限

經過第二次世界大戰（以下簡稱「二戰」）後幾十年的努力，日本打造了精益求精、以品質為生命的「日本製造」。豐田汽車作為「日本製造」最閃亮的一顆明珠，二〇〇八年取代通用汽車，成為全球最大的汽車製造商，創造了「豐田不敗」的神話。但是，剛剛成為汽車行業規模第一不到一年，豐田就連續在設計和品質環節暴露出缺陷。二〇〇九年九月末至今，日本豐田汽車公司接連爆出油門踏板、駕駛座踏墊、剎車系統存在缺陷的問題，先後宣布全球召回多款車型合計八百五十萬輛。如此罕見的大規模、全球性的召回還在繼續。在中國，自正式實施召回制度以來的六年間，日系車合資公司召回的車輛已超過二百四十萬輛，占召回總量的八成。如此頻繁且大規模的召回，已經引發了消費者對豐田乃至整個日系車的信任危機。

二〇一〇年三月一日下午，豐田汽車總裁豐田章男在北京舉行說明會，向中國消費者鞠躬道歉，以下是豐田章男發言的摘錄（豐田官方網站）[28]：

豐田認為，對於發生的問題，作為汽車廠商來說重要的是不隱瞞事實，把顧客安全放在第一，遵照當地法律採取適當的市場對策。並且，更重要的是深挖問題真因，防止再次發生。豐田公司發生這些問題的背景，與過去幾年來持續高速發展自己的業務有一定的關係。企業的增長速度過快，可是員工和組織結構的成長跟不上，才導致這麼多問題出現。我們已經深刻反省了這些問題。換句話講，我們正在反省是不是已經超越了豐田自身能力的高速發展，使豐田一直以來最為重視的對於造物、造車的苛求有所疏忽呢。今後，我們將進一步強化安全體系和品質體系，透過剛才介紹的措施以及對相關部位進行技術改善，同時，也要探討如何進一步強化品質管理。

對於豐田來說，顧客第一。要做到這一點，提供受大家喜愛的汽車，並確保汽車的安全性能和品質則是最重要的。下面，我向大家說明具體的改善措施，關於如何加強品質管理這一點，我認為應該回歸到「顧客第一」的原點，改善迄今為止的方法和流程……以上這些就是我們為了儘早挽回消費者信心，全力改善「安全」和「品質」而採取的措施。

重新審視工作方法、人才培養方法，虛心傾聽顧客的聲音，把安全性和品質放在第一位，為了能夠使「製造高品質的汽車」標準早日恢復而加倍努力。

我相信豐田章男的反省以及改善的行動都是真實可行的，也許我們還不能夠評價此次召回事件對於豐田發展的影響最終會帶來什麼結果。然而豐田召回事件本身所引發的思考，卻可以讓我們明白，這不僅僅是品質的問題，而是如何看待增長以及用何種方式實現增長的問題。

記得在看日本一橋大學國際企業研究院教授大園惠美、野中郁次郎、竹內弘高等人寫的《豐田成功的祕密》一書的時候，看到IBM的CEO對這本書的評價：「對於想了解有關創新、差異競爭及增長的真正源泉的管理者，這是一本必讀書。」而在我看完整本書的時候，也非常認同這個評價，因為豐田公司之所以能夠成功的祕密之一就是：奉行創始人哲學。怎樣才能夠使豐田在擴張力的驅動下免於因過分膨脹而爆裂，是豐田創始人自始至終關注的核心問題，為此形成了一套哲學來凝聚員工、經銷商和供應商。豐田創始人哲學是：

- 明天要比今天更好；
- 人人都能成功；
- 客戶第一、經銷商第二、生產商最後；

● 現場現物原則（即從源頭處了解，掌握第一手訊息）。

上面每一條富有哲學意義的原則，都產生了「在公司內部將高階經理人、同事、合作夥伴以及機構成員的價值觀協調一致」的作用，這種價值體系歷經多年，讓豐田能夠在高速發展的同時，展示核心的價值。「我相信，『顧客支持著豐田』這種觀點是我們進步的牢固根基。」豐田章一郎這樣說。傾聽顧客聲音的能力將豐田與其他汽車廠商區分開來，始終走在行業的前列。

但是，透過豐田章男的言語，發現豐田在最近的發展中遺忘了「創始人哲學」，包括豐田章男及其員工在內的所有豐田人的價值理念，已經逐漸變為追求企業的利益和規模，這與豐田原本的「以顧客價值為導向」的價值理念相違背。而原來豐田之所以具備良好的組織績效，正是因為豐田全員擁有並執行了豐田以顧客價值為導向的組織精神，即豐田章男提及的「造物」、「造人」、「造錢」的豐田精神。「造物」是指為顧客提供優質的產品，「造人」是指培養一大批信仰豐田精神的員工，在「造人」和「造物」的基礎之上，豐田才能為自己「造錢」，即追求金錢和規模是滿足顧客價值之後的事情，而不是目的。

豐田的使命應當是「造車」，而承擔造車使命的正是豐田人，所以在豐田的組織精神當中，「造人」處於核心地位，今天正是因為豐田人和豐田精神在契合度上的下降，導致豐田在對於顧客的表現上由「精益製造」變為了「品質召回」，而事實上，比召回豐田汽車更重要的是，召回豐田全員本該擁有和執行的豐田精神——豐田創始人哲學。

企業的增長並不是一個規模和速度的問題，而是如何與顧客走在一起的問題。從市場、資源以及技術，特別是人的創造能力而言，企業不斷地提升自己，獲得增長是顯而易見的。然而世界最大的一百家公司，在經歷了不到一百年的時間裡，能夠還具有這樣強勁競爭位置的不到二十家，而其中大約四〇%的企業甚至已經不復存在。在這些企業還具有相對領先位置的時候，它們的規模和資源也同樣具有優勢，但是現在為什麼不存在了，淘汰它們的一定是顧客，不是其他的原因。相反，我們也必須承認一個事實：沒有哪一家公司規模大到不能夠再有增長，所有的行業都是增長的行業，或者更確切地說，在任何行業都有保持強勁增長的企業。因此，從實踐和理論的意義上說，企業增長是一個根本性的課題，問題的關鍵是：為什麼有些企業的增長會停滯？

事實上，我不能夠預測企業增長的終結會以什麼方式出現，增長的終結也許會以很多種方式出現。它可能以一種崩潰的方式發生，也可能以一種漸變的方式出現；也可能因為技術更替，出現市場格局的重新調整；甚至更換領導人，進行策略調整。但是如果我們非要尋找到最終極的結果，就是顧客選擇了離開這個企業。二十世紀八〇年代，渥弗林全球公司（Wolverine Worldwide Company）以其無所不在的產品Hush Puppies壟斷了休閒鞋市場，可是今天，渥弗林全球公司在休閒鞋這一市場已經顯得無足輕重了，因為它們再也發現不了更大的增長機會，它們喪失了對於顧客需求的判斷。而當渥弗林不斷萎縮的時候，耐吉公司（Nike）則透過開發特定的運動鞋創造出了新的細分市場來滿足顧客需求，從這個成熟的市場獲得了每年超過一九％的收入增長率。

如果回顧微軟成長的歷程，會更容易理解這一點。當電腦硬體製造商試圖利用特有的操作系統和設計留住顧客的時候，比爾．蓋茲（Bill Gates）則透過任何電腦生產商均可便宜得到授權安裝、界面友好的操作系統大大拓展了市場，因為這正是顧客所需要的東西。微軟公司並不是全力投入關注產品，而是致力於滿足顧客需求；不是試圖保護自己已經擁有的產品和市場，而是根據人們的潛在需求不斷地革新自己的產品，其結果是，微軟公司比任何其他公司對電腦行業增長的推動作用都大。

然而，在短短的兩年時間裡，一個新的市場力量──互聯網衝進競爭的格局，互聯網的爆炸性增長和其難以想像的潛力帶來了一系列全新的顧客需求，比爾．蓋茲卻錯估了其重要性，結果微軟公司遭遇到增長的危機。一九九五年，比爾．蓋茲在一次演講中承認他沒有理解到在互聯網環境下顧客真正的需求。當他認識到這一點之後，他把互聯網作為自己最優先考慮的公司事務，一年之內，他都會盡其所能追求互聯網市場的新機遇，結果微軟公司又重新獲得強勁的增長。

沿著豐田召回事件展開思考，還是會把我引到二〇〇八年中國所發生的「三聚氰胺」事件，這一事件所導致的最慘痛結果是「結石寶寶」一生的痛苦，而三鹿公司所付出的代價是被顧客遺棄，不復存在。人們可以從各個角度剖析這個事件，但是無論從哪一個角度去分析，最終的關鍵依然是這個產業鏈條中，缺失了對於顧客價值的尊重，依然是單純地追求規模的增長必然會導致增長停滯。追求規模增長而喪失了對於顧客價值真正信仰的企業，也一定喪失了增長的源泉。

深具人性關懷的盈利

從企業的屬性來說，盈利是它的根本。同時，我們還必須認識到企業是有機體，是整個社會系統的構成部分，承擔著自己的社會責任。企業的社會責任透過實現社會期望價值的途徑表現出來。

先人告誡我們利要取之有道，轉換為現代的理解就是：所有利益的來源應該是人性的回歸——深度的人性關懷。具體表現在企業經營實務中，就是把實現社會期望價值轉化為企業核心價值，如西安楊森製藥公司的「獻身科學、奉獻健康」，聯想集團的「解決問題」，華為公司「以科技創新改善生活品質」，星巴克的「透過咖啡所創造的交往與平和」，麥當勞「以品質、服務、附加價值為兒童帶來真正的快樂」，宜家家居（IKEA）「以家具創造民主生活形式的實踐」，中國移動的「溝通從心開始」，都是深度人性關懷的展現。

具深度人性關懷的盈利，還體現在企業所有成員的成長性上。把群體凝聚在一起的內在力量，是讓每個人有奉行不渝的價值（終極關懷）。那就要問，我們的核心價值是什麼？如何展現深度人性的關懷？豐田汽車的「造車之前先造人」、通用汽車的「當代精神當代車」、華為的「人力資本永遠大過財務資本」的原則，都是深度人性關懷的表現。

享受一場比賽

二〇一〇年十月十六日，我和廣州近一萬八千名觀眾領略了美國NBA賽場的魅力，不僅僅因為這是姚明所在的火箭與籃網的對抗，更因為這是一場讓中國球迷感受到純正NBA文化的盛宴。當我真正置身於賽場，而不是在電視機旁觀看比賽的時候，我才體會到為什麼NBA有著如此巨大的魔力：讓每一個人都融入其中。

賽場以觀看為中心。曾設計了NBA火箭隊主場豐田體育中心的美國Manicaz建築設計事務所，是廣州國際體育演藝中心的設計方。他們秉承著帶給中國球迷一個原汁原味NBA文化享受的理念，經過了半年的研究，最終才完成了設計圖稿。可以容納一萬八千人的球場，沒有一個座位的視線被遮擋，全場沒有視線的死角，就算你是坐在離球場較遠的觀眾席，也完全不必擔心被前排的觀眾遮擋視線，在任何一個位置都能夠很好地觀看到場上的比賽。中心球場上空的中央漏斗型螢幕，可從不同角度即時進行比賽直播和鏡頭切換，讓觀眾朋友們能夠更好地觀看到比賽的每一細節。這一人性化的設備，讓球迷朋友們感受到與以往截然不同的現場觀球感。

最令人感慨的是洗手間的設計和安排。很多中國的球場，一到中場休息時間，洗手間門口都排著很長的隊伍，而這個場館每一層都有十八個洗手間，男的女的各九間。這樣就大大減少了觀眾上洗手間排隊的時間。而且按照NBA標準，平均每一百五十位男士一個廁位，女士的標準則是每三十三人一個。最令人感動的是還有「家庭盥洗室」，為爸爸帶著女兒、媽媽帶著兒子的家庭設置，防止父母和孩子在分別上洗手間時走失。另外還有燈光、餐飲以及禮品店等。置身在這個球場裡，你會覺得整個球場是為你設計的，是以你為中心的，你可能遇到的任何問題，賽場已經預先想到並做出解決方案。

比賽以享受為中心。雖然球票價格不菲，但這一晚的廣州國際體育演藝中心還是全場爆滿。籃網球員泰倫斯·威廉姆斯（Terrence Williams）在賽後新聞記者會上說：「這座球館可以媲美許多美國的NBA球館，而且這裡球迷熱情也很高，氣氛非常棒。」為什麼這樣一場籃球比賽可以營造出如此的氛圍？大多數和我一樣的觀眾，都是第一次現場觀看美國NBA球賽，卻又表現出非常職業的水準。中國賽廣州站的球票賽前在黃牛手裡幾乎漲了一倍，即便如此，許多球迷也覺得看一場原汁原味的ＮＢＡ比賽非常超值，因為在現場不僅是欣賞球員的表演和感受比賽勝利的快感，而且更像是參加了一次全心投入的嘉年華。

穿著各種顏色ＮＢＡ球衣的年輕人成為當晚的主力軍團，不僅有火箭和籃網的，也有穿小牛、尼克等其他球隊球衣的球迷。許多球迷都是以家庭為單位，為滿足小孩看姚明的願望而來到現場。而當比賽開始的時候，人們完全進入職業球迷的角色，展示出原汁原味的ＮＢＡ：巨大球館裡炫目的燈光、震撼的音響、拉拉隊的火辣表演、吉祥物的逗趣搞怪，當然還有精采的比賽本身……。

廣州站比賽將火箭隊定為主隊，介紹球員時，火箭隊球員尤其是姚明獲得了最熱烈的掌聲；比賽中，火箭隊的進攻，現場觀眾在助威音樂的帶領下，整齊地吶喊和鼓掌；而籃網隊的每一次失誤或者投籃不中，就會噓聲不斷；在客隊球員罰球時，籃架後面的球迷或擊打充氣棒或揮舞雙手，盡全力干擾對手的罰球；攝影機也不斷地發揮作用，先用一個畫面來做示範，之後捕捉觀眾讓其模仿之前的示範，開始的時候觀眾還不理解，當觀眾理解之後，捕捉到現場大螢幕的球迷，會配合地做出相同的動作，展露出開心的笑臉。

最能夠帶動大家的是火箭熊，早聽聞火箭熊是ＮＢＡ最擅逗樂的吉祥物，百聞不如一見。比賽開打之後，火箭熊也沒有閒著。這隻火箭隊的吉祥物在場邊上躥下跳，時而和觀眾開玩笑，時而又拿出禮物和大家分享，時而詼諧逗樂，時而嚴肅認真，觀眾也在它的帶動下，情緒起伏，歡聲四起，無法形容的快樂因為它洋溢在球場的空氣中，即使是被火箭熊捉弄的球迷，也能樂在其中幽默回應……。

在整場比賽中，人們一會兒為球隊的入球歡呼，為失誤嘆息，一會兒又能夠抽身出來投入到自己的娛樂裡。NBA比賽節奏的設計非常巧妙，火箭隊和籃網隊的拉拉隊表演，一次又一次地把觀眾帶到比賽空隙中的歡樂裡，夾雜著與觀眾的互動，以及觀賞超高的扣籃技術，讓人眼花繚亂。全場的音樂好像是一個隱形的指揮者，帶動著觀眾的情緒和動作，契合比賽和娛樂，觀眾完全進入到自我參與和自我表現的氣氛中，你已經無法分清，是比賽帶動娛樂，還是娛樂帶動比賽，觀眾隨著比賽的節奏，都在參與其中並樂在其中，把一場比賽演變成觀眾自己的娛樂，每一個人都覺得是一場愉悅的享受。當人們離開賽場的時候，不再記得價格不菲的門票，享受的愉悅久久縈繞於心，這就是NBA無法抵擋的魅力。

賈伯斯的魅力

聽到賈伯斯離去的消息，我的第一反應就是拿出iPhone 4來使用。因為我一直喜歡鍵盤式手機，所以雖然喜愛蘋果的產品，還是沒有在日常生活裡更換原有的手機。那一刻，得知賈伯斯離世，竟然毫不猶豫地拿出iPhone 4來用，我並不是「果粉」也不是「賈粉」，但是這一個動作，使我知道內心裡自己是多麼推崇賈伯斯，我問自己，賈伯斯的魅力到底是什麼？

那些天無數的人、無數的傳媒都在紀念賈伯斯，讚譽的人和肯定的人超乎尋常，也許正如他本人所確信的那樣：活著就是為了改變世界。他的確做到了。紀念他的人說：「賈伯斯至少五次改變了這個世界：第一次是透過蘋果電腦Apple-I，開啟了個人電腦時代；第二次是透過皮克斯電腦公司，改變了整個動漫產業；第三次透過iPod，改變了整個音樂產業；第四次透過iPhone，改變了整個電信產業；第五次是透過iPad，重新定義了PC，改變了PC產業。」人們統計了幾個與賈伯斯有關的數據：二次手術，三個孩子，八年抗病，十一款經典產品，一百倍股價漲幅，一千萬台iPad，一億部iPhone，二．七億台iPod，帶動全球超過萬億的產值。

也正是這些奇蹟，人們把賈伯斯歸為創新的奇才和經營的奇才，用李開復的評語：「賈伯斯能夠：①預測業界趨勢，②大膽使用最先進的技術，③打造嶄新的商業模式，④凝聚一流人才，⑤憧憬用戶尚不自覺的需求，⑥永不停息的自我超越，⑦設計每個細節都近乎完美的產品，⑧口若懸河地說服用戶情不自禁地愛他的產品。一般能駕馭兩三個上述點就可能很成功，但是賈伯斯能做到八點。」這些我都認同，但是在我看來這還不是賈伯斯真正的魅力，因為這些能力使得賈伯斯更像一個「神」，稟賦和能力無人企及。我內心裡非常認同這些評價，但還是覺得賈伯斯有著更重要的天性，這份天性成就了他，也吸引著我。

在和好朋友江博士聊天的時候，他講了一個自己親身經歷關於賈伯斯的故事。那個時候他還在美國芝加哥摩托羅拉（Motorola）公司工作，摩托羅拉公司舉辦一次關於公司內部創新的大會，邀請賈伯斯做演講嘉賓，結果賈伯斯站到講台上，問能否給他一把剪刀。當工作人員把剪刀給他後，令人意想不到的事情發生了：賈伯斯拿著剪刀走到坐在前排的公司副總裁一級的經理人面前，把每個人的領帶都給剪掉了一半，並說剪掉領帶就沒有束縛了，這樣才可以展開創新。江博士在講述這個故事的時候，我的腦海裡浮現出當時的場景，內心裡不得不讚嘆，這就是賈伯斯的魅力，這就是我喜歡他的根源：尊重人性中最自然的光輝。

在iPad上市的時候，我曾經寫過一篇文章來分析賈伯斯領導蘋果為什麼會屢創佳績，我借用賈伯斯本人的觀點，賈伯斯闡明了蘋果創造奇蹟的緣由：我們只是盡自己的努力去嘗試和創造（以及保護）我們所期望得到的用戶體驗。正是這樣的定位和承諾，賈伯斯和蘋果公司一直以來堅持做一件事情，那就是賦予產品顧客體驗的價值。正如上面介紹的那樣，賈伯斯和蘋果公司並沒有去創造一個全新的產品，反而更多的是改變一個原來就存在的產業，iPod、iPhone只是重新發明了MP3、手機而已，而iPad也是對於電腦的重新定義而已。因為在賈伯斯看來，了解和理解顧客的習慣是最為關鍵的。他很明確地知道，任何產品都應該回歸到顧客的生活習慣上來，而不是改變顧客的生活習慣。

當我走在洛杉磯的街道上，看到iPad的戶外廣告牌：舒適地翹腿坐在沙發上，在腿上隨意放一個iPad，那份閒散和自在悠然而出。更深的理解還在於顧客擁有成本的認識和對於商業的價值認識，在iPad的廣告上，你看到的是這樣一行字：奇妙與革命性的產品，令人難以置信的價格。真的是如此，所有人，包括我自己都沒有想到這款革命性的產品竟然是一個如此設計的價格體系，我喜歡賈伯斯對於顧客的理解，也更加欽佩這樣的商業設計。

對於人性自然的理解和尊重，使得賈伯斯帶領的蘋果公司不斷地創造奇蹟，在人們傳頌著賈伯斯人生哲學的時候，我們不僅要在內心裡理解和認同這些觀點[29]：人活著就是為了改變世界；領袖與跟風者的區別就在於創新；人這一輩子沒法做太多的事情，所以每一件都要做得精采絕倫；成就一番偉業的唯一途徑就是熱愛自己的事業；不要把時間浪費在重複其他人的生活上。我們還要在行動和產品中表達這些觀點，用中國文化傳統的理念，就是做到「知行合一」。

二〇一一年十月五日之後，我開始用iPhone 4手機，這只是一個內心紀念的儀式。我也知道創新會永無止境，但是所有的創新需要回歸到顧客的需求中來，更需要對於人性光輝的深刻理解。真正觸動人心的東西，才會是永恆具有魅力的部分，賈伯斯做到了，而我們還需要努力。

核心價值觀的具體表現

當人們試圖探索新東方和阿里巴巴的成功之道的時候，可以看到新東方的精神、阿里巴巴的天條所具有的決定性作用，俞敏洪和馬雲所努力維護的正是企業核心價值觀，是企業所有成員必須遵守的宗旨。按照威廉・大內（William Ouchi）的見解[30]，一個企業的宗旨必須包括：①組織目標；②組織的作業程序；③組織的社會和經濟環境對組織所產生的限制條件。我們可以從細分的角度，更好地理解企業核心價值觀對於每一個關鍵環節的影響和作用。

利潤。利潤是一個企業必須實現的目標，然而如何設定利潤目標，如何用利潤目標來牽引大家的行動，什麼樣的利潤才是企業倡導的，必須闡述清楚。很多情況下，企業會認為追求利潤是理所當然的事情，這樣的認識很普遍，但是卻存在著誤解，一方面，當我們承認企業需要創造利潤的時候，我們並沒有確定用什麼標準來衡量利潤的價值；另一方面，經營者並沒有真正地理解利潤和顧客的關係，利潤和投資者的關係，利潤和企業發展的關係。更多的情況下是經營者單純地理解利潤就是成本和價格的關係，這樣的理解是非常偏限的。

如果堅持這樣理解利潤，就會導致過度追求發展、盈利和競爭。相反，利潤更需要解決與顧客的關係，與企業發展的關係，企業的盈利若不能確定為顧客創造價值，不能提供企業持續發展的資源，一定是錯的。因此，利潤相對於顧客和企業發展而言，是一個相互依賴的關係，利潤必須以顧客價值和企業發展為約束條件，而企業發展和顧客價值的獲得也依賴於利潤的貢獻。從根本上講，利潤的目標只為以下目的服務：支付公司發展所需要的資金；提供達到顧客目標所需的各種資源；獲得足夠的利潤。

顧客。顧客是企業得以存在的根本原因，企業所有努力的評判都是交由顧客做出的，因此與顧客的關係成為唯一的，也是最有效的價值判斷標準。公司的策略、公司的管理流程、公司的關鍵活動、公司的品質標準，以及公司的所有活動是否以顧客作為出發點，是衡量一個企業是否具有價值創造能力的關鍵標準，甚至包括創新也必須圍繞著顧客的價值展開，這既是企業自身的定義決定，也是現實經營的要求。洞悉顧客需求，並不像人們想像的那麼困難，但是為什麼許多中國企業無法做到這一點？根本原因是企業沒有真正轉變為「以顧客為導向」的思維方式和管理習慣。

許多企業管理者，尤其是高層管理者已經沒有機會貼近顧客，沒有靠近顧客的機會就失去了真正了解顧客的途徑。華為總裁任正非先生曾經告誡華為高層管理人員，企業高層領導的責任包括三件事：布陣、點兵、與顧客溝通。這也是華為公司得以在激烈的產業競爭中保持領先位置的要素之一。因此，公司的目標應該是：向公司的顧客提供盡可能大的物品和服務，從而獲得並保持他們的尊重和忠誠。

成長。企業成長依據的資源和條件，決定著企業是否可以持續發展並具有價值能力，所以設定企業成長的目標必須考量自身的能力以及所處的環境，企業如果脫離環境和自身能力，這樣的成長是非常危險和極其有害的。並不是說，只要成長就是應該追求的，一味追求規模和成長，忽略了企業最需要關注的問題，只會導致企業走向危機。因此，作為企業的經營者需要更加清楚企業成長的依據是什麼？企業成長的動力是什麼？企業借助於什麼樣的條件和能力實現成長？

在二〇〇八年，我寫了《中國企業的下一個機會》，在這本書裡，我很想說明中國企業需要改變自己的成長方式，因為在一九七八至二〇〇八年的三十年間，中國企業的增長速度非常快，很多企業從一個小小的企業成長為規模超過十億、百億，甚至千億的公司，但是當我們總結這三十年成長動力的時候，我們發現大部分中國企業都是過度的資源投放，而不是真正的價值成長，這些企業透支了自然資源、勞動力資源，甚至是顧客資源。而在今天，經營環境和顧客的成長需要企業做出改變，如果不能夠適時改變，轉變成長方式，這些企業一定會被環境或者其他企業淘汰。相反，也有一部分優秀的企業在獲得高速成長的同時，也獲得價值的認可，這些企業讓我們更明確了企業成長所需要的價值約束，那就是：要使企業的成長只是受到「企業的利潤」、「員工發展」及「製造真能滿足顧客需要的技術產品的能力」所限制。

人員。企業如何看待員工，會影響到員工是否能夠真正有效地發揮作用，並在自己的行動中體現企業的核心價值觀。在現實工作中，企業的形象、企業的服務、企業的品質均是由員工、特別是員工的行為決定的，一個擁有高素質員工團隊的企業，也一定是一個具有強大競爭力的企業，這是被所有成功企業反覆驗證的。正如杜拉克先生所指出的那樣，提升經濟績效的最大契機完全在於企業能否提升員工的工作效能。

長期以來，我一直認為人力資源是企業的第一資源，企業的差距從長期來講是人力資源的差距，而人力資源對企業發展的貢獻，在很多方面需要組織系統配合，需要借助於組織創新能力的貢獻，因而認為組織的創新能力，也將構成企業長期發展的影響因素。而同樣具有深遠意義的貢獻是組織適應能力的貢獻。組織適應力是保證企業組織不斷延長生命週期的能力。有研究顯示，企業組織對環境的適應能力、對變化的適應能力、對策略的適應能力，是保證企業不斷延長生命週期的核心要素，企業這些適應能力的強弱，將在很大程度上影響企業的長期發展，而所有這些面對變化的適應能力，都是由員工的能力轉化而來，所以說員工使這些能力獲得真實來源。

釋放員工能量，依靠員工來打造企業核心能力必須成為共識。因此對於員工的目標只能如此：幫助公司的所有員工分享公司的成功。正是他們才使這種成功得以實現；以他們的工作成績為依據，為他們提供職業保障；承認他們的個人成就；保證他們由於完成工作而產生個人滿足感。

管理。管理活動貫穿企業整個系統，而這些活動最能直接反映企業的核心價值觀。從經典的管理理論中，我們知道管理的通用定義是：透過人員及其他機構內的資源，達到共同目標的工作過程。這個定義明確地告訴我們，管理需要實現目標，管理是一個共同工作的過程，管理是人和資源的結合。這樣的界定，已經很清楚，但是在現實的管理活動中，我們還是沒有能夠實現目標，或者即便是實現了目標，很多人也會覺得付出太多，內心並不快樂。更多的管理者陷入日常的人事困擾中，而員工卻認為並沒有獲得很多管理者的支持，一些企業中「管理」成為沒有效率的代名詞。

我在《管理的常識》一書中，把影響組織績效的七個管理基本概念做了詳盡的闡述。寫作這本書的最真實原因，就是希望人們能夠真正發揮管理的績效，因為管理的績效決定人的績效。如果說釋放員工能量是企業獲得成功的依據，那麼釋放員工能量的前提條件是管理必須有效。杜拉克先生對我最大的影響，就是他強調管理者需要貢獻有效性和價值的觀點，而我同樣堅持管理必須反映企業的核心價值觀，必須依賴於企業的核心價值來展開活動。所以管理的目標是：使個人在實現明確規定的目標時有充分的行動自由，從而鼓勵人們的主動性和創造性。

公民身分。明確企業和社會之間、企業和環境之間的關係，對於企業以及管理者自身都是至關重要的，企業的高速發展所帶來的一系列問題呈現在管理者和企業的面前，以往不關注的問題在今天也許成為至關重要的問題。在總結中國企業三十多年成長的歷史中，我也歸納出企業需要克服的四種「成功陷阱」——單一產品的成功、單一資源的成功、企業家個人的成功和沒有付出規則成本的成功。這些也許是發展過程中的問題，但是隨著全球化的進程、企業自身能力的改變、市場環境的變化，這些問題都會浮現出來，如果我們不面對並做出相應的調整，那麼被淘汰的就是我們的企業。

全球一致的行動以及對於環境的關愛，已經不是哪個地區或者哪個人的責任，而是所有人的責任，我們需要更加清楚自己身上的責任和挑戰，更加需要做出巨大的努力來承擔責任和面對挑戰，所以企業需要設定這樣的目標：企業尊重企業對社會所承擔的義務，企業要成為經營所在的每個國家和每個社區的一項經濟、智力和社會財富。每一個企業的核心價值觀會有不同的表達方式，但是其核心的內容需要包含對上面六個方面問題的回答，從對於這六個問題的不同取向，可以判斷出一個公司的核心價值觀，借助於企業價值觀明確的價值判斷，企業可以界定什麼樣的盈利才是企業所追求的盈利。

全新的經營觀

今天比以往更需要全新的經營觀，朝向和諧的社會發展，這些不僅僅影響企業行銷在市場上所做的訴求，更衝擊著企業的管理方式和領導員工的價值觀。人們已經意識到無法忽略公司最重要的資產，即以顧客為代表的「價值資本」。英國管理哲學家查爾斯・韓第教授（Charles Handy）在他的《適當的自私》（*The Hungry sprit*）[31]一書中說到：「（人們）雖然找到關於經濟增長問題的部分答案，但卻不確定對此能夠做些什麼的社會所面臨的困境。在非洲，人們說渴望分為兩種：渺小的和偉大的。渺小的渴望，是指獲取維繫生命所需的東西：必需的商品和服務以及購買這些東西所需的金錢，這些是每個人都需要的。而偉大的渴望，則是追尋一個問題的答案：生命的意義是什麼？」當企業必須承擔偉大的渴望的時候，企業自身以及管理者本身的價值觀，都需要提升到一個全新的高度。

全新的經營觀包括兩個部分的內容：超越商業領域、擁抱未來。哥本哈根未來學研究院（CIFS）甚至把公司比喻為部落，企業有自己的歷史、神話、儀式和價值觀，甚至擁有自己的英雄和反對派。簡言之，這是社會縮影，企業不再是一個簡單的經濟體，企業還需要也必須要滿足一個共同的目標：尊重和滿足人的需要。人們已經不再被財富所迷惑（雖然我還是要承認今天財富依然具有強大的力量），任何事情都可以商業化的這種趨勢，並不是人們真正想要的生活，金錢只是生活的工具，並非人生的意義，人生具有未來的無限可能性。這種可能性豐富了生活，也豐富了世界，也因此具有了多樣性和差異性，這一切提供了更加廣闊的市場和前景。正是這樣的共識，要求人們做出改變，從商業化的流行趨勢中解脫出來，回歸到人生的真正意義上來。

超越商業領域。全新的經營觀必須是超越商業領域的，企業的核心價值觀必須能夠體現這樣的價值追求。如彼得·杜拉克經常指出的那樣，企業面臨空前的挑戰，企業必須制定和宣傳策略，來激勵員工和合作夥伴，從而讓他們具有明確的共同目標和方向。正如杜拉克七十五年來一直堅信的那樣，企業是實現重視個人價值的重要引擎。正是對於這個問題的重視，杜拉克一再告誡人們，大多數企業經營所依據的假設都不再適應現實。

企業需要在一個全新的假設下來面對現實提出的挑戰，這些挑戰可以稱為一場「安靜革命」。如果企業和組織不能夠重新定義，就會像恐龍一樣難逃覆滅的厄運。要做出根本性的改變，就需要調整企業經營的假設，在我的《超越競爭》一書中比較了兩種經營假設。傳統的經營思考起始於這樣的假設：價值是由企業創造的。透過選擇產品和服務，企業自主地決定它所提供的價值。新的經營假設的核心是：價值由顧客和企業共同創造。這樣的經營假設，企業需要從消費者出發再回到消費者那裡，一切源於消費者的價值創造。

如果真正用顧客的思維而非企業的思維方式來經營企業，就要求超越商業領域，回歸到顧客的價值上來，圍繞著人以及人的需求展開，而非企業的利潤。反觀最近所發生的一系列不該發生的企業事件：達文西事件、山西陳醋事件等，都是沒有明確基於顧客價值的經營觀所導致，這些企業所追求的僅僅是企業自身的利潤，忽略了對於顧客的承諾，而忽略了這一點就會導致企業走向相反，甚至是失敗的方向。

擁抱未來。全新的經營觀必須是擁抱未來的，或者用更簡單的方式來說就是：以未來決定現在。衡量一個企業最重要的標準是「預見和投資明天機會的能力」，是先於顧客需求變化而做出改變的能力。更多的時候我會被這樣一些公司所感動，正是因為它們的努力，我們獲得了解自然的能力，無障礙溝通的能力，窺見微小世界的能力。沒有這些企業，我們也許失去了實現夢想的可能性。擁抱未來就是具有不斷創新和創造的能力。

我喜歡ＩＢＭ，它總是讓我從它的發展方向上看到未來的變化和趨勢；我和很多人一樣被蘋果公司的革命性產品所折服，蘋果公司的每一款全新產品出來，幾乎都會引起市場巨大的反響，在一個產品極度豐富的年代，還會出現爭先恐後、通宵排隊購買產品的場景，一定是蘋果公司所創造的奇蹟。這些公司不僅用創新帶來了強勁的增長，更重要的是借助於它們的創造，使人們獲得了更多的體驗，從而能更有效地發展自己。

最近看到的一個案例讓我更確信全新的經營觀所具有的魅力。這個案例就是與顧客互動的1號店。1號店是中國首家網路超市，二〇〇八年七月網站正式上線，成立僅四年的時間，以每月業績二八%的平均速度飆升為中國境內領先的B2C網路購物平台。1號店網路銷售超過十八萬種商品，涵蓋食品飲料、美容護理、廚衛清潔、母嬰玩具、數位電器、家居運動、營養保健、鐘錶珠寶，以及眾多虛擬產品服務項目，如手機加值、生活繳費、火車票查詢、機票訂購等線上服務。1號店非常善於運用新媒體進行行銷，並進行了很多行銷創新。

首先是微博策略，立志成為「網路沃爾瑪」的1號店，現已有超過五萬多微博用戶關注其官方微博，形成了微博用戶群，簡單有效地鎖定了目標客戶，並透過微博達到了良好的宣傳效果。其次是採用了行動二維條碼識別，二維條碼識別作為高新科技，被1號店首先運用於行銷推廣，在各個大型的地鐵站內，巨幅的1號店二維條碼宣傳海報隨處可見。這些海報不但可以觀看，更可以拿起手機直接掃瞄海報上顧客想要購買商品的二維條碼，直接訂購所示商品，這種新穎的消費模式已經在年輕人中流傳開來，成為了都市消費的新浪潮。

全新的經營觀要求企業一定要關注自身的基本假設，時刻檢討企業與顧客、與環境、與變化、與未來之間的關係，保持與企業和環境的互動。更重要的是需要基於人的發展來展開企業的經營活動，而不是圍繞著獲得利潤展開經營活動。人人參與成為新一代的消費特徵，讓大家連結在一起，本身就是一件值得學習的事情，所有的東西都是新的，技術讓一切皆有可能，而這些新的感受和機會又會推動技術的進一步創新，願意嘗試新的東西和平台，真的是很令人興奮的事情，但是否可以擁有這新的感受和機會，取決於企業的經營觀能否與時俱進！

2

策略的本質

一個企業可以走多遠，取決於這個企業是否具有策略的思維和能力，策略從本質上講，就是一種選擇，尤其是選擇不做什麼。

「策略控制命運」[1]是羅伯特·伯格曼（Robert Burgelman）在自己同名書裡面表達的核心觀點。對於策略本身的理解決定著每一個企業能否存活下來，以及如何實現持續發展。在持續增長的同時，很多企業正在逐步喪失其策略的根本點，甚至還有企業幾乎就沒有關注「需要回到策略的基本面上」去累積。沒有策略基本層面的累積，這個企業是無法走得很遠的。企業目前在市場上所取得的成績，都是暫時的勝利。

我幾年前曾經談到過這樣幾種類型的企業：暫時性的勝利者、階段性的勝利者、永久的勝利者。暫時性的勝利者是機會主義者，階段性的勝利者是實用主義者，而永久的勝利者是策略領袖。這個劃分能夠說明我的一個觀點，不要只是關注暫時性的勝利，因為機會永遠是公平的，你得到這個機會，就意味著失去另外一個機會；不要滿足於成為階段性的勝利者，因為實用的功能總是要被時間淘汰。因此，你需要牢牢關注策略層面的累積，只有擁有了策略的能力，企業才能夠取得永久性的勝利。策略能力的獲得需要牢牢地記住企業經營的本質，時刻知道企業賴以存在的真實原因是什麼。

企業之殤與策略思維

二〇〇八年「三聚氰胺」事件中的中國乳業讓中國消費者深受其害，之後這個行業不斷引爆出各種各樣的事件，讓消費者懷疑中國的乳製品是否還可以依靠。接著又發生了二〇一二年的「毒膠囊」事件，現在已經涉及多個地區的多家企業……這些企業甚至不在乎消費者的生命，逐利到了如此地步，真是企業之殤。如此沉重的事實，真的需要大聲疾呼：假若企業的經營者還沒有意識到這一點，那將是這類企業走向沒落的開始。

企業因何而存在

我再一次強調：真正影響企業持續成功的主要重心不是公司的策略目標，不是技術，不是資金，也不是發展策略的流程，而是專注、集中焦點於為顧客創造價值的力量。如果從這個意義上來看中國的部分企業，感覺它們欠缺地非常嚴重。二〇〇八年九月，因「三聚氰胺」事件導致中國乳業全面崩潰，三鹿企業轟然倒下。此事件波及面甚廣，致使消費者信心喪失，對中國產乳製品更是心懷恐懼。直到二〇一〇年，有關乳業產品品質問題的報導和事件仍時有出現，但我們看不到乳業企業對於顧客價值的承諾，更看不到乳業企業聚焦在顧客價值創造上，反而乳業內耗、廣告戰、網路戰層出不窮，聚焦在如何搞垮對手上。

二〇一二年四月「毒膠囊」事件再次讓消費者膽顫心驚，因為這一次是和藥物連結在一起，而且涉及多家企業，甚至包括一些上市企業，此事相關單位還在盡全力查緻中。這些頻發的事件，帶出這些企業的領導者缺失真正對於策略的理解，根本不了解企業存在的理由到底是什麼？企業因何而存在？這些企業的策略從根本上就是錯誤的，因為它們迷失了策略的核心立場。策略要求必須聚焦於「為顧客創造價值」這個點上，這也是企業成功關鍵中的關鍵。企業領導者應該專心致志於為顧客創造價值的能力不斷成長，根據顧客的價值需要來發展策略，讓顧客價值成為企業產品的起點、企業服務附加價值的起點、企業策略的內在標準、企業行為的準則。

企業因為什麼而存在，有一個非常明確的答案：企業為顧客存在。杜拉克先生也很直截了當地表明了自己的立場：企業只有一個定義，那就是創造顧客。[2]所以背離顧客價值的選擇都是錯誤的，如果企業不能夠讓自己策略的原點放在顧客價值這一端，一定會被顧客淘汰。

商業模式如何確立

基於策略的選擇，企業會建構獨特的商業模式，借助於商業模式的競爭力，企業與同業區隔開，同時也具有了與顧客連接在一起的條件，因此商業模式的確立既是企業策略具象化的一個表現，也是顧客和市場認知企業的載體。因此，借助於商業模式可以理解一個企業的策略發展，也依此可以了解該企業真正的競爭力來源。

什麼是商業模式？商業模式是一個組織建立客戶價值的核心邏輯。任何一個商業模式都是一個由客戶價值、企業資源和能力、盈利方式構成的三維立體模式。由哈佛大學教授馬克．強生（Mark Johnson）、克雷頓．克里斯汀生（Clayton Christensen）和SAP公司的CEO孔翰寧（Henning Kagermann）共同撰寫的《商業模式創新白皮書》（*Reinventing Your Business Model*）把這三個要素概括為：「客戶價值主張」，指在一個既定價格上，企業向其客戶或消費者提供服務或產品時所需要完成的任務。「資源和生產過程」，即支持客戶價值主張和盈利模式的具體經營模式。「盈利公式」即企業用為股東實現經濟價值的過程。[3]

長期從事商業模式研究和諮詢的埃森哲公司（Accenture）認為，成功的商業模式具有三個特徵。

第一，成功的商業模式要能提供獨特價值。有時候這個獨特的價值可能是新的思想；而更多的時候，它往往是產品和服務獨特性的組合。這種組合要麼可以向客戶提供額外的價值；要麼使得客戶能用更低的價格獲得同樣的利益，或者用同樣的價格獲得更多的利益。

第二，商業模式是難以模仿的。企業透過確立自己的與眾不同，如對客戶的悉心照顧、無與倫比的實施能力等，來提高行業的進入門檻，從而保證利潤來源不受侵犯。比如，沃爾瑪的模式，人人都知道其如何運作，也都知道沃爾瑪公司是折扣連鎖的標竿，但很難複製沃爾瑪的模式，原因在於「低價」的背後，是一整套完整的、極難複製的訊息資源和採購及配送流程。

第三，成功的商業模式是腳踏實地的。這個看似不言而喻的道理，堅持做到卻並不容易。現實中的很多企業，總是希望可以尋找到機會快速成長，總是希望在別人的錯誤中獲得商機，總是想尋找捷徑，而不是在市場、顧客、產品以及品質和服務上踏踏實實地做出努力並持之以恆，這都導致很多短期行為、甚至傷害顧客和市場的行為出現。

作為商業模式，組織要著重考慮以下要素：

- 競爭地位中所採取的價值主張；
- 選擇或者放棄的市場細分；
- 從實施的活動或運用的資源中獲得價值鏈和最終成本；
- 收入模式和最終盈利潛力。

企業的價值主張是直接被顧客感知到的，顧客透過產品可以感受到企業的價值主張，顧客能夠在使用產品的時候，理解到企業對於品質的追求標準是否具有行業領先的水準和對於顧客的忠誠度。簡單地說，企業的價值主張是企業連接顧客、區隔同業的關鍵要素。我常常感嘆於迪士尼樂園這樣企業的商業選擇，高舉兒童娛樂的大旗，帶來的是顧客的忠誠和滿意，看到迪士尼樂園上海園區開幕的消息，甚至可以想像未來人們湧去的場景。

在商業模式中強調關注於市場的細分，這實際上是企業深入顧客層面的安排，企業不斷地深入細分領域才能夠了解顧客，才可以確定什麼是顧客真實的需求。談到寶僑（P&G），其最精準的定位是目標顧客的定位，寶僑知道自己努力的方向，知道自己的顧客生活在什麼樣的環境裡，知道空氣、水、飲食以及氣候的差異。各種細分的市場被寶僑牢牢鎖定，如不同地區的生活環境和不同特性的消費者等，寶僑為此所做的努力被這些細分市場的顧客感受到，也就獲得了不錯的市場占有率。

成本的理解以及供應管理的理解是企業獲得顧客的基礎。對於很多企業而言，關注顧客的持有成本以及價值鏈的價值貢獻是構成產品和服務的前提條件，沒有對於這個問題準確的認知和把握，就無法具有理解並實現顧客需求的能力。與其說是英特爾（Intel Corporation）公司的成功，不如說是英特爾的成本模式以及價值鏈模式的成功，英特爾獨特的創新能力組合在成本模型中，並體現在對於價值鏈的貢獻中。

能夠合理有效地與資本結合是策略的要素之一，如何發揮資金的效用，如何保持持續的現金流量，如何持續盈利是企業需要慎重考慮的要素。但是這些問題的解決有賴於企業收入模式的安排，而收入模式確定的依據是顧客願意支付並有能力支付，所以企業最終獲得潛在的盈利能力，是取決於能否符合顧客的利益與價值判斷。而這些努力更需要企業所在價值鏈的地位，在商業模式中被稱為價值網絡的部分，它是連接產品最終消費者的上下游活動，企業需要打造出有效的價值網絡使得最終消費者願意和企業互動，企業也因此能獲得持續的競爭優勢。

商業模式的六個基本要素組合就是企業策略的基本層面，所以任何一個企業都應該不斷地問自己，這六個要素是否在不斷地強化和深深地累積中，部分企業之所以陷入今天的困境，恰恰是違背了這六個基本要素。這些企業的價值主張是違背顧客的增長，沒有與顧客所需要的真實需求互動，也沒有在價值鏈與價值網絡中傳遞顧客的價值，反而是傷害顧客價值的。我常常借用麥可·波特的經典理論來提醒企業：

取得卓越業績是所有企業的首要目標，營運效能（operational effectiveness）和策略（strategy）是實現這一目標的兩個關鍵因素，但人們往往混淆了這兩個最基本的概念。營運效能意味著相似的營運活動能比競爭對手做得更好。策略定位（strategic positioning）則意味著營運活動有別於競爭對手，或者雖然類似，但是實施方式有別於競爭對手。幾乎沒有企業能一直憑藉營運效能方面的優勢立於不敗之地。營運效能代替策略的最終結果必然是零和競爭（zero-sum competition）、一成不變或不斷下跌的價格，以及不斷上升的成本壓力。[4]

這是非常深刻的道理，策略與營運效能是取得卓越業績的兩個關鍵因素，在過去三十年中，中國很多企業都曾取得了非常好的業績，即使在今天它們也依然是行業的領先者，但是千萬不要把業績卓越作為追求的目標，這獲得的僅僅是暫時性的勝利或者階段性的勝利，持久的勝利還需要策略定位：為顧客創造價值。

真正具有策略思維而非競爭理念

人們認為成功企業都是源於它們創造性地開闢了新的商業領域。事實上，成功企業的奇蹟都是源於對顧客價值創新能力的發揮，這些創新會依賴於技術、資金、人才等。我們需要了解的是，為什麼有的企業與成功企業擁有同樣的技術、資金、人才卻無法獲得相同的創新效果？其根本原因是，企業是否具有策略邏輯，中國企業缺失的恰恰就是策略邏輯。絕大部分中國企業所做的努力都是競爭的努力而不是策略的努力，這些企業追求的是如何解決競爭中的問題，是競爭理念而非策略思考。對於一個企業來說，擺在第一位的問題並不是如何競爭以及與誰競爭，應當是為什麼顧客服務的問題，為自己的顧客選擇做什麼和不做什麼的問題。

策略本身就意味著做出艱難的抉擇，選擇那些有利於企業發展的事情，策略思維就是這樣一種思考方式，它需要確認什麼才是最重要的，確認企業最後所選擇的方向能夠回答最初確定的目標，所以策略思維是圍繞著實現顧客價值展開的選擇。策略思維不是解決企業當前的問題，而是解決企業目標所帶來的選擇問題。策略思維會成為讓企業關心自身存活的依據，有能力更清楚地界定盈利來源，更明白自己能夠做什麼和不能夠做什麼，這裡面並不存在與誰競爭的問題，簡單地說就是選擇自己應該做什麼。

洞悉顧客需求，並不像人們想像的那麼困難，但是為什麼許多中國企業無法做到這一點？根本原因是企業的思想沒有真正轉變為「以顧客為導向」的思維方式和管理習慣。許多企業管理者，尤其是高層管理者已經沒有機會貼近顧客，因此也就失去了真正了解顧客的途徑。

貼近顧客無疑是企業獲得優勢的真正來源。什麼是真正的商業成功？真正的商業成功，實質上就是在使顧客滿意的同時使企業盈利。這是一個老生常談的觀點，卻恰恰說出了真理所在；這同時也是衡量商業成功的基本標準。如果以這個標準來界定企業的發展，就可以判斷企業增長是否能夠帶來持續性，就可以判斷企業能否集中所有的資源贏得顧客滿意度，進而推動企業真正擁有能實現可持續發展的內在動力。源於這樣的認識，需要企業領導者擁有策略思維，擁有和顧客在一起的能力和習慣，形成以顧客的立場展開選擇的思維方式，唯有這樣，企業才有機會擺脫競爭而進入有效發展的狀態。

企業缺失了什麼？

回顧三十年中國企業的發展，可以看到借助於市場開放和政策推動而成功的企業很多，這些企業能夠把握機會並尋找到自己的市場位置。而經過了三十年市場的洗禮，有很多企業已經不得不退出市場，它們丟失了最初可以立足於市場的能力。今天，人們的注意力移向新的變化，但是我還是建議企業領導者要安靜下來思考：為什麼會出現眾多企業不復存在的現象？今天依然存活的企業，是否確定今後可以走得更好？這兩個問題需要企業自己尋找到答案，但是有一點可以確定，如果再次迷失，不知道企業需要解決的問題是什麼，企業就不會像現在這樣幸運：現在顧客還會寬容並給予企業修正的機會。顧客的認同是企業發展的關鍵因素。如果企業缺失這些東西，就無法走得更遠了，我把這些因素歸納為三個：策略、與環境互動、領導者的遠見。

缺乏策略

一些企業為什麼走不遠，很大程度上是策略缺失的原因，大部分的企業只能夠解決眼前的問題，更多關注的是如何競爭以及與誰競爭的問題，就如通訊行業之間的紛爭，如果企業陷入這樣的紛爭，就表明企業沒有策略，因為策略不會基於同業的競爭，而是基於顧客價值的創造，基於對未來的判斷，基於對於變化的認識和準備，而這些基於變化和未來的判斷就是策略邏輯的能力。絕大部分中國企業所做的努力，都是管理的努力而不是策略的努力。這些企業追求的是解決問題，而解決問題是管理思考而非策略思考。

二〇〇五年我參加一個關於中國是否可以誕生行業冠軍的研討會，雖然大家得出的結論是中國企業能夠誕生行業冠軍，話題卻是圍繞著如何打造接班人、如何提升管理效率、如何降低成本、怎樣發揮人力資源的能力等。這些話題所呈現出來的思考是關於企業內部管理與效率如何提升的方向，而以內部提升作為思考的出發點，正是管理理念而非策略思考。就拿中國的家電行業來說，在二十世紀八九十年代，因為中國家電企業在策略上選擇低成本，用價格作為貼近顧客的能力，低成本的策略幫助中國家電業戰勝了國外品牌在中國市場的地位，使得全行業具有了擁有中國消費市場的能力，並因此具有了參與國際分工的能力，使得世界家電製造中心轉移到中國，並取得了這個產業全球化的成就。

到了二〇〇〇年，在家電行業，隨著三星的崛起，全行業進入到技術創新的發展階段，技術帶來的變化是顧客所期待並接受的關鍵要素，成本已經成為企業內部管理問題，不再是策略要素。但是中國家電企業依然以成本作為自身發展的核心要素，不斷在成本與價格上做出努力，然而這些努力並沒有為中國家電企業帶來持續的競爭力。相反，二〇〇〇年之後，以三星、西門子為代表的海外品牌開始占據消費類電子的領導者地位，中國家電企業因為策略的缺失，失去了原有主動的行業地位，而讓自己陷入低附加價值的製造低端，品牌也無法得到溢價，甚至讓技術的關鍵因素種類失去了競爭地位。

缺少與環境的互動

中國部分企業缺少與環境的互動。企業能否與環境互動，是否具備環境的匹配能力，是直接影響企業能否長久的又一個關鍵因素。大部分企業因為沒有解決好和環境匹配程度的問題，而喪失了未來的市場和機會。摩托羅拉在環境進入到數位時代，依然堅信類比訊號的價值，結果在短短的幾年時間裡被諾基亞（Nokia）超越，至今仍無法重回手機行業的龍頭位置。而當手機作為智慧終端進入人們的生活中，諾基亞依然確認自己在手機產品上的規模效應，並沒有很好地與環境互動，在二〇一二年第一季度，失去了全球手機龍頭老大的地位。三星借助於與蘋果的競爭，一躍而成為手機行業的領導者。

因為與環境互動的能力不足而失去行業優越地位的企業，比比皆是。另一個典型的例子是柯達公司，這個昔日最著名的影像公司，因為無法適應數位時代的到來，令人倍感悲傷地淡出了人們的視野。環境作為直接影響組織績效的外部力量，特別是技術的迅猛發展，對於企業的持續發展產生著越來越大的能量。我真的擔心中國企業會否也和摩托羅拉、柯達公司一樣，還在堅信成本優勢、規模和資源投放，事實上今天的環境已經發生了巨大的變化，複雜程度也增加很多，更重要的是消費者在發生著巨大的變化，企業策略需要根植於環境來具體地選擇和判斷，企業策略需要保證企業能夠順應環境的趨勢。

企業與環境是互為主體的，企業如果不能夠順應環境的變化，不能夠與環境互動，就不可能具有競爭力，正是每一次對於環境變化的深刻理解，才使得那些領先的公司始終保持著領先位置。所以，具有策略的企業一定是一個能夠和環境互動的企業，它們會了解到環境的變化，會以變化作為策略的依據和選擇的前提，它們知道應該選擇做什麼和選擇不做什麼，它們更能夠引領變化並運用變化。

領導者遠見不足

具有策略的企業另外一個特點是領導者具有遠見，在這個方面一些企業領導者顯得更加薄弱。如果觀察那些成功的、持續領先的企業，會發現它們的領導者都具有非凡的遠見和魄力，就如ＩＢＭ的路易斯・葛斯納（Louis Gerstner）、華為的任正非，這些領導者總是可以清醒地面對變化，提前做出準備，這樣的領導者最大的特點就是能夠以未來決定現在。

人們認為成功企業都是源於它們創造性地開闢了新的商業領域，其實成功企業的奇蹟都是源於創新能力的發揮，以及對於顧客價值實現的遠見卓識，而能夠轉化出創新成果則是依賴於企業領導者的判斷和遠見，沒有領導者不斷地超越自身，不斷地超越環境，是無法看到創新帶來的成效的。

一九九三年，葛斯納出任ＩＢＭ的總裁，當時的ＩＢＭ故步自封、堅信自己的技術，分公司各自為政，純粹是一個硬體廠商，管理零散。葛斯納對ＩＢＭ的成員說：「我認為我們面臨的最大挑戰就是……要讓我們的策略、結構和文化適應不斷變化的世界。我不能保證這一歷程會簡單快捷……我們採取的步驟將大刀闊斧而非小心翼翼。」[5]葛斯納就是用這樣的決心和意志力，帶領IBM迎接環境的改變，並使得全公司完成以客戶為先、成為技術與服務方案供應商、全球整合業務、全球共用管理系統的全面轉型，使得IBM脫離了將要破產的困境。

確立策略、與環境互動、超越自我的領導者遠見，是中國企業發展需要獲取的關鍵要素。我曾經在多種場合陳訴上面的觀點，一方面因為很多企業還沒有意識到問題的嚴重性，另一方面因為中國企業實踐的認知困境，在過去的時間裡，中國企業成功更多是源於企業自身對於資源把握的能力，只要擁有資源就可以獲得成功，曾經是很多中國企業的共識。

即便是到了今天，還有很多房地產企業依然認為擁有土地資源和資金資源，是這個行業的關鍵成功因素，很多房地產企業還是從這兩個資源要素展開自己的發展邏輯。但是這些房地產企業沒有意識到，市場發展到今天，影響房地產企業的關鍵因素是顧客選擇的能力、供應商的能力以及需求的改變，對於顧客的理解以及供應鏈的管理和價值貢獻能力，成為至關重要的因素，如果不能夠做出相應的改變，一些房地產企業就會被市場淘汰。而這樣的市場環境就需要房地產企業的領導者超越自己對於行業、盈利的理解，以及對於價值鏈價值貢獻的理解，這些要求都是企業領導者自身需要超越和改變的，唯有此，中國企業才不至於缺失了企業發展的關鍵要素。

策略思維及其邏輯

人們一直想了解為什麼中國企業這樣容易受到影響，企業家個人的危機、自然條件的變化、資源的改變、政策的調整、國際市場的風吹草動等，一個外部環境或者內部條件的改變就會帶來企業致命的危機，為什麼中國的企業這樣脆弱呢？很多人告訴我說，因為中國企業還是小孩子在學走路，所以特別容易摔跤；也有人告訴我是因為中國的企業還不夠大，所以抵抗能力弱，一點氣候變化都比較容易感冒；還有人告訴我說中國有些企業是內戰內行外戰外行……大家給出諸多解釋都不能夠說服我：小孩子會摔跤，但是他能夠爬起來繼續長大，而為什麼那些企業不行；感冒可以醫治，為什麼那些企業總是得重感冒而且無法治；到了它們進入國際市場的時候，為什麼被頻頻打擊。可見這些說法都無法解釋中國部分企業比較脆弱的這個現象。

企業需要面對的問題實在是太多了，如果企業能夠持續存活下去，就必須回答憑什麼活下去這個問題，事實上企業規模大小、賺錢多少、解決多少就業、是否具備品牌等，都是企業經營的結果，是企業營運的外化表現，所以當人們認為企業不夠大而無法抵抗風險的時候，這本身就是無法解決的問題。因此，還是要回到「企業憑藉什麼存活下去」這個問題上來思考，這個層面就是策略的思考了。

也就是說，中國企業脆弱的原因是不會做策略的思考，僅僅是做了管理的思考。絕大部分中國企業所做的努力，都是管理的努力而不是策略的努力。這些企業所追求的是解決問題，遇到原材料漲價如何辦？勞動力成本增加怎麼辦？面對競爭變化該如何辦……的確這些都是企業營運中需要面對的問題，不過我還是需要強調：對於一個企業來說，解決問題應該是第二位的，第一位應該是選擇做什麼和不做什麼，也就是回答策略的問題，先回到策略思維方式上，之後再落到管理理念上解決問題。因為企業要面對的問題是層出不窮的，面對問題本身就是管理的職責，但是問題並不是影響企業生存的關鍵，企業是否可以生存的關鍵是如何做出策略的選擇。策略決定命運。

策略思維就是選擇不做什麼

蒙牛公司由急速發展到今天的品牌困境，引發了多個層面的思考，同時也讓人們明白需要開始反省，企業到底應該用什麼樣的思維方式來進行管理。企業的策略思維不能夠被管理理念替代。

策略思維與管理理念有著根本的區別。策略本身就意味著做出艱難的抉擇，選擇那些有利的事情；而管理則是那些你不必做選擇而必須面對的事情，它事關各種業務的處理方式。策略思維是：問題1，你想做什麼？問題2，想做的事情憑什麼條件可以做？問題3，你有什麼？

問題4，你缺什麼？關鍵的問題是：你要做些什麼？策略思維就是做出選擇。管理理念是：遇到任何問題都要找到解決的辦法；管理沒有對錯，只有面對問題，解決問題。因此，不管遇到什麼問題，策略思維要求首先問自己「我想做什麼」，而不是問自己「我如何解決問題」，後者是管理理念。

策略思維會讓企業關心企業存活的根本依據，會清楚地界定盈利的來源，會知道自己能夠做什麼不能夠做什麼。策略並不是一個以盈利作為選擇依據的行動，而是以持續發展為選擇依據的行動，盈利僅僅是策略選擇所帶來的結果，並不是依據。看到礦井陸續出事，在譴責那些昧著良心賺錢的礦主和經營者的時候，也應該知道不能夠把這些人稱為企業家或者經營者，因為這違背了策略思維的方式。

作為企業，如果僅僅能夠看到面對的問題，只知道解決問題，是危險的。如果企業所努力的方向就是解決所面對的問題，那麼你就是只顧管理理念的人。在今天，資訊流和資金流以驚人的速度運轉時，只會管理的公司前途難測。更糟糕的情況是僅僅以管理為中心的做法，往往還會導致企業陷入故步自封的狀態。如果人人都想竭力解決問題，那就必然會使企業根據自己的能力來決定產品。過去幾年，當看到技術發展所帶來的行業格局調整，從而使得占據領先地位的企業被淘汰，就該明白這是只顧管理忽略策略的結果。

策略思維就是選擇不做什麼。一九九七年開始，我進到更深入的企業諮詢活動，在了解了康佳的購併、TCL的運作、科龍的文化、美的的策略之後，我理解了彼得．杜拉克先生曾經說過的一段話的深刻含義，他說：「在法律上和財政上的意義（不是從公司結構及經濟上）上來說，現在有一百二十年歷史的公司，將活不過二十五年。」[6]

我在講學的時候都以這段話開篇來講策略的問題，大師告訴我們在企業發展的過程中有兩個問題是必須保證的，用我的理解來說就是：法律保守、財務保守。這是做企業的兩個基本前提，如果違背了這兩個前提，已經活了一百二十年的大公司也不會再活多久，更何況中國的企業還沒有活到一百二十年的呢！這裡明確表達的就是：策略是在法律、規則保守和財務保守前提下的選擇，換個角度說就是策略要求不做違背法律和規則的事情，不做財務冒進的事情，這是策略思維的首要選擇。如果你具備策略思維的能力，就應該具備這樣的自我約束能力，進而你的企業抵禦風險的能力也就強化了。

不要急著解決問題，而應該先回答自己到底要做什麼。這幾年中國的經濟和中國的企業發展神速。二〇〇四年年中，我到美國拜訪一些企業同行，美國聯合飼料的總裁問我：「為什麼美國企業的成長夾角只有幾度，而你們企業的成長夾角有的超過九十度？」我不知道該如何回答才好，如果我告訴他我們運氣好，似乎又降低了中國企業的水準，但是的確是因為運氣好，才使得中國企業擁有了比美國企業更快的發展速度。可是這樣的高速增長卻掩蓋了中國企業策略能力的缺失這個最為關鍵的問題。我確確實實很想勸中國企業不要急著追趕世界五百強，也不要急著進行世界級企業的夢想征程；同樣也不要急著說，別人都是品牌企業，我們也要做品牌；不要以為有了兩千億的銷售額，就是世界強者之一。

我想高速的市場發展所帶來的一切好處，我們都該拋開，沉靜下來思考，在策略上我們做了什麼，我們沒有做什麼？真的不要急著解決跨國企業正在解決的問題，它們能夠解決這些問題是因為在策略上它們已經不存在缺失，看看沃爾瑪的全球供應鏈效應，微軟實現顧客價值的能力，寶僑對於消費者的深刻理解，也許你該明白這不是低價的問題，不是創新的問題，也不是多產品的問題，而是策略堅實基礎的問題。

也許有人會提出異議，說企業沒有管理理念怎麼能行？我不反對這個說法，但是我更強調，企業首先要有策略思維，其次才是管理理念。企業領導者必須學會先思考要選擇做什麼，再思考解決什麼問題及如何解決問題。

缺失顧客的策略邏輯很難持久

當蘋果手機可以正式進入中國市場的時候，大多數消費者期待著會得到更好的服務，但是根據中國聯通頒布的iPhone 4新政策，要求用戶只有在機卡不分離，即綁定使用所購買的通信服務、USIM卡、用戶號碼以及iPhone終端的情況下，方可享受中國聯通為客戶提供的終端補貼優惠政策。在聯通正式實施新版iPhone合約計畫後，二〇一〇年十二月二日晚間，中國工信部的一個表態終於讓聯通鬆了口氣。這個表態語氣溫和，只是表示：「要求聯通切實尊重和保護電信用戶的合法權益，完善服務協議，提高服務質量。」[7]新政實施已數天，也幾乎未見以往涉及與消費者爭執中常見的向主管部委投訴、律師駁斥甚至訴諸法律事件發生，備受關注的中國聯通 iPhone 4 新政似乎躲過了一場風浪。

真的就是可以這樣理解嗎？如果人們從中國工信部的表態上來評價這件事情，讓我還是覺得有些奇怪，因為整個事情的過程，竟然沒有人關注到顧客利益在哪裡？聯想到二〇一〇年某些通訊行業的網路大戰，這一系列的現象使我非常緊張，倘若這些現象可以平淡地過去，而這些企業也僅僅是以行業主管部門的意見為參照的話，這樣的企業就會喪失對於更深層次的策略思考的能力，而更深層次的策略思考就是基於顧客價值的思考，必須讓自己的策略具有持久的、被顧客公認的策略邏輯，具有如此策略邏輯的企業才可能持久。

什麼是商業的成功

什麼是真正的商業成功？實質上就是使顧客滿意，同時使企業賺錢。這也是衡量商業成功的基本標準。以這個標準來界定企業的發展，就可以判斷企業增長是否能夠帶來持續性，就可以判斷企業能否集中所有資源帶來顧客的滿意度，進而推動企業真正擁有增長的內在動力。人們驚訝蘋果公司所實現的增長，這些增長體現的是蘋果公司與顧客之間全新價值體驗的結果，蘋果公司獨有的創造價值被消費者認可——只要是蘋果公司推出的產品，必然有其獨到的存在價值。

蘋果公司在有效地結合產品設計與生產技術方面的能力，深得業內人士的讚賞，同時，其非常注重用戶體驗以及產品設計對用戶體驗的影響，透過技術應用以及與用戶及時溝通等方式，有效地實現了完美的增長方式。隨著越來越多的消費者更直接、有效、深入地了解蘋果，體驗蘋果帶來的激情享受，進而從情感上接受蘋果，跟隨蘋果，蘋果公司獲得了根本性的內在的增長。所以iPhone 5上市的時候再一次風靡市場，因為顧客價值又一次被全新實現，雖然有各種不同評價，但是iPhone 5上市銷量創紀錄的結果說明了一切。

擁有顧客才是關鍵

iPhone 5再次成為一個讓人們接受的好產品，這個產品對於顧客的黏合度的確很高，而獲得這種效果，正是因為擁有顧客價值的實現能力，而不是別的因素。因此對於中國企業而言，一定要了解到擁有產品或者技術並不是關鍵，關鍵的是擁有顧客。人們確信價值增長是必需的，更加確信顧客價值是實現價值增長的根本途徑，這樣就需要回答一個關鍵的問題：怎樣才能夠擁有顧客？事實上擁有顧客並不是一件困難的事情，因為從顧客的角度來說，他們需要有產品來滿足他們的需求，誰能夠滿足他們的需求，誰就有機會和顧客在一起。

二〇一〇年年初，豐田汽車陷入「召回門」困境，我專門撰文談了自己的觀點，豐田汽車之所以出現這樣大的問題，主要的原因是它的策略邏輯轉向規模增長，而非它之前視為管理哲學的品質策略，當策略邏輯出現錯誤的時候，增長就會陷入停滯。但是同時我又提醒中國的經理人，如果豐田願意回歸到它最初的企業經營理念，也就是品質第一的理念，從顧客的價值出發，這個企業會很快恢復，而中國企業所需要學習的反而是豐田真正反省和行動的能力。事實證明豐田的確有回歸到自己初始的經營理念，從品質出發專注於為顧客創造價值，現在的豐田已經恢復到正確的軌道上。所以顧客價值的實現才是關鍵，僅僅擁有技術和產品，是無法真正擁有顧客的，只有洞悉顧客需求，持續地創新投入，盡全力實現顧客價值，才可以持久地擁有顧客。記住：顧客是唯一能夠解雇我們所有人的人。

有效的公司策略一定是顧客導向的

人們看到了一個無可辯駁的真理，那就是沒有哪一項有效的公司策略不是顧客導向的、不是最終要遵循下面這條永恆的規則：企業的目的就是創造和留住顧客。杜拉克先生這樣告誡我們，市場中卓越領先的企業也這樣告訴我們。

宜家公司就是典型的例子，公司以顧客的需求作為企業策略的焦點，公司所有的資源圍繞著為顧客創造價值展開，從CEO到倉儲人員，公司裡每一個員工都清楚顧客的需求，也了解自己能在服務顧客上所扮演的角色，這樣宜家公司能夠在全球各地取得成功也就不足為怪了。再看提供客戶關係管理軟體方案的希柏系統（Siebel Systems），顧客同樣是這家公司的焦點，該公司的CEO湯瑪斯．希柏（Thomas M. Siebel）[8]說，他有六〇%的時間都在和顧客接觸，重視顧客價值的觀念出現在公司的大廳和通道上，包括公司的所有海報、信件或者年度財報的封面，每一季公司都會請顧客為公司的服務做評比，至於業務員的表現，也是以「顧客滿意度」和「業績達成度」作為評估的基礎。這兩家企業都是以顧客導向來確定自己的策略，並以此獲得了領先的市場地位。

為什麼需要顧客導向的公司策略而不是其他策略，原因是今天商業運作技術突飛猛進的變化，使得目前產品生產更加快速與經濟，幾年前還不見經傳的互聯網，如今正改變著數以千計的公司，資訊技術帶來數百種市場形態，新的技術能夠幫助顧客越過中介，直接上網取得商品，節省了許多時間和金錢。這一切是事實，同時也讓我們清醒地看到，還是存在領先的公司超越了這一切。畢竟，技術只是部分要素，不斷改變的狀況才促成更多的變化，對顧客而言，所有的轉變是指向會有更多新選擇，而對於經理人來說，則需要學會不要被技術和變化所迷惑，運用顧客的標準來進行調整。

在過去的八年間，經歷了至少五次改變的杜邦（DuPont）就是一個好的例子。第一次企業面臨的課題是節省成本並提高產能；第二次是必須整合內部作業流程，讓企業各個機能可以一起工作；第三次是做流程再造，重整作業流程以便去除不必要的工作機制；第四次的改變則是重新鎖定一些高度的優先市場；第五次則是針對鎖定市場的個別顧客，提供定製化的產品和服務。正是這樣五次變革，使杜邦公司保持了行業領先的位置。當一個僅僅經歷了一次變革的公司，面對經歷了五次變革的杜邦公司的時候，誰會做得更好，答案顯而易見。

富豪汽車為什麼被賣掉

二〇一〇年三月中國吉利汽車購併瑞典富豪汽車（VOLVO）塵埃落定的時候，相關的討論也隨之而起，無論從積極樂觀的角度還是從理性悲觀的角度看，似乎都可以找到依據，但是我覺得最重要的還不是如何評價這件事，而是要回到汽車行業的發展規律上來。

我沒有很多的研究來評判這樁購併案，但是一些歷史數據也許可以說明一些問題：當初福特收購捷豹路虎（Jaguar）時也曾雄心勃勃。福特前CEO納瑟（Jac Nasser）主持了收購捷豹路虎的交易，但是他很快吃到了苦頭。一九九九年，他又花六十四．五億美元的巨資收購瑞典的豪華車品牌富豪汽車，這給福特帶來了巨大的財務負擔。緊接著，由於福特探險者車款有品質缺陷，公司被迫於二〇〇一年在全球召回凡世通輪胎（Firestone），又耗費三十億美元。這兩次巨額投資不但使納瑟丟掉了福特總裁的職位，也使福特從此陷入了深深的財務深淵，一直到現在還難以恢復。到了二〇一〇年，過了十年後，福特以十八億美元把富豪汽車賣給了中國吉利。

簡單回顧一下汽車業購併的記錄。一九八七年，克萊斯勒收購了義大利的超級跑車藍寶堅尼，當時估價為二億五千萬美元。克萊斯勒原想借藍寶堅尼的高性能血統來提升克萊斯勒汽車的品質，結果未能成功，只好於一九九三年將它出售。最為災難性的收購是通用汽車對飛雅特的收購。二〇〇〇年，通用與飛雅特達成協議，計畫以二十四億美元購入飛雅特汽車控股公司二〇%的股份。同時這一協議還賦予飛雅特一項權利，就是它有權要求通用到二〇〇九年之前購入飛雅特剩餘八〇%的股份。但是通用很快就意識到，它並不想要已在困境中掙扎的飛雅特，於是二〇〇五年通用只好透過賠償飛雅特二十億美元的代價停止了收購。

多年前美國著名的汽車諮詢師邁爾斯表示，他認為福特根本就不該收購捷豹路虎。如果是這樣，我同樣對中國吉利的舉動也深感疑惑。這是我能想像的最不合邏輯的買賣。一方面是基於上述的記錄，另一方面是基於汽車發展本身的市場規律。

如果依照汽車行業發展的規律，更需要關注的是為什麼富豪汽車會被賣掉，而不是吉利為什麼購買富豪汽車。仔細查閱資料，讓我對於吉利購併富豪汽車的前景不是那麼樂觀。一九九二年瑞典人就把不賺錢的富豪汽車轎車業務賣給了福特，但是商用車和零組件業務卻牢牢把握在自己手中。富豪汽車商用車業務僅次於賓士，位居全球第二，而柴油機業務穩居全球第一，兩個業務都具有遠高於轎車業務的利潤。而在今天福特打算出售富豪汽車轎車業務的時候，瑞典人沒有購回的打算，更樂見中國吉利購併這個業務。

再仔細想想，歐洲一些傳統品牌，從勞斯萊斯、賓利、羅孚（MG Rover），到如今的捷豹路虎，再到今天的富豪汽車，先後被收購或者走向沒落，從一個側面印證了西方發達國家在新的時代背景下，其製造業向發展中國家轉移的趨勢。但是我們還需要了解到，當這些傳統的汽車製造商把整車賣掉的時候，留下的卻是關鍵零件以及其他確保盈利的項目，富豪汽車也是如此。

汽車產業是一個技術與創新並重的製造業，因此，關鍵零組件和工業設計就成為具有特殊意義的部分。在這一點上富豪公司把握得很好，它專注於發動機業務，而發動機是汽車和工程機械最為關鍵的零件，因此，我們可以在重型卡車、豪華客車、工程機械等多個領域看到富豪，正是因為其擁有卓越的發動機，然而這些和吉利的併購沒有任何聯繫。

可以再看看福特自身的發展，從它購併歐洲汽車品牌開始的每一次努力以及每一次放棄就可以說明一些事情，真正讓福特保持競爭力的還是福特汽車本身。再看豐田的發展，當豐田發力在發動機上時，世界開始知道豐田速度。

我不能確定吉利是否真的知道它得到了什麼。雖然吉利已經準備好再投放十幾億美元來壯大富豪汽車的產品線，而且要擴大它在中國以及全球的銷售網絡，還需要再投資，但是我懷疑它們是否有足夠的資本能力來驅動銷售，扭虧為盈的確是一件需要從長計議的事情，並沒有想像的那樣簡單。更何況企業還不能僅僅從投資的角度來看，購併的關鍵還是要獲得在汽車行業發展的核心優勢，但是這一點恰恰無法透過購買獲得。

專注於汽車產業的發展，就需要專注於關鍵技術的獲取、創新能力的打造以及專業人才的培養。這些都需要專注、耐力和對於技術獨特的偏好。中國今天缺的不是製造整車，缺的是關鍵技術、創新以及設計。如果吉利在引進先進生產技術的同時，再雇用優秀的人才，假以時日會取得成果。

被重新創造的商業世界

全球化的人們散居在世界各地，儘管他們早已以世界公民自居，但原來只是彼此聽聞，生活從不交錯，即使對於工作在同一個全球化公司裡的員工來說，十多個小時的長途飛行也在不斷提醒他們世界是有距離的。但是現在，網路硬體公司瘋狂搭建通信設備，軟體公司緊張的經營視頻泡泡創造商業價值，它們讓人們可以互相看見，可以一起工作，並窺探彼此的生活。

這個世界在變得可視的同時，還開始有了複製品。舊世界正在加速碎片化的同時，你卻在另一個世界裡參與創建一個新的人類社會。在網路遊戲的第二人生裡，與現實生活平行的另一個世界正在形成，這裡擁有一個徹底奉行自由和平等、低稅賦、無監管、最大限度鼓勵創新的社會，蓬勃的商業正在興起，政府尚未成形，整個社會正在自動循著新大陸的歷史足跡前行，商業世界正在整體將自己移植到另一個虛擬天地。

與此同時，舊世界也在向新的疆域拓展。賈伯斯一如既往地繼續將人類的生活壓縮進小巧的平板裡面，維珍集團的布蘭森（Richard Branson）則開始了將普羅大眾送入太空的征途，印度人米塔爾正在成為遍布所有大陸、更加全球化的鋼鐵巨頭。人們甚至感覺到世界是否會變成只有兩張電信網、兩間股票交易所、兩所鋼鐵企業、兩個操作系統？而這個日趨平坦、透明和可視的商業世界裡，新創的商業會更加隨處可見，創新戰術的小企業挑戰者們，正在從全方位包抄這個同時進行著寡頭化和多極化的商業世界。須臾之間更多巨像屹立而起。

歷史似乎正進行著一次有趣的輪迴。五百多年前，哥倫布使用簡陋至極的導航技術穿越海平面，並安全返航，以此證明「世界是圓的」。他們在茫茫大海中折騰了七十一個晝夜，一直到一四九二年十月三日凌晨，才發現第一塊陸地。哥倫布深信他腳下所踩的正是印度，而實際上，那是後來被命名為亞美利加（America）的嶄新大陸。

幾個世紀後，美國最受歡迎的專欄作家湯馬斯．佛里曼（Thomas Friedman）光顧真正的印度，同樣進行了一次目的地為印度的旅行。他將自己比作現代版的哥倫布，並向世界得出了與哥倫布截然相反的結論。在將近五百頁的著作中，他竭盡全力地證明「世界是平的」。[9]他的印度之旅發現，這裡的人們在頂尖學府裡接受教育之後，已經掌握了當今最先進的科學技術。世界彷彿驟然變平，正像那些印度工程師面前光滑如砥的液晶螢幕，滑鼠點擊之間，已經能夠輕易調動遍布滿世界的產業鏈。全球化無可阻擋，美國的工人、財務人員、工程師和程式設計師，現在必須與遠在中國和印度那些同樣優秀的勞動力協同作戰……商業世界的邊界正在消失，交流正在變得平坦。

隨著全球化體系逐漸建立，政治、文化、科技、金融、國家安全和生態發展這六種元素正迅速推動整個世界越來越平坦。在這個訊息與知識時代出現的平坦商業世界裡，由於技術更新極其迅速，平坦意味著更多的開放、更多的生機、更多的風險可能。

這個時代的出現開始讓傳統工業企業處於痛苦的境地；許多傳統的符合工業時代對於「好產品」要素要求的商品，比如功能齊全、價格公道、品質優秀等，客戶卻不再買帳。在消費者面前可選擇的產品，引導了消費者不可思議的對某些需求特別關注，他們會為產品的個性化需求耗費巨大代價，由客戶個性需求決定的小規模、多品種、柔性化的產品設計已遠遠勝出。以手機為例，各廠商要生產盡可能多的產品型號，每種型號還要提供不同配置的多種細分產品，還要有幾種甚至十幾種外殼顏色，提供給消費者作為個性化選擇；洗髮精從原來的洗髮、護髮、去屑三合一發展為分別圍繞髮質類別、造型需求等多達幾十種以上的搭配組合產品；就連簡單的男式西裝，為了吸引更多的消費者，廠商開闢了量身訂做、個性化選擇鈕釦、開衩、飾物配件等服務。

好產品不受歡迎至少意味著傳統的產品三要素──功能、品質、價格──開始失效，而很多新興企業戰勝傳統企業，意味著企業規模大小與盈利能力之間開始出現分離，傳統的「規模決定效益」的工業企業管理邏輯正在被顛覆；越來越多工業企業時代盛行的規範化、模式化、大工業生產的領域都開始向柔性化、個性化滲透。這個時代由於受到來自資訊技術、生物技術、新材料技術、新能源技術、空間技術和海洋技術等新興技術的推動與挑戰，擴大了企業創造價值的活動領域，充分開拓了與市場相關的推動物質文明和精神文明的產品發展。事實是：我們面前的這個世界，意味著一個不同於企業產品製造的新時代正在出現。

互動與社會化

二〇一〇年上海世博會所帶來的影響持續而深遠，人們津津樂道每一天進園的人數、每一個國家館的特點、排隊等待進館的時間長度，「世博」成了那個夏天中國的最大盛事。應《哈佛商業評論》（中文版）的邀請，我也有幸參與到觀看世博的人潮中，最觸動我的是湧動的人流，也因此知道：上海因為世博擁有了與世界互動的載體。

關於上海世博的訊息非常多，令我感興趣的是可口可樂所做的數位行銷。可口可樂跟騰訊的QQ團隊合作，進行一個大規模的社會化媒體活動。可口可樂將三個孩子和二百零六個海寶（上海世博吉祥物）送到世界各地去。不管孩子和海寶到了哪裡，他們都會在那裡和人們拍照、講故事等。這是一個關於「海寶環遊世界」的美麗故事，把人們環遊世界的故事跟海寶連結起來。因為很多人都想跟世界分享、學習全世界都發生了什麼。可口可樂在這個「海寶遊世界」的活動中，還借助世博護照交換郵戳，它們已經收集了四億枚郵戳，交換郵戳次數達到了四千億次。人們不斷地在收集和交換郵戳。這是對世博會的紀念，對海寶的紀念，是紀念對中國二〇一〇年世博會的感覺。就是這種很簡單的活動，變得非常有影響力。這個可口可樂的世博新故事，讓我們理解新的顧客溝通模式。

假設我們依然習慣選擇電視、報紙，或者戶外展示牌、大樓廣告，已經不足以符合現在的消費特徵。如今人們理解和了解產品以及服務的複雜性大大增加了，正是因為複雜性的增加，顧客與產品之間需要更加有力的黏合，而不僅僅是廣告和傳播。上海與可口可樂的選擇，給我們很好的啟示：在今天，互動與社會化是好的解決方式。

另一個成功的企業是蘋果，iPad所具有的特徵正是互動與社會化，借助於iPad這樣一個產品，平面傳媒應對複雜性的問題得以解決，而顧客應對網路的複雜性得以解決，也正因為此，iPad成為了一種生活方式，使得傳統的PC產業以及諸如微軟這樣的公司也不得不調整自己的產品策略。

實現互動和社會化的核心是顧客與產品之間如何互補，關鍵是產品跟消費者需求之間的契合度。我並不喜歡網路遊戲，但是《魔獸世界》也不得不讓我驚訝，這樣一款產品可以締造每年五億美元銷售額，上千萬人參與，所有玩家一起分享著《魔獸世界》中每一份珍貴的回憶。雖然《魔獸世界》只是一款遊戲，但它對玩家們來說，是幾年來時刻關注和牽掛的另一個世界。這款遊戲之所以讓這麼多人痴迷，最大的原因是在魔獸世界裡，人們可以按照自己的意願與世界互動，構建一個與現實世界不一樣的，但卻是自己締造的社會化。

整個環境的確已經改變了，你得承認這樣的改變，從而考慮如何安排屬於未來的自己。可口可樂（中國）高級整合市場總監安德斯．基格（Andres Kiger）說：「有趣的是，你要麼違逆，要麼上前擁抱。我們公司認為，這是一個很有吸引力的世界，我們要擁抱它。我認為，我們應該謹慎，不能太具娛樂性，不能為了技術而盲目追逐新技術。因為每天都有新的東西，每天都有新的產品。對我們來說，首先應該決定基調，然後決定哪些工具是你想要的，哪些是最有幫助的。就像可口可樂的世博故事，總會有令人吃驚的結果。」[10]

得益於技術，人們了解資訊和世界的方式越來越多，因為互聯網電視、雲端技術等，人們的閱讀以及創新的方式已經發生了很大的改變，正如很多評論所說的那樣，這些一定會改變傳統的傳媒產業，也會令人與世界的溝通變得更多元、更豐富、更複雜。我們應該像上海世博、可口可樂、蘋果這樣主動擁抱創新，認識到這些變化，並欣賞和利用這些變化，讓我們想要傳達的訊息更有影響力。

這就要求企業明白，今天的消費者控制著他們「想要什麼」以及「什麼時候需要」。在以前，顧客得找企業，比如說看企業設計的電視節目；但是現在，消費者在任何地方、任何時候，都可以看到電視節目，他們可以隨時跟他們的朋友交談。因此，企業需要在今天改變自己的角色，主動和顧客互動，尋找與顧客之間的互補，了解什麼方式是顧客習慣的、渴望的，了解怎樣設計一個平台讓顧客可以互動，形成社會化的網絡。

人人參與成為新一代的消費特徵，讓大家連結在一起，本身就是一件值得學習的事情，所有東西都是新的，就如上海的世博園。技術讓一切皆有可能，也讓人們擁有新的感受和機會，而這些新的感受和機會又會推動技術的進一步創新，人們願意嘗試新的東西和平台，真的是很令人興奮的事情。

從價值鏈到價值網絡

IBM以「智慧地球」的觀點，提醒人們商業模式的改變。智慧地球的核心是以一種更智慧的方法透過運用新一代資訊技術來改變政府、公司和人們之間交流互動的方式，以便提高交互的明確性、效率、靈活性和響應速度。如今訊息基礎架構與高度整合的基礎設施完美結合，使得政府、企業和市民可以做出更明智的決策。智慧方法具體來說是以下三個方面的特徵：更透徹的感知，更廣泛的互聯互通，更深入的智慧化。

更透徹的感知是指運用任何可以隨時隨地感知、測量、捕獲和傳遞訊息的設備、系統或流程；更廣泛的互聯互通是指先進的系統可按新的方式共同工作；更深入的智慧化是指運用先進技術獲取更智慧的洞察並付諸實踐，進而創造新的價值。

更透徹的感知、更廣泛的互聯互通和更深入的智慧化，這三個特徵需要人們從全新的角度來理解市場、資源以及環境，更需要理解目前市場營運模式的改變。從更多的研究看來，市場運作模式接下來有可能發生的變化是：①利潤轉移；②中間商再生；③商業平台的開放成長。這些變化使得企業增長的方式也發生了根本性的改變，對於競爭優勢的來源也有了根本性的改變。

最初的中國企業是以「成本＋品質」的特徵獲得產品的競爭優勢，使得中國企業具有了中國本土市場以及國際市場的分工。在此基礎上，領先的中國企業以「供應商＋通路」的特徵，獲得了價值鏈的競爭優勢，使得中國企業具有了自有的品牌以及融合資本的能力。但是，正如上面所言，市場環境出現了不同的變化，在今天，借助於企業價值鏈的發展，具有競爭優勢的企業需要有能力構建商業平台，而其特徵在於：產業價值＋技術增值。

看看塔爾公司的做法，一件襯衫交由上百家原材料供應商、加工工廠和店鋪同步完成，而客戶以正常的價格得到訂製襯衫。這家公司正是運用價值網絡的協調能力占有美國所有禮服襯衫銷售市場的八分之一。正如eBay的前CEO梅格·惠特曼（Meg Whitman）描述其企業策略時所言：「eBay公司是一個連結買家和賣家的市場，從根本上講，它提供了一個全球性的線上交易平台，任何人都可以透過這個平台進行各種產品的交易。」[11]塔爾公司和eBay公司都是借助於商業平台的開放性，構建一個價值網絡，使顧客的價值得以實現。

近幾年來，由於網路技術的發展，價值鏈管理被推上管理學科的熱門舞台，很多企業紛紛開始了基於供應鏈管理的價值網絡構建。在這些成功的企業中可以看出：價值網絡上各成員之間的合作關係，必須利用顧客利益去驅動和維持，這種方式的形成需要企業在充分考慮自身利益的基礎上，透過共享價值形成利益共享的合作關係，以契約的形式進行固化，並在合約中加以體現。這種固化的合作關係不僅可以改善供應鏈性能，為買主提供穩定的供給，為供應商提供穩定需求，穩定的合作關係還可以減少事務處理成本，並加強合作。IBM公司獲得價值網絡的成功因素非常值得我們借鑑。

- 關注顧客。始終把最終顧客的需要和期望視為最重要的，並盡力識別和理解最終顧客的需要和期望，以作為決策的主要依據。
- 資訊技術的應用。開發先進的訊息管理系統，保證數據與訊息在整個價值網絡成員之間交流通暢；訊息決策支援系統運用這些複雜的訊息幫助管理者進行更好的決策，並將之在價值網絡內迅速傳遞。
- 與成員和顧客共享詳細的訊息，為顧客提供專有的服務。如銷售終端的訊息，可傳輸到製造商訂單處理系統並與物流公司共享。而對於顧客需求的判斷也在共享的資訊平台上得以展示，讓顧客的需求可以得到專有服務。

- 績效定量管理。時間和成本是關鍵衡量手段，在定量的基礎上進行決策。
- 開放性的合作與服務。來自相關職能部門的團隊成員緊密協作，可以消除往常的組織界限，並發現有益於整個價值網絡的改進。消除人與人、成員與成員的藩籬，實現整個價值網絡的協作。
- 制定利益共享計畫。利益共享對價值網絡各方來講都是很重要的，只有充分調動價值網絡各方的積極性，才有可能產生協同效應。[12]

今天領先的企業相信價值網絡共同體的力量，它們願意並準備付出必要的時間和精力。它們認為：與價值網絡成員一起經營，是一種應對挑戰和尋求突破性發展的解決方式和策略。一個企業不可能為所有人提供全部產品，但透過價值網絡的建構，企業就能更接近這個目標：這令企業得以創造一個有利於顧客的環境，並能始終超越其目前的行業水準。

價值網絡的建構也是經營學、管理學和哲學的彙集，或者說它不僅僅是一種行為，它還是一種思想，更是企業一項長期的商業發展策略，為企業迎接商業挑戰提供了發揮協同優勢之路。

多年前，ＩＢＭ就提出商業發展的新模式：商業平台的開放成長——產業增值的增長方式。ＩＢＭ圍繞著價值網絡展開了自身成長的創新，而具有同樣追求並獲得成功的企業，有我們熟悉的亞馬遜和易趣（EachNet）。亞馬遜的傳奇是什麼原因創造的呢？一方面是自身完善的組織結構與卓越的遠見，而另一方面是和聯邦快遞（FedEx）及ＵＰＳ公司之間的內容限定、約束與捆綁。正是價值網絡的協調能力造就了這些成長型的企業領袖，而蘋果無疑是這其中的佼佼者。

也許需要好好理解和認識基於互聯網的產品了，不要簡單地理解為這是一個新的產品，還需要警醒，這是一個新的商業模式，一個運用價值網絡獲得開放性成功的商業模式。這個全新的商業模式和我們以往所熟悉的商業模式最大的不同在於，不再是關於成本和規模的討論，而是關於顧客互動與價值分享的討論，無疑後者更加具有顧客價值的體驗性。

策略務本、操作務實

早在一九九五年，三星的李健熙就提出：三星的競爭對手是中國家電企業。如果三星也定位於生產品質好又低廉的家電產品，那麼三星做不過中國企業，因此三星必須走高階路線。他的判斷是基於國際分工的考慮。中國的自然資源和人工資源，注定了在那個階段，中國企業在價值鏈的製造環節上，最具有效價值。於是，三星開始二次創業，重新定位。從一九九五年開始，十年變革，到二〇〇五年，其年營業額大約為韓國國民生產總值的四分之一，公司的市值約占韓國上市公司總值的六〇％。在核心技術上，它和索尼（Sony）簽訂合作協議，共享除核心技術外的所有技術專利權。三星成了巨人。

一九九三年被三星稱為最大競爭對手的中國家電企業，同樣也經歷了十年的發展，反而在二〇〇三年陷入相對過剩的危機——產品同質化導致庫存大量出現，即便那些產品依然可以被稱作物美價廉。在混亂中，看不見的手開始主導著中國家電業的整合。

二〇一二年，三星已經從平板液晶電視開始轉向LED光源顯示技術的調整，而中國的家電企業依然在規模和成本，以及通路的博弈中苦苦掙扎……這是否意味著中國企業的管理者需要徹底反思，重點不在財務數據上的盈利情況，關鍵在於如今的生存者中，到底誰將成為真正的勝利者？中國企業需要考慮「策略歸零」的問題，要回歸到公司經營的基本面上，來重新思考原有策略的合理性，來重新選擇做什麼和不做什麼。

歸零：思考基本面

從對於中國家電最近二十年的策略思考，再比較韓國三星二十年的策略布局，再去反思中國企業最近二十年的發展，以及目前所遇到的瓶頸，我傾向於從兩個維度做出反思。

第一，企業的努力方向是否和行業發展的內在規律相契合。家電屬於日常消費品，家電產品的消費特徵決定了這是一個規模性的行業。市場格局必然是集中到寡頭手裡，和國際大型家電製造商相比較，中國家電企業還必須為規模而努力。因此，不論是家電品牌相互間的購併，還是家電行業與其他行業或者資本市場的結合，只要是為規模而努力的企業，我覺得它至少有第一個存活的理由。此時，回看海爾、TCL、美的、格力等家電企業這幾年的舉動，可以先大致判斷其方向是否正確。若是方向對了，那麼再看它的手段在現下環境中是否可行；方向錯了，一切就不足為論。

對於行業發展規律的認識是非常關鍵的，這個認識不是行業自身的邏輯判斷，而是行業與顧客之間關係的判斷，必須清晰地理解：行業所服務的顧客真實的需求是什麼？什麼才是顧客無可替代的選擇？例如中國的房地產行業，二〇一二年第一季財報中，在一線品牌中出現了兩家虧損的企業，一個是萬通，一個是首開股份[13]，也許這是一個暫時的現象，所以我並未刻意去判斷這兩個企業本身。我所關注的是為什麼開始出現這樣的情況，在我看來中國房地產企業對於所屬領域的行業理解出現了偏差，結果就會如此。

在二〇一〇年之前，中國房地產行業的內在發展規律是土地資源和資金資源，把握住這兩個關鍵要素，就可以得到強有力的發展。但是二〇一〇年之後，房地產行業內在發展規律的關鍵資源是顧客、資金有效性以及供應商價值鏈打造，只有擁有這三個要素才會獲得持續發展。

然而大部分的房地產企業還停留在以往的經驗中，這是一個非常可怕的情況。

第二，企業在如何設計產業價值鏈。一家企業從追隨者成長為領導者，關鍵之所在是它設計產業價值鏈的能力。它必須關心產業價值鏈的分布，要知道它的供應商在哪、它的通路在哪、它的消費者在哪以及它的員工在哪。

設計產業價值鏈，並不意味著從原材料到終端通路，全部要由一家企業自己全部包辦，自我投資、自我建設。「一應俱全」的想法還是在做產品，是產品中心式的思維。反觀發展強勁、持續增長的企業，一定是對於產業價值鏈具有管理者以及創造價值的能力，英特爾公司、可口可樂、ＩＢＭ、微軟、蘋果等都是產業價值鏈的受益者。而無法保持持續增長和顧客價值的企業，就是源於其策略之誤，忽略對供應商的管理，無法成為產業價值鏈的管理者。

有時候我們的思維會特別在意自己所得到的利益，而忽略了產業鏈上利益相關者的價值分享，這不是一種策略性思維模式。所謂策略的思維模式是：企業選擇自己價值貢獻最大的部分去做，貢獻價值小的部分選擇不做，轉而尋找最大價值共享和產業聯盟。因此在大部分中國企業的策略中，對於分銷通路的價值共享設計會擺在重要的位置，而培養供應商的努力很少看到，因為這個選擇無法立即看到成效。但是，企業需要調整自己的思維方式，發展提升到更高層次，不僅是終端的遊戲，更關鍵的是整合全球供應商的能力。

沃爾瑪策略與營運能力的匹配

二〇〇八年對於所有企業來說，都是一個嚴酷的考驗，但是沃爾瑪以比二〇〇七年增長七%的成績，獲得了世界五百強企業的第二位，銷售額達到四千零五十六億美元。二〇〇九年沃爾瑪在排名中跌到第四位，但到了二〇一〇年又躍升到第一的位置，而二〇一一年，沃爾瑪持續確立其世界五百強排名第一的地位，銷售額更達到四千二百一十八．四九億美元[14]。二〇〇八年的金融危機，最近三年的全球經濟持續低迷，為什麼在這樣一個危機的環境中，很多歐美企業都無法增長，沃爾瑪依然可以保持增長？讓我們來看看沃爾瑪自己是如何做的。

沃爾瑪的宗旨：不是低價而是為顧客省錢。二〇〇八年十月二十二日沃爾瑪百貨公司總裁兼執行長李．史考特（Lee Scott）在「可持續發展峰會——北京二〇〇八」所做的演講讓我們可以更清晰地知道，為什麼沃爾瑪可以持續保持全球領先的位置。

李．史考特告訴大家：「在沃爾瑪，我們的宗旨是『幫助顧客節省開支，使他們生活得更好。』這不是一個隨便的口號。它源自於沃爾瑪的每個員工，從收銀台工讀生到食品百貨部經理，再到在沃爾瑪工作時間最長的管理人員。」

沃爾瑪的宗旨有實際意義，沃爾瑪成員每一天的工作、在每一家店、所做的每一件事都圍繞這一宗旨。李．史考特特別強調：「秉承這一宗旨，我們同時關注我們的顧客。全球經濟目前正面臨著嚴峻的挑戰，每個人都感到了壓力。現在人們不是『要』低價的商品，而是『急需』低價的商品。就算忽略眼前的經濟問題，從長遠看，我們堅信顧客為了節省開支，對低價商品仍是『想要』和『急需』的。」

沃爾瑪是這樣說的，也是這樣做的，沃爾瑪一直恪守繞開中間商，直接從工廠進貨，採取薄利多銷的經營策略。沃爾瑪能夠做到天天低價，就是因為它比競爭對手成本低，商品周轉快。在經濟不景氣時，人們花錢更謹慎了，對價格比較也特別仔細，沃爾瑪所提供的低價必需品更加可以大有作為了。沃爾瑪美洲區總裁克雷格・赫克特（Craig Herkert）對中國《財經》記者表示：「低價政策總是很有用，在世界的每個經濟體、在每一年都會起作用，不管是糟糕的年分還是好的年分，人們總是傾向於省錢，尤其是對於日常用品。」

由於金融危機導致消費者收入下降，美國零售業也隨之陷入低迷狀態。二〇〇八年十月十五日，美國商務部公布，二〇〇八年九月美國零售收入下降了一・二％。這是近三年來零售業收入最大的跌幅。十月，美國加州百貨連鎖企業Mervyn's宣布在年底前關閉所有一百四十九家門市，該企業已申請破產。

在這種情況下，沃爾瑪保持了穩定增長，二〇〇八年九月銷售收入成長了二・四％。「金融危機對我們來說更多意味著機會，而不是危機。」沃爾瑪全球採辦董事總經理苗浩講到。他分析說，在金融危機下，經濟發展放緩，消費者口袋裡的錢更少了，他們更傾向於選擇便宜的產品，沃爾瑪的產品就更有優勢；從供應商的角度來看，現在所有零售企業都岌岌可危，供應商更傾向和那些盈利能力強、生命力強的企業合作，因為更有安全感。

對於價格的認識，中國企業會有更多的體會。改革開放初期，中國是一個百業待興的局面，但是，因為能夠運用價格的優勢，很多企業開始了成長的歷程。因為價格的優勢，中國家電業很快替代了跨國家電巨頭；因為價格的優勢，中國服裝和玩具行業，很快加入國際分工獲得全球市場的機會；同樣因為價格的優勢，無論是在改革開放初期，還是亞洲金融危機之中，中國產品依然不斷進入國際市場，中國製造也因此成為國際分工中最重要的角色。

但是沿著價格策略很多中國企業走不下去了，沃爾瑪為什麼沒有問題。其實這裡面最根本的區別在於「低價」和「為顧客省錢」是兩個完全不同的策略。如果僅僅是低價，那麼企業關注的一定是成本，如果是為顧客省錢，企業關注的就是顧客。這兩個不同的關注點就會導致不同的營運方式，而這也是沃爾瑪和簡單運用低價策略的企業不同的地方。

用低價格出售品質好的產品。在沃爾瑪的商店裡，我們很少見到二・九九美元或者五・九五美元等接近整數的標價，更多看到的是諸如二・七三美元或五・二二美元的價格牌。這是為什麼呢？

原來，自一九五〇年一家名為「沃爾頓小店」在阿肯色州本頓維開業的半個多世紀以來，沃爾瑪的創始人山姆・沃爾頓一直把「盡可能提供顧客最低價位的商品」作為沃爾瑪的經營宗旨。沃爾瑪的成功也得益於這個簡單而又平凡的道理。沃爾瑪是怎樣實現其「天天平價」承諾的呢？它不是透過處理積壓商品或次級商品，而是透過不斷降低管理成本來實現的。

我一直在關注真正一流企業到底具有什麼樣的特性，我發現這些世界一流的企業有著一些共同特性，其中一項是以恆定的質量模式進行管理。很多人以為管理是解決效率的問題，這個理解沒有錯誤，但是一個一流企業對於管理的理解需要站在更高的層面，管理必須貢獻恆定的質量。從這個高度，管理回答的是產品問題，管理要解決的是圍繞產品及其質量展開的問題，這樣的理解使得這些企業成為一流的企業而領先於同行，也使管理者真正承擔了自身的職責。是否以質量和品質思考，決定了企業的管理活動是否有效，也決定了企業在市場中的能力。

除了恆定的質量之外，一流的企業還具有一個明顯的特徵，就是能夠讓顧客具有購買自己產品的能力，換句話說就是能夠為顧客創造價值。中國企業一向以在本土市場當中自己的產品能夠低成本競爭感到驕傲。人們說到中國企業核心優勢是什麼的時候，會直截了當地說：中國企業具有低成本。

事實上，大部分中國企業在本土市場也是採用低價的策略與很多跨國企業進行競爭。這種比較的優勢，使得中國企業在以往可以真正面向市場，因為可以提供顧客價廉的產品，使得顧客能夠實現購買並擁有這些產品。但是，如果僅僅以成本而言，隨著跨國公司在中國建立生產基地和全球化採購策略，中國企業的低成本優勢已經不再具備。一間跨國企業的領導人來中國的時候曾經說：「中國成本就是我的成本。」如果這是一個基本成立的概念，那麼中國企業已經不具備成本的競爭優勢。

所以成本並不是產品的關鍵，產品的關鍵是對於顧客價值的體現，沃爾瑪「顧客永遠是對的」的經營原則，實現了「總是用最低的價格銷售」的經營模式，使顧客獲得了最優廉的商品，並帶來了全球百貨業的興旺與發達。真正影響企業持續成功的主要重心不是公司的策略目標，也不是發展策略的流程，而是專注、集中焦點於為顧客創造價值的力量，這個力量最為直接地體現在企業的產品實現顧客購買行為的能力上。

供應鏈管理和現場管理成為實現策略的關鍵能力。我在了解寶僑的商業模式的時候，被它的「顛倒金字塔」商業模式吸引。這是寶僑和零售商協作的一種創新。寶僑與外部協作創新的一種重要形式就是和沃爾瑪、家樂福、麥德龍（Metro AG）等大型零售商合作，透過創新為購物者創造價值，同時這些零售商獲得內生性增長。如今，寶僑負責與沃爾瑪合作的是一個跨部門的團隊，包括行銷、財務、供應鏈／物流，以及市場研究等領域的專家。這一商業模式的變革始於一九八七年，做出改變的前提非常簡單，就是更好地滿足顧客的需求，降低供應鏈上的成本，使雙方都得到增長。寶僑把對購銷模式實施的這一創新稱為「顛覆金字塔」。過去雙方是透過金字塔的一個點，即採購人員與銷售人員進行溝通與合作。把金字塔顛倒之後，雙方的各個部門開始對口溝通，共同規畫，這個時候，雙方的專家對專家，大家使用共同的語言，目標及衡量的手段也一樣。

而這個全新的廠商模式正是沃爾瑪成功的關鍵，這個模式不僅讓寶僑獲得成功，也讓沃爾瑪的所有供應商獲得成功。二〇〇四年年初我曾出過一本《爭奪價值鏈》的書[15]，我寫這本書的誘因，其實源於大型跨國零售企業來了以後給中國製造業帶來的壓力，主要分析了沃爾瑪和家樂福等在中國市場的做法，是爭奪價值鏈還是共享價值鏈。沃爾瑪的方法就是共享價值鏈，這裡面最關鍵的區別是，零售商到底是從自己的能力出發做經營，還是從客戶的價值出發做經營。沃爾瑪的做法更好些：先來看顧客需要什麼樣的產品，需要什麼樣的價格，反過來再一起看哪些供應商能夠滿足這些要求，然後下訂單付訂金，按時付錢幫製造商把貨銷掉。行銷權威菲利浦．科特勒（Philip Kotler）說：「製造商希望通路合作，該合作產生的整體通路利潤，將高於各自為政的各個通路成員利潤。」[16~18]

沃爾瑪正是從如何降低通路成本的角度出發，為實現自己的策略展開努力的。因為在沃爾瑪的認識中，減少不必要的通路費用，讓生產廠商的產品最直接到達顧客端，應該是最有效的。為此沃爾瑪做出了非常多的努力，從建構資訊系統開始，租用衛星做全球配送，讓所有銷售訊息和每一個供貨廠商連結在一起，使得每一個銷售訊息和顧客的需求，可以第一時間傳遞給製造工廠，使得製造工廠能夠按照顧客的需求進行生產，減少不必要的浪費。同時，沃爾瑪還利用集中發貨倉庫，每天都提供低價商品。發貨管理、配送管理和全球衛星連線的管理資訊系統等，沃爾瑪以這些看似平淡無奇的管理手法，讓沃爾瑪的採購成本比同行低一個百分點。

除了供應鏈管理外，沃爾瑪更令大家敬佩的是現場管理。百貨賣場的現場管理是非常瑣碎和繁雜的，但是也正是現場決定了公司的運作效果和成本能力，沃爾瑪深知這一點。因此在現場管理中沒有任何懈怠，無論是每一個員工的效率，還是服務的品質，以及貨架和顧客購買路線的設計，都是按照顧客思維習慣安排的，同時更關注合理的人員設計以及銷售面積的設計，幾乎現場的每一個管理細節都有很詳盡的分析和安排。

過去幾十年中，沒有任何公司能成功地模仿沃爾瑪，因它的成功是基於簡單的管理規則，其成功的關鍵是執行這些規則而又不墨守成規。人們僅僅是看到沃爾瑪低價的策略，但是如果不能夠了解到：沃爾瑪的低價並不是其策略的核心，其策略的核心是「為顧客省錢」。圍繞著這個核心，沃爾瑪從自身管理能力尋找答案，它沒有降低供應價值，也沒有降低產品的價值，而是降低了供應鏈中不必要的成本，降低了管理本身帶來的成本。這才是我希望中國企業了解沃爾瑪成功的關鍵。

規模之外還需要效率和技術

如何重新認識經濟增長的來源是目前發展的一個關鍵問題，長期以來我們只是關注到了規模這個要素，但是在規模之外，還有什麼要素更需要認真對待？這個要素是「全要素生產率」（TFP）。

經濟增長率＝勞動投入的貢獻＋資本投入的貢獻＋全要素生產率（ＴＦＰ）

所謂全要素生產率是用來衡量生產效率的指標，它有三個來源：一是效率改善，二是技術進步，三是規模效應。三十年以來，在勞動投入中所獲得貢獻是顯而易見的，勞動力所帶來的競爭力幫助中國企業獲得了世界分工的機會，最近十年來，資本投入的貢獻也開始顯現出來，借助於資本的力量，中國企業也具有了進入市場的機會。然而相對於全要素生產率而言，在效率和技術方面，我們卻有著明顯的差距。

在過去的時間裡，我們通常只有ＧＤＰ、經濟增長率、外貿總額、投資總額等指標，而沒有「生產力質量」和「技術基礎」的概念，這是中國經濟改革理念上的一個重大缺陷。生產能力永遠是一個決定性和限制性的因素，所以如果僅僅是以增長為衡量的指標，忽略了限制性因素，生產本身的意義可能是破壞性的。我們需要引入的生產力觀念是：一方面能夠將投入與產出的一切努力都加以考慮，同時又能夠根據產出關聯的制約因素來約束所有實際的投入，而不是假定有了投入與產出就擁有了生產力的有效結果。事實上，我們更需要關注的是產出所產生的巨大影響，也許它們無法用數字來衡量。

首先是資源因素，人們在策略上選擇的究竟是持續不斷地使用各種資源，還是有限度地使用資源，這會直接影響到生產力。其次是能力因素，在中國製造系統中，很多企業都是全功能、全流程的經營，在人們的認識上，最好能夠把所有環節都放在自己的經營範疇下。但是，任何企業、任何管理者都有其能力和侷限性，每當企業或者管理者試圖超越自己的能力和侷限性的時候，也許就意味著失敗的開始，能夠體察自己的侷限性所在，也是生產力要素之一。最後是組織結構因素，各種活動之間的平衡會深刻影響到生產力，如果不能夠合理、明確地界定組織結構與分工，而是依據自己所喜歡的方向努力，那麼結果就會造成生產力缺乏。以上三個要素在衡量生產力的指標中並沒有顯現出來，但是缺乏這樣的指標正是我們經濟統計的一大漏洞。

同樣被忽略的還有「技術的基礎」，技術所產生的影響是明確而不需解釋的，技術對於經濟增長的貢獻也是清晰無疑的，問題是我們是否真正了解技術對經濟增長的本質影響。如果僅僅以為技術投入與經濟增長是相關的，忽略了對於技術基礎的明確理解，那麼這樣的經濟增長是非常危險的。很多人把技術與競爭、技術與勞動力過剩、技術與資本需求增加等連結在一起，但是這些連結是錯誤的。技術並不能帶來競爭優勢，技術也不會造成勞動力過剩，技術更不是資本投入的增加，技術從根本意義上講是一種控制的觀念。因為技術的出現，對於個人或者企業的侷限性有了根本改變，技術能夠真正實現高度分權、彈性和自我管理，技術能夠在手段和目的、投入和產出之間保持平衡。如果不能夠如此理解技術並以此作為經濟增長的基礎保障，增長的方向和方式本身就存在著先天缺陷。

基於上面的闡述，需要企業管理者調整自己對於發展要素的認知，一味地追求規模會導致我們忽略了更為關鍵的要素，特別是在一個資源日益缺乏、技術和創新日益重要的環境中，技術進步和效率提升所呈現出來的價值，以及對於企業競爭力的影響需要管理者持續的關注，並為此做出努力，如果不能夠做出這樣的調整，就會導致企業逐漸喪失增長的能力。

改變與超越

二〇一一年二月十一日諾基亞在倫敦發布了企業策略新方向[19,20]，其中包括管理團隊和營運架構的變化，希望能在動態的市場競爭環境中加速公司的執行速度。諾基亞新策略的主要內容包括：與微軟達成廣泛的策略合作，建立全新的全球移動生態系統；Windows Phone將成為諾基亞主要的智慧手機平台；採用全新方式，在新興市場把握銷量和銷售價值的增長，將「下一個十億用戶」與互聯網相連；集中投資於下一代突破性創新技術；新的管理團隊和組織架構更專注於速度、成效和責任。諾基亞總裁兼CEO史蒂芬．埃洛普（Stephen Elop）說：「諾基亞正處在關鍵的轉折點，在我們向前發展的進程中，重大的變化是必需且不可避免的。今天，我們正透過全新的路徑加速這一變化，以重新贏得我們在智慧手機市場的領先優勢，加強我們的行動終端平台，並實現我們對未來的投資。」所以雖然二〇一二年第一季度，諾基亞失去世界第一行業地位，但堅持這樣的策略，如若發現，依然可以期待它的超越。

的確，長期保持領先對任何企業都是一個挑戰，學者們在研究一百家最大的跨國工業企業一九一二至一九九五年的業績變化發現[21]，其中四十九家被收購、破產或者收歸國有，三十一家仍生存下去，但不再是前百強。能夠保持住領先的只有二十家。這二十家成功企業普遍的生存之道是：第一，富有創造性；第二，願意進行改革；第三，能因時制宜，調整業務組合。如果用這個生存之道來看諾基亞今天全新的策略安排，就可以理解埃洛普所言對於諾基亞而言的重要意義，所以對於管理者而言，如何做出改變和自我超越是一個必須解決的問題，我認為需要在五個方面做出努力。

(1)基於顧客價值的觀念革命。單純從經營結果本身來看，因為具有市場化的機制、吃苦的精神以及快速決策的習慣，中國民營企業獲得很好的市場機會，同時也贏得了市場空間，很多時候我們把這歸結為觀點變革，這也是我建議做出努力的第一點。人們都相信思路決定出路，沒有了思路也就沒有了出路，在充滿危機和挑戰的當下，我們缺乏的不是機會，缺少的是超越自我的心態和對固有模式的顛覆。美國著名消費者行為學家麥可．所羅門[22]曾說：「要想超越下一次浪潮，必須比競爭對手先想到消費者，並及時認識到他們的心理特點。」

蘋果就是如此，蘋果公司更早想到消費者互動的需求，並給予滿足。它們沒有滿足於自己所取得的成果，在不斷超越自己的道路上，不斷創造出超乎消費者期望的產品。我借用賈伯斯本人的觀點：我們只是盡自己的努力去嘗試和創造（以及保護）我們所期望得到的用戶體驗。

賈伯斯闡明了蘋果取得奇蹟的緣由，也就是不斷超越自我，回歸到消費者當中的觀念革命。

沃爾瑪現任CEO如此告誡自己的同事[23]：「當出現動盪時，我們從中獲利。不管處境有多糟糕，開發新產品是不可缺少的。新產品是公司的新鮮血液。我們要花很多時間關注現有的客戶，而不是去尋找新的客戶。首先從現有客戶開始，要保證他們的滿意度。如果削減成本，首先保證三個方面的支出。①市場行銷調查所需的開支。它可以讓我們知道客戶、市場發生怎樣的趨勢變化，幫助識別一些機會。②要有一些錢和預算來了解產品的特徵將如何改變，如何使產品包裝、規格以及品位更適合客戶，同時花一些錢接觸關鍵客戶，因為這些客戶占有很大的業務比重。③要有一定的促銷活動，以便激起人們的興奮感。」沃爾瑪的一切基於顧客的觀念，使得這家企業可以在任何經濟環境中保持自己的領先位置。

(2)基於產業價值的思考方式。如何進行思考，是關注企業自身，還是關注企業在產業鏈中的貢獻？思考方式不同，企業在環境中所獲得的地位也會有所不同。任何一家企業利潤突破的三個關鍵因素：資源、技術和品牌。從資源的角度來看，顧客會關注什麼？核心的資源集聚在哪裡？與公司的關聯如何？這三個問題是對於資源認識的關鍵，並不是很多人習慣的認為資金或者人才，甚至於土地和廠房，真正的資源一定是顧客層面的判斷。而品牌和技術則取決於公司品牌是否只是具有規模優勢？核心價值的品牌優勢是否建立？這是目前企業獲得增長和市場地位的標誌。因此企業的出路：要麼控制資源，要麼突破技術或者品牌行銷。

這就需要企業管理者的思考回歸到經營的本質上，也就是顧客價值、成本、規模、盈利這四個根本的元素。從理解公司所處的行業本質展開，判斷未來相當一段時間這些行業本質如何改變，以分析公司現有的核心能力是如何實現的，公司是否還需要在行業本質上做出努力，以及必須做出努力的方向是否清晰的問題。

企業將始終與顧客打交道，提供的核心就是產品，而產品的背後是技術，產品的競爭就是各種各樣的技術競爭，以前單項技術創新可以一舉成功，這也是民營企業之前走的路，現在需要更多關聯的整合創新才有可能實現超越。中國民營企業透過致力於降低成本的努力，使其有機會成為全球成本領域的佼佼者。問題是今天所有企業都已經無法在成本優勢上獲得成功，所以新的競爭環境，需要民營企業有能力保持成本競爭力的優勢，但是這個方面的優勢不再簡單來源於勞動力、土地資源或者政策，而是來源於企業對產業價值的認識，以及企業在產業價值中地位和整合產業價值鏈的能力。

(3)基於競爭特徵的行動方案。任何企業的行動最終會表現在市場上如何競爭，以往的市場競爭多是顯性的競爭，即基於終端市場對顧客即時購買的爭奪，大部分的中國民營企業具有這樣的優勢。隨著技術升級和消費群體的日益成熟，主要的競爭方式有了根本性的變化，競爭不再是價格和服務的簡單競爭，也不再是通路和促銷資源的簡單組合，而是要在市場調查、用戶研究、用戶互動、用戶細分、行銷策略、技術儲備、產品研發、品牌滲透等領域展開競爭。這種競爭是基於用戶導向的競爭，並已經在潛移默化中引導用戶。正如ＩＢＭ所做出的努力那樣，運用所有的行動方案，讓公司全面變革為一個用戶導向的公司，因為ＩＢＭ知道只有始終和顧客站在一起的企業才會獲得最終的成功。

創新是企業行動方案中始終要堅持的不二法則。根據杜拉克的觀點，只有銷售和創新才能體現企業的價值，完成企業的使命[24]。對於公司的每一位成員而言，創新應該成為所有員工的習慣和風格，無論是在日常工作中，還是在面對所有的不確定性和未知領域之時。

(4)基於價值創造的營運模式。隨著企業的不斷發展，股東和消費者以及產業價值的協同者將對經理人團隊提出更高的期待，這就要求經理人團隊必須更加明確地基於以顧客為導向的組織和流程來實現經營目標。任何部門的管理目標，都是在為顧客創造價值的過程中為股東創造價值，我們不能對那些無法為顧客創造價值的管理思維敝帚自珍，即使它們看上去似乎很有吸引力。只有價值鏈利益均衡和共享價值的實現，績效才可能最大化。所以，在營運模式上管理團隊應簡化流程，緊密圍繞顧客價值展開，並使價值鏈實現價值共享，其中應主要表現在三個最本質的價值上。

第一，關注顧客的使用價值。無論是設計產品還是提供服務，都需要以顧客價值最大化作為出發點和檢驗標準；第二，關注價值鏈的價值。在策略設計以及營運模式的選擇上，必須從利益相關者的視角確定一體化的策略，透過策略的選擇，提升企業和產業的價值，從而使得價值鏈價值最大化；第三，關注產品與顧客的融合價值。以往的民營企業營運習慣於按照自己的理解來代替顧客的理解，習慣於認為自己的產品就是顧客需要的產品，沒有真正關注到自己的產品與顧客的融合程度，也就是沒有設計出真正的解決方案，來滿足顧客的需求。今天需要從解決方案入手，讓顧客和企業真正持久地站在一起。以上這三點是判斷營運好壞的根本標準。

(5)管理者的新規則。如果能夠做出上面四個方面的改變，管理者還需要理解今天的新規則。

第一，關注什麼是應該做的，而不是誰是對的。大部分的情況下民營企業的管理者，特別是老闆，非常在意證明自己是對的，而沒有關注應該做的是什麼。但是今天的環境已經不能夠簡單地判斷對錯，相反在不斷變化的環境下，明確企業應該做到的事情是關鍵，這需要管理者確定基於變化做出判斷的規則，而不是基於權力或者盈利做出判斷的規則。

第二，在經濟亂世下，企業必須減少自己的錯誤，企業之間的競爭在更大程度上取決於你比別人少做了多少錯事。經歷了三十年發展的民營企業，已經具有比較好的基礎，同時巨變的競爭環境無法提供空間和時間給企業在市場中犯錯誤，所以需要企業精細化管理，以質量恆定的思想管理自己的企業，這是新規則的又一個內涵。

第三，違背顧客價值的行為選擇後果是致命的。這是新規則的核心內涵，在變化和發展的市場中，顧客有能力做出選擇和判斷，所以需要管理者能夠基於顧客價值去做判斷，否則企業將快速被顧客淘汰。三鹿奶粉、達文西家具等事件需要引起我們的反思和警醒。

回顧中國企業的發展史，很多企業成敗均因一人，中國企業發展過程中如何完成從人治到現代管理制度的過渡，就顯得尤為重要。對於創業而言，企業家的確具有決定性的作用，但是隨著創業階段的完成，企業開始進入成長階段，這個時候企業所面對的問題不再是簡單的產品問題，而是系統問題，企業需要更多的智慧和團隊成員，依靠企業家一個人已經不能解決成長問題。

民營企業發展過程中，這個階段最重要，我把這個階段最具影響的因素稱為企業發展的內因。這些內因，曾經是企業獲得成功的原因，但是民營企業需要跨越這些成功陷阱：改變單一產品的成功、改變單一資源的成功、改變企業家個人的成功、改變沒有付出規則成本的成功。民營企業如果不跨越這四個門檻，是不可能持續做大的。民營企業發展如何完成人治到現代管理制度的過渡，需要很多條件，其中最重要的條件是創業企業家的自我超越，以及企業家自身能夠符合規範和制度。企業家是制定制度的人，同時必須是踐行制度者，唯有這樣，把自己置身於制度之中，才能夠完成從人治到制度的轉變。

因此，企業組織應將內部的變革視為一種常態，一方面企業家自身必須不斷超越自己，持續專注於制度建設和規則的守護並建立有效的企業文化；另一方面經過企業文化的熏陶，員工都能適應不可預測性，在產品、市場、營運和業務模式方面始終都在不斷變化的環境中，一切以顧客價值為導向，所有行動與價值創造掛鉤。

上面所談到的五個方面的努力，是我近年來不斷強調的部分，我覺得中國企業以及企業家，需要做出持續的變革與超越，這幾年我也一直喜歡用愛因斯坦的一個小故事來提醒自己，提醒我所服務的企業的管理團隊。

一九五一年，愛因斯坦在普林斯頓大學教書。一天，他剛結束一場物理專業高級班的考試，正在回辦公室的路上。他的助教跟隨其後，手裡拿著學生的試卷。這個助教小心地問：「博士，您給這個班的學生出的考題與去年一樣。您怎麼能給同一個班連續兩年出一樣的考題呢？」

愛因斯坦的回答十分經典，他說：「答案變了。」

3

行銷的本質

行銷的本質就是理解消費者，因此行銷需要研究消費者，關注消費者的思維和生活方式而不是企業的思維，更不是研究同業，或者用同業的思維來決定自己的思維。行銷策略就是在合適的時間做合適的事情。

中國企業的行銷總是有一些浮躁。撇去浮起的泡沫，行銷的本質是什麼？真正推動行銷進步、企業發展的動力是什麼？如今的商業環境變得越來越複雜，也越來越喧囂混雜。許多公司紛紛捲入紛爭、兼併以及重組之中。企業的重點應該放在何處？是放在通路之上，還是放在廣告、產品、創新、整合行銷或者建立導購員團隊，抑或是放在顧客的身上？人們都說「顧客是第一位的」。但是又有多少行銷經理人，多少公司真的做到這一點呢？

舊的商業模式已經解體，要想生存就必須進行改革！無論是物流方式、訊息流動的方式還是現金周轉的途徑，這些過程都從根本上改變了原料的提供方式、產品的生產方式、倉儲和運輸方法、交易平台以及到達消費者手中的通路和終端等。這些改變使得商業的生命週期正在變短，產品的生命週期也在迅速收縮，消費者正在經受著不斷的轟炸與考驗，每一天都在發生著企業破產和商業失敗，每一天也有新的商業奇蹟出現，這一切也許正是今天行銷領域的真實寫照。

理解消費者

對於消費者的理解是行銷最根本的目標，行銷是從產品和市場兩個角度詮釋對於消費者的理解。企業的產品如果停留在教育消費者的層面上，無疑會讓企業行銷走上偏離的道路，因為消費者不是被告知，而是要理解，消費者不是需要被教育，而是企業需要向消費者學習。企業的市場認知如果停留在對於行業的理解上，無疑也會讓企業走上偏離的道路。因為，市場是一個載體，承載著消費者的期望，而不是承載著行業的規則，很多企業以行業的數據作為理解市場的依據，恰恰忘了行業僅是市場的一個層面，對於企業來說市場永遠大過行業，行業無法代表市場。但是大部分企業在犯著相同的錯誤。

第一，過度關注競爭對手，忽略市場變化，常常把競爭對手的變化誤解為市場的變化。中國本土的零售企業，看到跨國零售商抓緊搶占中國市場、不斷圈地的時候，就誤以為做零售終端就是圈地和擴大市場區域。其實在今天中國的零售市場上，零售業的市場關鍵要素不是圈地和市場區域擴大，而是對於消費者的理解和單店的盈利能力，所以當看到沃爾瑪快速擴張的時候，一定要知道擴張不是關鍵要素，單店營運能力和理解消費者才是沃爾瑪的選擇基礎。看到中國本土零售商希望透過「跑馬圈地」來占據有利地位，我真真實實地擔心規模快速擴張和經營能力嚴重缺乏的矛盾，會打垮中國本土零售企業。

第二，市場內在的變化常常被忽略，總是簡單理解市場，常常把行銷創新誤解為市場的變化。如果僅僅以創新和變化來看待市場，其實是非常危險的。回想二〇〇五至二〇一〇年中國乳業行業，不斷在行銷創新上花工夫，無論是「超女」的比賽，還是網路行銷的創新。在不到五年的時間裡，借助於行銷創新湧現出蒙牛、伊利等成功的乳業廠家。但是僅僅是五年的時間，這些乳業企業也發現，原來行之有效的市場策略正在失效——行銷戰不靈了，新概念玩不轉了，廣告更難起作用了，行銷創新也不能夠帶動消費者對於中國乳品的信心。中國乳品在今天的中國市場上，其關鍵要素不是行銷創新，其關鍵要素是對於供應鏈的管理，以及對於消費顧客的需求的認知和滿足，人們從關注非關聯因素回歸到關注關聯因素，從關注價格轉向關注產品安全和健康，從追求概念回歸到追求價值細分。所以，能夠回歸到消費者信任的產品才能夠深入人心，國外的產品是這樣取勝的，中國產乳品中的三元也是如此。

所以不能夠簡單地理解市場，必須知道市場內在的變化，這個內在的變化就是顧客需求的變化。對於行銷而言，能夠生存的空間不是企業的行銷資源，不是行銷經理或者行銷人員的能力，而是在實現顧客價值的哪一點上你能夠有所作為，那麼這一點就是企業行銷的生存空間。比如，馬雲對於阿里巴巴的定位，在創業的初期，馬雲就非常清楚地定義了阿里巴巴的電子商務：讓天下沒有難做的生意！從這樣一個概念出發，馬雲帶領阿里巴巴開始了著名的「服務轉型」。馬雲以他做服務和消費品的經驗，給阿里巴巴指出了一個新的邏輯：技術與功能都不等於客戶價值，創造價值的關鍵點在於提供解決方案，在於用戶如何用這種手段去創造出商業價值，而不完全在於技術本身。

馬雲清晰地告訴大家，阿里巴巴不是高技術公司，而是一個現代服務型企業。這一主張是劃時代的，正是因為這一主張，使得阿里巴巴成為最有競爭力的企業，成為全球著名的網站。阿里巴巴在為顧客解決方案這一點上最能夠提升顧客價值，因此解決方案就成了阿里巴巴行銷策略的生存空間，以此阿里巴巴也獲得了市場的空間。[1]

回歸行銷基本的層面

無論行銷如何的創新，行銷最基本的東西沒有改變，對於顧客而言，最為關心的要素還是價格和產品本身，而能夠影響顧客的最基本要素依然是促銷和廣告，因此需要重新審視我們對於這些基本層面的努力是否做得足夠。回歸到本質的思考是源於這二十年來中國行銷領域的浮躁和急功近利，一些企業希望一夜成名不惜大量投入資源，更多的企業不斷採用短期行為卻希望獲得長期的效果，還有企業不顧顧客的安危而採取令人痛心的行動……這些現象的存在，表明人們並沒有真正理解行銷，所有的努力如果不能夠與行銷的基本層面結合，其實是無法解決問題的，而行銷基本層面就是產品、通路、消費者、廣告。

產品。產品的真實意義在於它是連接消費者和企業的載體，企業之所以能夠進入市場中，是因為能夠提供產品滿足消費者的需求，所以不能夠簡單地把價格定位在產品的能力上，產品的能力還是要回到對於消費者關注價值的貢獻中。麥可．波特曾經比較亞洲跨國企業與全球跨國企業的區別，他認為亞洲的跨國企業比較關心錢從哪裡來，到哪裡賺錢；全球跨國企業比較注重產品從哪裡來，產品到哪裡去。相對於中國企業來說，這個評價一針見血。

在過去的三十年，低價一直是中國產品核心優勢的標誌，改革開放的前十年，中國企業和發達國家跨國企業競爭的時候，成本的比較優勢，使得中國企業可以真正面向市場。但是到了今天，消費需求的改變，環境的變化，跨國企業全球供應鏈管理的能力，使得產品需要能夠獨立發揮作用。所以理解產品要回到產品本身，而不是價格本身，如何讓產品獲得顧客的認同，如何在細分市場上與顧客互動，如何呈現顧客的價值等，這些都要求產品需要理解消費者，並能夠真正代表消費者。

通路。通路代表著一個企業的行銷寬度，以及這個企業有效覆蓋的面積。當發現通路變得更為集中，並與終端結合在一起的時候，比如國美、蘇寧的崛起，比如沃爾瑪、家樂福在中國的策略，企業跟通路本身結合的能力就顯得更為重要了。

在不斷研究企業的過程中，隨著中國企業製造能力的提升，以及市場環境的發展，人們會發現，很多中國企業的產品與跨國企業的產品，在品質水準上已經非常接近，甚至很多跨國企業的產品與中國企業的產品就是在同一條生產線，由同一組產線員工生產出來的，但是表現在終端的能力上卻相差甚遠。尤其是大型跨國折扣店全線進入中國市場的今天，很多跨國企業與零售巨頭達成策略聯盟關係，使得中國企業處於劣勢。而在中國自己的通路領域中，因為製造商無法與通路商很好地進行溝通，直接導致本土的通路能力在製造企業中沒有得到很好的發揮、進入無利潤的區域，成了企業陷入困境的原因所在。

不久前我去一家家電企業調查研究，企業的管理人員介紹，其實他們的產品水準跟美國的電器是在同一條生產線上生產的，但是因為這家美國電器公司和沃爾瑪之間是策略聯盟的夥伴關係，所以這家中國企業的產品要進入沃爾瑪變得非常困難。但是，他認為必須進入這個通路，才能真正打開中國市場。我們在探討這個話題的時候發現，解決了產品本身的問題，如果在通路上沒有能力仍然是無法發力的，這是已經看到的事實。我們常常夢想中國的產品能夠在真正意義上進入全球市場，但是必須明白一個基本的事實：如果不能擁有通路，就不可能進入全球市場。我常常驚訝於美國和歐洲的企業策略，無論是沃爾瑪，還是家樂福，當這些通路與終端在全球布局的時候，美國和歐洲的產品也藉此機會長驅直入。這就是通路的力量。

消費者。行銷整體的驅動是來源於顧客需求的驅動，而顧客需求驅動，取決於你對於顧客的理解。我們真正了解消費者嗎？曾經看到一個資料，寶僑進入中國市場的時候，會在組織結構中設立一個七十多人的市場研究部門專門研究中國消費者。即使到了今天，大部分中國企業依然沒有這樣一個研究中國消費者的部門，我們又憑什麼說對中國市場非常了解呢？

我在很多場合都講過我到美國的一個例子，二〇〇四年我跟隨農牧行業代表團訪問美國十七家行業領先的農牧企業，在多日的訪問中，我發現美國企業最為關心的是：顧客是誰？顧客的價值貢獻中自己所占的比重是多少？這十七家企業在行銷方面都有各自的獨特性和創新，但是它們有一個共同點，那就是：對自己的客戶有非常深刻、獨到的理解。中國大多數企業並沒有做到這一點，企業中的行銷人員並不是了解顧客，而是了解同業，市場研究部其實是同業研究部。沒有人關注顧客需要什麼，關注的是同業在做什麼，結果是同業之間花費大量的資源進行惡性競爭，而顧客真正關心的東西沒有資源投入，最後三敗俱傷。一個企業的行銷如果不能深刻而獨到地理解消費者，那麼可以預見這個企業是沒有辦法真正進入市場的。

廣告。廣告所具有的真實能力到底在哪裡？這個問題需要行銷人員認真思考和尋找答案，因為廣告媒介的影響力以及成本的消耗，是大家有目共睹的，借助於廣告而獲得巨大成功的案例比比皆是。但是更多的案例是投放巨額的廣告費用，卻得不到有效的回報，甚至因為過度廣告而使企業瀕臨破產，究其原因是沒有真正有效地使用廣告。

廣告的核心價值是引發顧客的認同並產生購買的意願，然而很多企業的廣告並沒有從這個核心價值出發，而是從企業自己的價值出發，而真正好的企業廣告一定是和顧客站在一起，知道顧客需要什麼，了解到顧客在什麼樣的環境中生活。

一八九八年百事可樂把自己定位於「清爽、可口，百事可樂」，強調清爽的口感。這個定位到了一九〇九年轉換到顧客的感受上，「百事可樂，使你才氣煥發」，一九一〇年「喝百事可樂，讓你心滿意足」，直到一九二八年，百事可樂依然定位於積極勃發的情緒「百事可樂，激勵你的士氣」。但是到了一九三二年，百事可樂調整了自己的定位，強調價格給予顧客的照顧，因為人們生活中經濟大蕭條，這一年百事可樂說「一樣的價格，雙倍的享受」，一九三九年百事可樂說「一樣的價，雙倍的量」。而到一九四〇年之後，百事可樂又恢復了它清爽、勃發的定位，直到今天，年輕人彰顯自我，不斷超越，而百事可樂說「突破渴望（Dare for More），敢於第一（Dare to Be No.1）」。[2]

回歸到這四個行銷的基本層面，是對於一個企業的行銷最基本能力的要求，不管行銷如何創新，創新都需要基於對這四個基本層面的理解和運用，為了創新而創新事實上是沒有意義的，從二〇〇五年開始行銷界做了很多努力，但是當不確定性成為常態的時候，離開基本層面的努力都是沒有效果的。

行銷本身是行動而非概念

在行銷領域更多的人喜歡談論行銷概念，談論賣點，談論行銷思想，但是這些都不是行銷最核心的部分，行銷核心的部分是行銷執行，即行銷行動。近來經常想起杜拉克先生告誡中國管理學者的一段話：「中國經濟改革和企業管理取得了巨大成功，一定有很多值得總結的東西。管理實踐總是領先於理論。要總結中國企業管理的特徵一定要從實踐入手。我當年為了學習日本管理經驗，也曾多次到日本考察。」[3]對於杜拉克先生來說，與其說是他有管理思想和理論，不如說是他有管理實踐和行動，對於通用的深入實踐，對於日本的深入實踐正是杜拉克先生思想的來源，沒有這些行動就不會有大師的思想，我們又何嘗能夠例外呢？

看看三星，也許我們更能夠理解行銷行動的意義。讓我們簡單地回顧三星在李健熙帶領下的發展史，透過三星發展過程中的每一件事，我們就會發現，三星所運用的管理實踐並不是什麼高深的管理理論和管理知識，很多都是今天大家所熟悉的管理概念，但是這些理論和概念在三星被轉化為實實在在的管理方法。

今天很多很流行的管理術語，諸如全面品質管理（TQM）、共同的價值觀、持續改善、共同遠景、學習型組織等，在三星你都會看到具體且實實在在的做法和解決之道，三星正是因為這樣最終獲得現在的成功。這就是我們從三星（以及其他被視為管理典範的公司）發展中能學到的最重要的東西。

執行新的經營方針十年後，三星成為韓國公認的銷售額和淨利潤排名第一的企業，從三流企業一躍成為國際上一流的企業。一九九二年，三星的稅前利潤只有二千三百億韓元，二〇〇二年則是十五萬億韓元，上漲了六十六倍。而同時期的負債率從三三六％減少到六五％。市價總值從三．六萬億韓元增加至七十五萬億韓元，上漲了二十倍之多，總利潤占韓國上市成長公司的六一％。而且三星品牌價值的增值率是一〇八％，更在二〇〇五年達到一百四十六億美元，躍升為世界第一。

我們知道，雖然公司銷售規模和利潤並不能完全反映公司的管理狀況，但從一九九三年至今十多年的歷史看，這個一直在高速成長的過程是可以說明一些問題，尤其是經歷了金融危機、市場巨變、全球化浪潮、技術革命等一系列市場急劇變化考驗的十年，還能夠持續高速成長，我們就不得不對三星的十年給予極大的關注，不得不去理解行動的真實含義了。

在很多場合，我們都在強調策略更重要的是行動而不是思想，不管企業具有多麼美好的夢想，具有多麼遠大的策略設想，如果企業不具備核心能力，企業就無法擁有策略的能力，不要簡單地認為企業具有策略規劃就具有了策略能力，也不要簡單地認為價格能力就不是策略的能力。理解策略不能夠基於企業自身，必須基於顧客的價值，必須基於環境，必須基於對於環境和市場運作的能力。

我們也在強調行銷經理人不是思想者而是行動者。行銷經理人作為個體可以是一個充滿理想的人，可以是一個熱愛思考的人，也可以是一個不屈從於現實的人，但是當經理人作為職業選擇的時候，他只能夠承擔職業所必須承擔的角色，而這個角色決定了他必須是一個充滿理想而又腳踏實地的人，必須是一個熱愛思考而又身體力行的人，必須是一個面對現實解決問題的人。這樣的要求也許在很多經理人看來太過苛刻，但是一旦成為經理人，你所承擔的責任要求你需要如此行事、如此思考。

回歸消費概念

二〇〇八年開始，也許是自然天氣出現問題，也許是全球經濟出現問題，從年初到現在，絕大部分的人都認為中國企業應該開始準備過冬。我並不同意這樣的觀點，並不是因為我天生樂觀的秉性，而是因為所有的判斷，都需要回到需求，回到市場當中。

曾有段時間大家都非常關注可口可樂併購滙源果汁的計畫，人們可以從很多角度來理解和詮釋這個併購案的內涵，但是在我看來，龐大的中國消費市場是可口可樂願意用溢價來收購的根本原因。

因此，中國企業不需要看全球經濟如何，也不需要過分關心美國次貸危機對中國的影響有多大，如果我們的眼睛只是對著外邊，而沒有關注到成長的市場、需求區域的調整以及新興市場的改變，總是用簡單習慣的思維來觀察今天的環境的話，也許我們會錯失掉根本的機會。

1. 誰在驅動全球的資本

公開資料顯示[4]：阿里巴巴預計融資總額將達十四．九億美元，創下了中國互聯網企業上市融資之最，其國際配售吸引了超過一千八百億美元資金認購，公開發售凍結資金約四千五百三十億港元，這個數字將創下港股ＩＰＯ凍結資金的最高紀錄。

最初，創始人湊齊了五十萬元人民幣，成立了阿里巴巴網站。對於為什麼取名為阿里巴巴，馬雲說就是要讓全球的人第一眼就記住這個名字：阿里巴巴，芝麻開門！結果，網站成立不久，就獲得了「芝麻開門」的效應，過去受供求訊息不平衡所困的買家和賣家，好像突然看到了一塊寶地。阿里巴巴很快便吸引了全世界商人的興趣，一傳十，十傳百，越來越多的人知道了這個網站。從一九九九年三月成立到其後一年多的時間裡，阿里巴巴就擁有了超過二百個國家和地區的二十五萬名會員，庫存買賣類商業訊息達三十萬條，每天更新的訊息超過二千條。阿里巴巴連續獲得日本軟銀、雅虎的資金注入，業務飛速發展，如今阿里巴巴已經成為中國互聯網界最值得關注的企業。

現在，當阿里巴巴真正開啟了其ＩＰＯ航程的時候，人們不禁要問：阿里巴巴上市背後真正的推動力是什麼呢?根據iResearch調查企業資料，作為Ｂ２Ｂ領域第一領先者，阿里巴巴企業註冊用戶數占了中國整個電子商務市場的七〇%以上。若按收益計算，二〇〇六年阿里巴巴Ｂ２Ｂ業務的收入額也約占中國Ｂ２Ｂ電子商務市場貿易總額的五一%。

招股說明書數據顯示，截至二〇〇七年六月三十日，阿里巴巴企業的註冊用戶達二千四百六十萬名（國際貿易平台三百六十萬名，中國貿易平台二千零九十萬名），付費會員超過二十五・五萬名。二〇〇五年阿里巴巴註冊用戶數量、付費會員數量的增長率均為八三%。二〇〇六年註冊用戶數量、付費會員數量的增長率分別為八三%、五五%。

資本是阿里巴巴上市的重要推動作用，但並非決定因素，在對中國市場完成了壟斷式的占領之後，借船出海積極拓展海外市場不僅是馬雲，更是資本對於阿里巴巴的要求，而在某種程度上更是市場在督促阿里巴巴的上市。仔細研究阿里巴巴的業務就會發現，資本的力量已經不僅體現在資本市場上，更重要的是它們從各種層面給阿里巴巴帶來積極作用，這是其他互聯網企業一直缺乏的層面。事實上，真正推動全球資本的正是中國市場強勁的增長能力。

2. 消費概念

一路走來，季琦等人組成的創業團隊帶給中國經濟的意義，並不簡單地是兩個那斯達克上市企業，而是在於他們創造出了一個新的商業理念——基於傳統產業之上的創新服務行業。

「攜程」旅行網的出現改變了中國人的商旅消費習慣。如今，市場上湧現著e龍、芒果網、同程、去哪兒等眾多線上旅遊商，一個新興的產業因為攜程的成功而誕生。

同樣，經濟型酒店也是近幾年突然興起、蘊涵創新元素的傳統服務產業。多年前，當「錦江之星」試水市場時，很多人還不知道什麼是「經濟型酒店」，如今，引入商務服務、舒適衛浴、高級睡床和現代化管理的經濟型酒店，成為被人們廣泛接受的業態。「如家」在此時適時切入，幾年內便占據行業領導地位。如家上市後，甚至引發了海內外各路資本將投資目光從

TMT轉向創新型傳統產業的風潮。

二〇〇七年，是中國經濟型酒店市場進入相對成熟的一年，整體市場呈現出細分等級的狀態，比如莫泰細分了168、268、驛居等幾個品牌，僅人民幣九十九元一夜的「我的客棧」強勢出擊……而季琦似乎早些年已經看到了這股趨勢，將漢庭旗下品牌分為中端商務酒店和經濟型快捷酒店兩個，且重點將傾向於前者。新崛起的七天連鎖酒店以低價取勝，其最近一年的開業酒店增長率達四〇〇％，客房增長率達三一七％。

當中國市場出現「消費升級」之時，不僅是經濟型酒店，二〇〇七年也是中國創新型傳統行業獲得資本市場充分認可的年分。「中國製造」的概念正悄悄向「中國市場」轉變。風投（風險投資）、股市，各路資本都對持續上升的中國消費市場寄予厚望。新世界百貨、報喜鳥、奧卡索、安踏、味千拉麵等企業紛紛上市，小肥羊、一茶一座、網購企業PPG、九鑽網等也成為創投青睞的對象。

3.回歸市場

我之前引述過這樣一個故事：湯馬斯．佛里曼在《世界是平的》[5]（*The World is Flat*）這本書裡記錄了他採訪微軟二號人物史蒂夫．巴爾默（Steve Ballmer）的一個問題。他問史蒂夫．巴爾默：「微軟是當今美國最重要的企業，微軟衡量力量的標準何在？環顧世界，哪個國家是當今世界上最有力量的，為什麼這麼看？」史蒂夫．巴爾默僅是簡單地回答說：「我們衡量的標準就是看一個比率——每戶擁有家庭使用電腦的數量。」史蒂夫．巴爾默認為，微軟增長最快的地區是亞洲，韓國每戶擁有家庭電腦數量最多，日本也趕上來了，但是微軟銷得最火的卻是在中國。

當然，湯馬斯．佛里曼在講述這個故事的時候，和我需要引用的角度有所不同，但是，有一點是明確的，那就是不管技術和環境如何變化，中國成為最重要的全球市場已是事實。

看看寶僑的成功。二〇〇四年，寶僑在中國的銷售額約為十八億美元，約占其全球收入的三％。但是到了二〇〇七年，按其銷售量來計算，中國已經成為寶僑在全球最大的市場之一。在美國商會二〇〇六年進行的中國商業環境年度調查中[6]，七四％的受訪會員企業表示它們在為中國市場生產，六四％的會員企業表示實現了盈利或者盈利豐厚。例如，通用汽車在二〇〇五年的全球利潤中三分之一來自中國。二〇一一年，通用汽車實現全球利潤七十六億美元，比二〇一〇年飆升六二％，中國區貢獻最大。

這些跨國企業在中國市場的成功，正是因為中國市場本身的巨大需求，有多種巨大的力量在推波助瀾，使得中國大大小小的城市中已經開始形成了龐大的中產階級，消費的能力和增長的速度，令企業具有了更多的機會和實現增長的可能。肯德基在一九八七年五月進入中國開設第一家店，今天，百勝餐飲集團已經成為中國速食和休閒餐飲行業的領跑者。到了二〇〇七年，肯德基在中國大陸已經擁有一千六百九十五家門市，這個數字較三年前已翻了一番，門市的平均價值是一百一十萬美元，銷售額以每年二〇％的速度增長。

如今，百勝每年要在中國新開四百家門市，百勝的一個雄心勃勃的目標是要在數年內讓門市數量達到二萬四千家。但是為什麼它們可以這樣設立目標？看看以往的數據，二〇〇二至二〇〇五年，公司營運利潤以每年二二％的速度增長，到了二〇〇六年達到了二．九億美元，這就是中國市場對於百勝的貢獻。

在中國，實際購買力正在從富裕階層轉向中產階級，超過四分之三的中國家庭年收入不到二．五萬元人民幣，但在二十年內，這一比例將縮減到僅有一〇％左右，屆時中國消費市場的年消費額將升到約二十萬億元人民幣，成為世界上第二大消費經濟體。看到這些數據，我們可以想像，如果企業能夠服務於這個新興的中產階級，那麼其成長速度一定是可以預期的。

所以，我並沒有悲觀地看待今天的經濟形式，也不認為中國企業處在一個「冬」的環境中，問題的關鍵是，我們是否全力去認識中國消費市場，認識中國消費者，我們的企業是否真的深入中國市場當中、深入中國的消費者當中。就如肯德基一樣，推出適合中國消費者的產品，努力迎合中國人的口味，它在每一個產品類別下都有幾種針對性的核心產品，種類豐富，兼顧早中晚餐，而且適合多種場合。現在，肯德基在中國的典型速食既包括原味雞腿漢堡和雞肉卷等在美國常見的種類，也包括烤雞翅、早餐雞肉卷、冬日暖湯以及時令蔬菜等中國獨有的品項。當肯德基做出這些適合中國消費者口味產品的努力時，我們自己做得如何呢？只要我們也這樣去努力，中國消費市場一定會給企業新的增長帶來機會。

行銷策略就是在合適的時間做合適的事情

最近五年對於我們來講意味深長，所有中國企業的生存坐標開始發生根本的變化，世貿標準、國際成本、全球化市場、開放緯度、能源的約束、不確定性等這些成為企業生存的環境，更需要清楚的是，不僅僅是宏觀環境將要發生根本的改變，從企業自身來講市場所帶來的挑戰，也發生了根本的改變，我歸納為以下六點。

第一，經營重點從公司轉向了價值鏈。以往的經營單位我們都會放在公司內部，所有的選擇和發展都是圍繞著公司本身來展開，包括策略的選擇、資源的運用、技術和品質的標準、業務流程的設計、人力資源開發以及企業文化的建設等，這些努力帶來最為直接的效果是公司本身有了非常好的成本、效率和營運能力。

但是隨著市場環境的改變，我們發現公司自身的能力僅僅是一個部分，我們還要理解和確定公司所在的價值鏈能夠在市場中創造價值，因此新的環境要求公司經營的重心從公司內部轉向公司外部，需要在價值鏈的概念下展開公司的所有活動，同樣包括策略要基於價值鏈的出發點、資源運用的價值鏈分享，技術和品質的標準要成為價值鏈的標準，業務流程設計要以供應鏈為基礎，人力資源開發是源於系統思想，企業文化必須能夠讓企業內外部共同分享。這個轉變最大改變是：以公司為經營重心的時候我們追求的是成本、品質和規模，而以價值鏈為經營重心的時候我們追求的是服務、速度和顧客價值。

第二，透過降低成本和有效增長來創造利潤。人們通常簡單地分析，企業利潤來源於降低成本。但是這裡面有一個根本的問題需要大家理解，那就是企業的成本不可能也不能夠追求最低，我們只能夠追求合理成本。尤其在今天的競爭環境下，對於一個企業的衡量標準有了更為全面的要求，一個企業的社會責任、社會資源的運用、企業的公民責任、員工的所有成本、技術和環境的成本都是我們必須付出的，在這種情況下，單純透過降低成本創造利潤已經是非常困難的事情。所以我堅持選擇多一個方向，就是透過有效增長來創造利潤。

強調有效增長，是基於兩個理由：一方面，目前的市場是一個增長的市場，無論區域市場還是全球市場；另一方面，中國企業的集中度非常低，有足夠的空間給企業成長。如果可以一邊降低成本，使得自己的成本合理並具有競爭力，一邊又能夠有效增長，使得市場的成長和規模帶來成本和資源的有效性，這樣就會獲得企業所要的利潤空間。

第三，以能力為本。多年來我們向西方學習，同時看到日本、美國、歐洲成功的企業案例，把「以人為本」的管理理念引入中國的企業管理中，從理論的意義上這是非常正確的。但是有一點可能大家忽略了，就是「以人為本」理念的本質含義是什麼，其實很多企業並沒有搞清楚。以人為本事實上有三層含義：①企業以領導者為根本，需要找到一個好的領導者；②領導者以員工為根本，領導者需要一切以員工為出發點；③員工以顧客為根本，員工需要在任何時候、任何情況下都以顧客需求為出發點。

但是現實的管理中，是反過來的，員工以領導為根本，領導者以顧客為根本，所以「以人為本」這個理念在很大程度上成了企業內部管理的一個口號，反而影響了企業的發展，因此我認為強調「以能力為本」應該更適合中國企業的管理，這樣可以讓所有人不易混淆。還有一個更深層次的考慮就是我們需要奠定能力的概念而不是人本的概念。

第四，變化、變化，再多些的變化。我把變化用遞進的表述方式，是想提醒大家只有變化才是唯一不變的真理，企業需要透過變化尋求出路，這些變化包括需要平衡以下幾個方面：外部環境的不確定性成為企業面臨的一種常態；內部的動態平衡是組織管理基本內容；人員推出機制的設計成為人力資源的核心內容；創新導向是企業文化建設的基礎；超越自己成為永恆的話題。

第五，技術。技術的作用在接下來的競爭中會成為主導性的要素，包括新產品、新的替代材料、新市場、新的商業模式、新的企業組合等。同時技術更重要的是成為生活方式，成為商業方式，成為管理的基本工具，這就意味著沒有技術作為基礎，你會被淘汰出局。

第六，吸引、留住和衡量有能力的優秀人才。我在描述行業趨勢的時候有三個標準：①決勝終端；②通路創新；③人力占有率。前兩個標準在這裡不作論述，第三個標準就是告訴大家，如果你要在行業裡居於領先的地位，你不要關心市場占有率，要關心的是在這個行業裡，頂級的人才你擁有多少，也就是人力占有率。就如我們認為劍橋、哈佛是著名大學、是頂級的學府，其中的理由之一就是他們擁有多少學術大師、諾貝爾獎獲得者，所以吸引、留住和衡量有能力的優秀人才是目前的關鍵之一。

我早在二〇〇五年就撰文提醒中國企業必須理解市場帶來的環境改變，並有所準備與應對，因此在這裡，我依然用一種行銷策略理念的方式來表達自己對於新的際遇的觀點，即在變化中做有效的選擇是在合適的時間做合適的事情。因此，我對行銷策略也用這個觀點界定：行銷就是在合適的時間做合適的事情。

也許這是一個太簡單的說法，但是我堅持這一點，是因為行銷本來就應該簡單。我看到好的企業都是運用最簡單的思想，松下幸之助的「家庭電器應該像自來水一樣便宜」；杜邦公司的「宮廷的女僕也能像女王一樣生活」；雀巢咖啡的「味道好極了」；沃爾瑪的「總是用最低價格銷售」。這些應該能夠說明我的觀點，我相信你會同意我的觀點，不過你可能會問，對於行銷策略來說：什麼時候是合適的時間？什麼事情是合適的事情？我試圖用坐標的方式來闡述我的觀點。

行銷策略的時間坐標

行銷的理解就我個人的觀點，應該是在合適的時間、合適的地點做合適的事情。所以我們選擇行銷策略的時候，不能夠只是評估這個策略的基本因素，還應該考慮它的時間坐標。但是行銷策略的時間坐標並不是以時間為單位的，而是以市場關鍵要素為單位的。

比如拿家電行業中國市場的例子：一九八五至一九八九年，價格是市場的關鍵要素，此期間長虹、康佳做得很好；一九八九至一九九二年，品質是市場的關鍵要素，海爾、新飛、容聲做得很好；一九九二至一九九六年，服務是市場的關鍵要素，海爾、TCL做得很好；一九九六至二〇〇〇年，速度是市場的關鍵要素，海爾、美的、TCL做得很好；二〇〇五至二〇一〇年，國際化、全球化是市場的關鍵要素，目前表現好的是海爾、TCL、美的。你的行銷就應該是與這個時間段相匹配，我們看到海爾、TCL、美的、創維等企業，在相應的時間做了相應的事情，所以一直處在領先的地位，長虹的被動就是一直停留在價格這個時間段，結果就是這樣。

在家電行業這個發展的例子中，我想說明的是，行銷策略的時間坐標只能夠是以市場關鍵要素的持續時間為基準，當市場關鍵要素的持續時間改變，新的市場關鍵要素產生，便是一個自然時間單位的結束與開始。因此，我們需要分析的是在任何一個自然時間段內，市場的關鍵要素是什麼？而不是我們自己擅長做什麼？我們不能夠以自己的發展時間作為參考坐標，只能夠以市場關鍵要素作為參照標準，只有這樣做的企業才是在時間坐標上選好了位置。

在行銷策略的時間坐標上，我們通常出現的誤解是以下一些情況。

第一，過度關注競爭對手，忽略市場變化，常常把競爭對手的變化誤解為市場的變化。最近看到格蘭仕出了一款圓形的微波爐，就有同業的學生問我是否關注到，我說關注到了，並反問這些學生，這個變化重要嗎？這是真正的市場變化嗎？這些學生無法回答我的問題。很多人都在意行業領先的企業所做出的變化，但沒有深入理解這些變化是否真正具有意義。如果不是代表市場需求真實的變化，並不需要過度關注，否則會走向誤區。

第二，簡單理解市場，忽略了市場內在變化，常常把行銷創新誤解為市場的變化。看看中國的汽車行業，在短短不到三年的時間裡，汽車業的行銷創新不斷湧現，如會展行銷和事件行銷在汽車業的運用、奇瑞QQ的時尚行銷、君威的文化行銷、新藍鳥的概念行銷等。但到了今天，汽車生產商發現，原來行之有效的市場策略正在失效——價格戰不靈了，新車型玩不轉了，廣告更難起作用了，行銷創新也不能夠帶動疲軟的汽車市場。汽車行業在今天的中國市場上，其關鍵要素不是行銷創新，其關鍵要素是目標顧客的解決方案，所以能夠滿足目標顧客的解決方案的汽車產品，仍然占據市場並脫離價格戰的怪圈，做得好的奧迪、寶來正是如此。

行銷策略的空間坐標

與上一個問題一樣，如果行銷是在合適時間、合適的地點做合適的事情，那麼就需要回到什麼是行銷策略的空間坐標這個問題上。行銷策略的空間坐標不是以市場所處的空間為坐標的，而是以對於實現顧客價值的定位為坐標的，也就是在實現顧客價值的哪一點上你能夠有所作為，那麼這一點就是你的空間坐標。

比如，ＩＢＭ的「服務轉型」，一九九六年，葛斯納就非常清楚地定義了ＩＢＭ的電子商務：使企業能夠透過資訊系統增加企業整體的營運競爭力，而不是單個員工的工作效率。從這樣一個概念出發，葛斯納帶領ＩＢＭ開始了著名的「服務轉型」。葛斯納以他做服務和消費品的經驗，給ＩＢＭ指出了一個新的邏輯：技術與功能都不等於客戶價值，創造價值的關鍵點在於提供解決方案，在於用戶如何用這種設備去創造出商業價值，而不完全在於技術本身。

這一主張是劃時代的，因為這等於指出了微軟、英特爾這批公司的「要穴」：微軟和英特爾等高科技公司為客戶提供的是工具效率，而ＩＢＭ提供的是提升客戶價值的解決方案。到二〇〇一年，ＩＢＭ的服務收入達到三百四十九億美元，占總收入的四二％，首次超過硬體成為ＩＢＭ的第一收入來源。ＩＢＭ在為顧客解決方案這一點上最能夠提升顧客價值，因此解決方案就成了ＩＢＭ行銷策略的空間坐標，ＩＢＭ也獲得了市場的空間。

行銷策略在空間坐標上的誤解表現在以下幾個方面。

第一，不斷追求產品的變化，誤以為這是實現顧客價值的方法。二十世紀最偉大的產品是什麼？英國一家機構的結論是：沖水馬桶。美國《財富》（*Fortune*）評選二十世紀最傑出的產品，回紋針（一九〇〇年）、安全刮鬍刀（一九〇三年）、拉鏈（一九一三年）、胸罩（一九一四年）、OK繃（一九二一年）、衛生棉條（一九三一年）、袖珍平裝書（一九三五年）、無帶平跟鞋（一九三六年）、家用膠帶（一九四二年）、拼插積木玩具（一九五八年）、滑板（五〇年代）、魔鬼氈（一九五四年）、尿布（一九六一年）、粘貼式便條紙（一九八一年）。這些產品與蘋果麥金塔電腦、國際互聯網、英特爾微處理器、全錄複印機和傳真機、飛利浦和索尼雷射唱盤、波音707飛機等並列齊名。

看到這些產品我相信你會同意這樣一個觀點，產品變化並不是實現顧客價值的方法，一個產品當它能夠體現顧客價值的時候，它本身就決定了它的存在價值，如果我們不斷地追求產品的變化，而忽略了產品對於顧客價值的單純功能，結果一定導致產品偏離了顧客價值這條軌跡，真正有生命力的產品，是那些真正簡單而便捷地滿足了顧客需求的產品。

第二，過度關注促銷、廣告、服務，誤以為這些都是顧客需要的東西。實現顧客價值的關鍵是確定什麼才是顧客的價值。從我們引入菲利浦．科特勒的4P理論開始，在中國市場上，人們開始打價格戰、服務戰、促銷戰、廣告戰，但是對於消費者而言，這些手段帶來的直接與間接的影響是什麼，我相信大家沒有認真分析過。

從表象上看，加大廣告宣傳，帶來了銷售額的增長，增加了服務顧客的滿意度增加，打折是消費者喜歡的，能夠促銷就一定會有效果，這些都是真的，你可以實實在在地看到，但是沒有人願意真正分析這些結果是否能夠最後獲得一個關鍵的東西：顧客的忠誠度。我相信這些方式與顧客忠誠度沒有一個正相關的連結，因此也就看到我們在行銷市場上的混戰和無奈。顧客要的還是產品本身，請我們永遠牢記這一點。

什麼才是行銷策略所選擇的合適的事情

與上兩個問題一樣，如果行銷是在合適的時間、合適的地點做合適的事情，那麼我們最後需要回答，什麼才是行銷策略所選擇合適的事情這個問題。行銷策略所選擇合適的事情，就是能夠反映市場關鍵要素的時間坐標、和能夠實現顧客價值的空間坐標之結合點（見圖3-1）。

我們用日本本田（Honda）摩托車在美國市場的行銷策略來做例子。據有關資料顯示，二十世紀五六十年代的美國，是哈雷摩托車的美國，這個只生產重型摩托車的品牌幾乎就是摩托車的代名詞，其市場占有率曾一度高達七〇％。可以想見本田摩托車要想在美國闖出一片天地的難度。經過前期的試探之後，本田認為哈雷在重型摩托車上太強了，堅信哈雷不屑於生產輕型摩托車的事實。於是本田用一款完全沒有競爭對手、價格僅為美國大多數摩托車五分之一的小型輕便摩托車打入美國市場。而這款摩托車在當時的哈雷看來不過是工藝精緻的「玩具」。

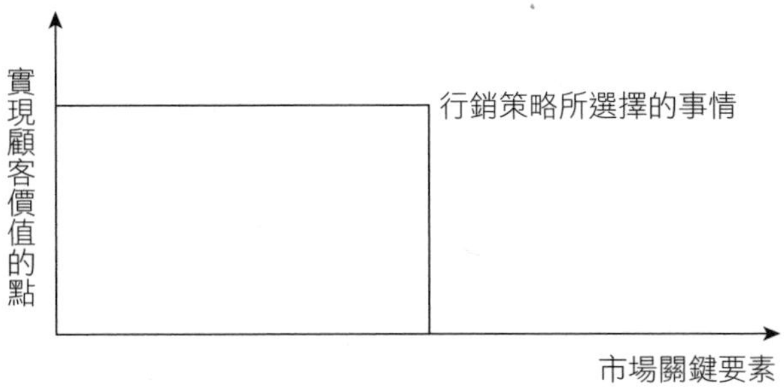

圖3-1

就這樣，為消費者提供截然不同選擇的本田，透過一系列有效行銷措施，在美國市場的占有率從零急升到八〇％，從而成為美國摩托車市場的新王者。

我們回到上面的方法上來分析，本田進入美國的時候，摩托車市場的關鍵要素是給消費者提供不同的選擇，而從顧客的價值實現上來說，本田能夠創造價格僅為美國大多數摩托車五分之一的小型輕便摩托車，因此本田的行銷策略的時間坐標是不同的選擇，而空間坐標是小型輕便便宜的摩托車，符合兩者的結合點，就是本田摩托車在美國市場的定位。比如當年海爾透過服務支撐品牌，比如聯想透過通路增值提升競爭力，比如格蘭仕透過整合全球微波爐產業鏈獲得成本優勢等。

我們選擇兩個大家最熟悉的產品來總結我的觀點，行銷就是在合適的時間、合適的地點做合適的事情。

麥當勞的兒童娛樂。麥當勞在全世界增長最快的消費群體是兒童。對兒童而言，吃什麼樣的漢堡其實並不重要，價格也不那麼重要，關鍵是要「吃得開心」、「好玩」。於是，麥當勞推陳出新速度最快的是不斷變化的兒童套餐玩具。對於「七個小矮人」這樣的成套玩具，有些兒童生怕湊不齊，無形中增加了消費頻率。麥當勞還不斷推出新光碟，讓兒童吃漢堡時看得更開心。每到假日，麥當勞總不忘推出逗樂兒童的遊戲。在麥當勞看來，新的食品種類並不是其所在市場的關鍵要素，其所在市場的關鍵要素是給兒童快樂和新奇，它的空間坐標是兒童價值，所以必須不斷推出把孩子們逗樂的娛樂項目。

可口可樂的「新瓶裝舊酒」。讓我們再看一看經典的可口可樂。儘管可口可樂在不同國家的配方稍有差異，包裝也不盡相同，但配方一旦定型，不會輕易改變。可我們卻從來沒有厭倦可口可樂的感覺。可口可樂是用來解渴的嗎？當然是，但卻不完全是。可口可樂公司沒有把解渴作為飲料市場的關鍵要素，可口可樂公司賦予可樂清新、愉悅的感覺，這就是可口可樂公司對於這個產品市場關鍵要素的認識。這種感覺一方面來自於可口可樂中溶解的二氧化碳，另一方面來自於它不斷更新的包裝。

可口可樂裡溶解的二氧化碳濃度之高，讓你在喝可樂時總要打幾個飽嗝，這種感覺確實很棒。而在空間坐標中，可口可樂公司認為實現顧客價值的地方恰恰是包裝的更新，可口可樂公司恰當地把握了消費者喜新厭舊週期，總是在消費者還沒有厭倦時及時更新包裝。而這種「新瓶裝舊酒」的創新遊戲，卻是可口可樂公司常勝的法寶。

理解文化行銷

二〇一〇年十二月十一日，在倫敦的特拉法加廣場（Trafalgar Square）等世界的許多角落，《憤怒鳥》（angry birds）的粉絲們聚集在一起，熱烈慶祝《憤怒鳥》誕生一週年，這一天被稱為「憤怒鳥節」[7]。與此同時，在二〇一〇年歲尾，《憤怒鳥》毫無爭議地成為蘋果公司官方評選的「年度應用程式」之一。截至週年紀念日，製作該遊戲的Rovio Mobile公司表示，《憤怒鳥》已經在蘋果的iOS平台賣出了一千三百萬份，而來自Android平台帶廣告的免費遊戲，每月也能帶來一百萬美元的收入。現在，它的總下載次數已經達到五千萬次，超越了當年任天堂的頭號經典遊戲《超級瑪利歐兄弟》。每天人們花在這款遊戲上的時間共計兩億分鐘。而《憤怒鳥》的研發費用僅僅為十萬歐元。二〇一〇年二月，該公司才僅有九名全職員工。

在很多人看來，表情憤怒的小鳥以自身為彈射武器，報復偷走鳥蛋的豬頭，摧毀豬頭的簡易城堡之後取得金蛋，這種簡單的情節設置似乎並沒有什麼特別之處。然而，「快文化」已成為人們生活的主旋律，對速度和效率的崇拜讓「快文化」占據了人們的消費潛意識和價值體系。在這樣的社會文化背景下，「憤怒鳥」確確實實已經成為一種文化符號，這也暗示了娛樂工業和品牌世界的巨大轉變，而其中所蘊含的，把握與引領流行文化而實施的文化行銷，則極大地推動了這款遊戲及其品牌的成功。

從許多成功的產品和品牌中我們看到，當一種產品或一個品牌融入某種文化內涵時，產品的生命力和品牌的影響力就會像文化一樣長遠流傳。在一個新技術浪潮蓬勃發展的時代，文化行銷以其獨特的滲透性、長遠的影響力，在行銷實踐中發揮著巨大的作用。

那麼，到底什麼是文化行銷？它又具有怎樣的特徵和價值呢？

產品借文化貼近生活激發共鳴

憤怒鳥之所以成功，不僅僅是借助蘋果公司的App Store和iPhone的平台提升了創意和時尚的產品內涵，更重要的是，以手機遊戲的產品形式融入了人們現代快節奏的生活方式，以其簡潔的遊戲設定迎合了人們在忙碌之餘，對於片刻休閒娛樂的需求，借助日益流行的觸控螢幕手機簡易操作體驗，融入了人們電子娛樂的生活方式，而其遊戲的卡通形象更是有效地借用了皮克斯公司系列動畫的風格，從而喚起了人們源自於喜愛「皮克斯風格」的內心共鳴。所以，這不僅僅是一款遊戲產品，更是今天人們全新的生活方式以及生活體驗，透過這款遊戲巧妙地融入了人們的時尚生活方式，並從產品文化進一步提升到品牌內涵的累積和品牌文化的形成，從而推動了其相關的服飾、影視等周邊產品的拓展與熱銷，這正是文化行銷的真實魅力：透過深刻地理解和把握消費者的心理需求，將其內心深處的情感、人生體驗和感受，或是所追求、所嚮往的生活方式，透過生活化的產品或服務形態表現出來，同時賦予品牌特定的內涵和象徵意義，在消費者內心中產生共鳴，引發消費者的信任，從而實現價值的創造與傳遞。

文化是人群為生存對環境做出的適應方式。文化定義本身就是告訴我們文化是生活方式的選擇，由此可以知道文化行銷所具有的特殊魅力之因由。文化行銷的力量，來自於消費人群對於社會文化中所包含的生活方式與價值觀念的共性認同，透過與顧客在精神層面產生「共鳴」，激發出顧客對特定情境的認可或者記憶，從而獲得消費群體對於企業品牌與核心產品的深度認同與持續消費。

統計數據顯示[8]，《喜羊羊與灰太狼》各地的收視率能達到一〇%以上，播出集數超過五百集，電影《喜羊羊與灰太狼之牛氣沖天》首輪票房就達到八千萬元人民幣。隨著電影、電視劇的熱播，該劇獲得了巨大的經濟效益和品牌效益，劇中的動漫形象衍生產品迅速鋪開，充斥著大街小巷，品種達數十種。該動畫片市場價值已超過十億元人民幣，創造了中國動漫史上的商業神話，也創造出中國動畫前所未有的價值。

喜羊羊也是從人們的生活方式和價值觀念中尋找與消費者的共鳴，所不同的是，喜羊羊更多的是從中國傳統文化和中國人的價值觀念與思維方式去創造這種共鳴。這也正是這部定位在六歲以下的動漫巨作同時吸引了成年人目光的關鍵所在。透過借用中國文化的智慧以及當前社會生活來源，具有濃厚的中國特色，讓觀眾總覺得似曾相識，從而引起觀眾內心的共鳴。

例如，貫穿影片的整個故事主調——中國傳統的「和而不同，貴和尚中」，弱者有了智慧與勇氣，強者有了責任與道義，青青草原充滿了和平。

這並不僅是因為劇情的需要，它更反映了我們中國人的世界觀與人生觀。此外，狼族與羊族之間的故事始終貫穿著家族的觀念，源遠流長的家族文化是中華文明重要的組成部分。再如，故事中許多情節和場景正是來源於我們的現實生活，也道出了中國人多方面的人性特點，亦正亦邪、亦善亦惡。而灰太狼與紅太狼穩固的婚姻關係就是在吵吵鬧鬧中居家過日子，也是中國現在最為普遍的婚姻特點。這些都透過文化的方式，為這部動畫實現了與消費者的生活體驗產生共鳴，進而獲得消費者的價值認同。

可見，不論是《憤怒鳥》還是《喜羊羊》，所獲得的廣泛市場和持續的生命力，更本質的原因在於，它們都透過在產品中融入文化內涵，充分反映並貼近消費者的生活方式和人生體驗，從而激發消費者內心的共鳴。當然，這種文化行銷的力量不僅可以透過文化產品得以展現，非文化類的日常消費產品也可以很好地運用這種力量，「王老吉」就為我們提供了極佳的範本。

由「加多寶」打造的王老吉作為新興飲料行業的領軍企業，正是因為文化行銷的魅力才締造出一個強大的涼茶帝國。王老吉用獨特的文化輸出不僅使自己成為草根飲料文化代表，更成為中國飲料品牌的領軍者。王老吉把握住涼茶成為「非物質文化遺產」的機會，整合行業力量，透過贊助世界盃轉播、開辦論壇、與其他行業結盟等方式，大力突出涼茶的獨特功效，將作為飲料的涼茶與文化成功地融合，從而在推廣消費認知上得到重大的成功。

二〇〇三年，紅罐王老吉銷量六億元人民幣，二〇〇五年銷量超過二十五億元人民幣，二〇〇七年達到五十億元人民幣，二〇〇八年更是飆升到一百二十億元人民幣，幾何級的增長體現出王老吉在業內的龍頭地位。現在它已迅速躍升為中國飲料行業銷量最高、品牌影響力最大的品牌。中國式文化行銷加上出色的商業化運作，王老吉獲得了巨大的成功。二〇一二年一個令人不願意看到的事實呈現在人們的面前，加多寶已經不再擁有王老吉，然而加多寶作為最大的投資人投資《中國好聲音》，再一次讓人眼前一亮，如何再借助於文化行銷的魅力，再造一個加多寶涼茶並重新回到飲料行業領軍企業，非常值得期待。

同樣是在中國市場賣涼茶，飲料巨頭可口可樂的「健康工坊」卻在意猶未盡的落寞聲中敗走麥城。可口可樂這個全球最大的飲料生產商，一直以來，在全世界出售的不只是一罐小小的飲料，更是一種美式的消費文化和生活方式。然而，可口可樂橫掃全世界的文化基因，在中國遭遇了王老吉這罐從概念到包裝、從配方到賣點完全中國式涼茶的狙擊，其「防上火」的訴求點在外國人看來甚至是無法理解的。因此，王老吉的成功從本質上講，在於其「怕上火」的核心訴求符合了都市人快節奏的生活方式與消費文化，既有中國人生活習慣的訴求，也有中華民族的養生理念。這正是透過從傳統文化精髓中尋找與消費人群現代生活相契合的文化行銷。所以，王老吉在中國市場上能夠戰勝品牌、資金實力遠勝於己的可口可樂，其實更多靠的是文化的推動力。

品牌借文化契合社會引領消費

文化重要功能是達成共識，引導並塑造行為。因此，具有強大品牌的企業，常常借助於文化行銷，傳遞自己的核心價值觀與社會的契合，從而獲得消費者的認同，並在目標消費人群中形成一種歸屬感，透過反映、適應甚至引導消費文化來改變消費者的行為。

菲利浦·科特勒在《行銷3.0》中指出[9]，科技不僅把世界上的國家和企業連接起來，推動它們走向全球化，而且還把消費者連接起來，推動它們實現社區化。在今天，消費者更願意和其他消費者而不是和企業相關聯。「我們的信任感並沒有缺失，它只是從垂直關係轉化成了水平關係。如今，消費者對彼此的信任要遠遠超過對企業的信任，社會化媒體（社交網站，如Facebook等）的興起，本身就反映了消費者信任從企業向其他消費者的轉移。在這種水平化的信任體系中，消費者喜歡聚集在由自己人組成的圈子或社群內，共同創造屬於自己的產品和消費體驗，而企業必須學會利用這種消費者水平化網絡中的協同創新能力來幫助行銷。」

在這一方面，蘋果公司運用產品和品牌文化，強化顧客的群體意識和歸屬感的文化行銷方式，為我們提供了良好的借鑑。蘋果品牌透過各種方式不斷地強化消費者崇拜蘋果產品的文化體驗，維繫了消費人群與蘋果品牌的連結，而且強化了它們對自己「果粉」身分的自豪感，鞏固了忠誠消費群。蘋果每次重大產品的發布會，都會選擇在具有濃厚藝術氛圍的場所召開，從而營造一種高尚、聖潔的文化氛圍，使參與者產生「朝聖」一般的心理體驗。發布日的精心設計就像閱兵儀式一樣隆重。這種儀式性的文化行銷手段產生了極大的成效，使得消費者更加相信蘋果產品不是「尋常百姓」家的俗物，而是需要隆重迎接、頂禮膜拜的「神器」。

二〇一〇年九月一日的蘋果新品發布會首次進行了網路視頻直播，但是用戶不能從普通的電腦上觀看，必須使用安裝有雪豹操作系統的電腦或者iOS 3.0以上版本的系統設備。在電子產品領域，還從來沒有任何一家公司要求使用本公司的硬體觀看自己的官方發布會。蘋果透過強化蘋果使用者的身分和有意的行為來暗示蘋果的使用者，他們是不同尋常的人，是被蘋果選中的「天才」，他們有著強烈的群體意識和歸屬感。

從一九九八年的**iMac**，到二〇〇一年的**iPod**，再到**iPad**、**iPhone**，賈伯斯以自己的行動告訴消費電子行業，這個時代需要「與消費者產生情感共鳴」、「製造讓顧客難忘的體驗」。當產品能召喚消費者情感時，它便驅動了需求，這比任何一種差異化策略更有力量。

蘋果的產品影響並重新定義了消費群的生活、娛樂和工作行為，甚至影響了消費群的價值觀念和消費文化。例如，當**iPhone**剛剛在國外發布，對於很多剛剛從國外購入**iPhone**的消費者而言，手機裡的很多軟體都是擺設。不要說與當時很多名牌手機不能比，就是與一些極其普通的中國小品牌手機相比，其功能也是寥寥可數的。但為什麼會有那麼多消費者買呢？明知很多功能在中國境內無法使用還這樣執著呢？因為他們買的不是功能，而是蘋果這個品牌帶給他們的一種超越於手機價值之上的消費者體驗。**iPhone**不是一個手機，**iPhone**是集合了蘋果品牌時尚、創造諸多審美元素的文化符號。

作為中國目前盈利能力最強的四家消費類零售網站之一，互聯網服裝零售商「凡客誠品」，基於其「誠信、務實、創新」的企業文化，致力於打造互聯網快時尚品牌，「凡人都是客，我們是一個誠懇的品牌」。凡客誠品將目標客戶主要定位為伴隨著互聯網成長起來的七〇後、八〇後新生代，這一人群習慣於使用互聯網工作，熱衷於電子商務，在生活中也不斷和互聯網發生著關聯，並且追求個性時尚的生活方式。

凡客的品牌精神「提倡簡單得體的生活方式，希望跟別人打交道時是得體的」，正是對於這一人群的生活方式和消費文化的深刻理解。此外，透過產品和服務來強化和突出其品牌理念的核心價值——誠信，也正是很好地抓住了現有網路行銷中，特別是服裝產品中，顧客因為不能看到實體、具體尺寸，不敢購買的這個弱點。透過承諾免費辦理退換貨解除了顧客的後顧之憂，讓誠信的形象深入人心。這些都是透過網路流行時尚來貼近消費者的生活方式，關注消費者的內心體驗和價值訴求，從而獲得消費者的認同。在此基礎上，凡客誠品聘請明星代言，塑造一種追求個性的文化。推出了品牌宣傳廣告，由韓寒、王珞丹演繹的「我是凡客」影片在中國十多個一線城市LED、地鐵內LED、公車播出，因照片簡潔、生活化以及精準的個性定位語言讓人眼前一亮，立刻引起互聯網熱潮，收到中國網友的追捧，喚起了七〇後、八〇後等新生代消費人群強烈的共鳴和作為「我是凡客」的群體歸屬感。

這些都是基於對消費者的生活方式和消費文化的準確把握，運用人群的共同生活方式和共同特徵創造一種歸屬感，借助於消費者對於其核心價值觀的認同，進而形成群體歸屬感的文化行銷方式。

用持續的互動與創新面對動態的社會文化

文化的一個基本屬性是可以自我更新，這也是其持久生命力的根源所在。社會文化也處於不斷的發展演化之中，而作為其次文化層面的流行文化和消費文化，都處於一種動態的發展過程。而這種動態性在全球化趨勢的背景下正日益變得更加顯著。那麼，這就要求文化行銷以不斷地創新來面對這種變化。

文化行銷要實現創新，除了依靠自身的內源性創新途徑，一個重要的方式就是運用科特勒所說的「水平化的消費者信任網絡」實現協同創新，與消費者保持持續地互動，從中獲得持續價值創新的動力。而這一方式也是源自於文化的交流溝通功能和群體互動特性。

例如，《憤怒鳥》的創作團隊雖然多次表示，沒有研發《憤怒鳥2》的計畫，但是保持每四週為這款遊戲進行升級。正如他們所說的：「你可能永遠看不到《憤怒鳥2》，但你目前所見的，僅僅是憤怒小鳥世界中很小的一部分。」而另一方面，《憤怒鳥》的成功，除了角色與遊戲設定的完美把握，Rovio Mobile公司非常重視與用戶互動的企業文化也發揮了重要的作用。該公司四十人的團隊中，竟有二十三人專職回覆郵件和Twitter微博，並且負責向研發團隊及時回饋訊息。

這種在用戶互動方面的投入比例，是其他科技公司無法比擬的。並且來自用戶的回饋意見，也切實地影響了《憤怒鳥》的研發策略。例如，一位五歲孩子的母親寄給他們孩子所設計的一個關卡圖樣，經過討論，隨後真的就在遊戲新版本中採用了這一設計。這種用戶互動取得了非常好的效果。在沒做任何廣告投入的情況下，《憤怒鳥》在上線四個月後，竟成為競爭日趨殘酷的蘋果App Store應用商店收費和免費應用程式的下載第一名。

二〇一一年，凡客誠品大力推出社群網路服務（SNS）網購平台「凡客達人店」，面對所有中國網友無門檻開放開店平台，欲打造全民行銷新模式。達人店主可以按照自己喜愛的風格隨意搭配凡客的各種服飾，親自充當模特來吸引朋友、同學等粉絲團在自己的達人頁面點擊連結購買。發貨、物流等環節，都將由凡客誠品公司來承擔。店主則可輕鬆獲得每筆訂單約一〇%的分潤比例，透過後台系統能即時查詢帳戶情況。

凡客提供的「無本生意」平台對於賣家來講具有巨大的吸引力，而對於凡客本身，對於不用付月薪，不用人力管理，不用培訓，無形中產生的無數宣傳員、銷售員，只需支付一〇%的分潤比例。達人展示本身就是一種對產品的宣傳，達人們在展示自我的過程中，便不自覺地在為凡客誠品做免費植入式宣傳，而這些想秀敢秀的達人們更容易帶動周圍的朋友圈一起加入，繼而形成一系列的SNS社群網絡循環，達人計畫便如同滾雪球一般，越滾越大，參與活動的達人以幾何數字增長。這也正是充分運用科特勒所說的「協同創新」來發揮消費者水準信任網絡的行銷推動力，借助對於社會文化的適應和創新來實現文化行銷的持續推進。

無論是與消費者的持續互動、還是透過創新不斷地適應社會文化（流行文化、消費文化）的動態發展，其終極目的都是獲得消費者持久的價值認同。正如杜拉克先生所說的，創造顧客是企業存在的唯一理由，而創造顧客的重要基礎，則是在消費者與企業之間形成價值認同。

用品牌文化銜接企業與社會

行銷的本質是理解消費者，這也是行銷最根本的目標。文化行銷所強調的也正是這一點，透過更深入地理解消費者，以消費者所認同的價值訴求激發其共鳴，以更加人性化的方式適應甚至引領顧客需求的變化。文化行銷的真正價值正是在於「關注到了在實現顧客價值」的那一點上，企業能夠有所作為，而這也就找到了企業行銷的生存空間。

對於顧客的理解，對於顧客情感需求的滿足，對於顧客認知理念的理解和認同，可以引發顧客更為強烈、更細微、更複雜的原動力。這正如需求理論所描述的那樣：渴望有歸屬感、紐帶關係、希望有所超越和自我實現、希望感受快樂和滿足等。最成功的品牌總是能夠激發起積極的情感。而文化行銷則是實現這種理解與認同的重要方式。就像蘋果公司每一次新產品的發布會都會成為一個故事，而這個故事就像一部偉大的神話，永遠也講不完，因為故事的主人翁是顧客，而不是企業自己。

企業確定品牌的關鍵是與顧客的價值需求相一致，簡單地說，就是品牌定位於顧客意圖而非企業核心競爭力。而文化行銷基於對環境和顧客的理解與認同，則可以有效地達成這種一致性，並充分地將其能量釋放出來。

史考特·貝伯瑞（Scott Bedbury）和史蒂芬·芬尼契爾（Stephen Fenichell）[10]認為，對於品牌而言有七種核心價值最為重要：①簡潔；②耐心；③關聯性；④可接觸性；⑤人性化；⑥無處不在；⑦創新。文化行銷旨在理解和融入消費者的生活，並且依託於產品或服務等載體進行文化的傳遞，從而實現無處不在和可接觸性的價值。而文化培育認同與歸屬的特徵則激發了品牌內涵聯想，從而支撐了關聯性的實現。文化行銷透過觸及消費者內心深處的體驗滿足其情感需求，從而激發出品牌核心價值中人性化的部分。

企業文化是組織得以存在和延續的生命線與保持活力的源泉。企業文化會直接影響到品牌的營運理念。透過文化行銷將企業文化向外部受眾進行廣泛的傳播，不僅可以把企業核心價值觀與經營理念有效傳遞給公眾，還可以促進品牌文化與社會文化的互動。根據文化的定義「人群為了生存而對環境做出的適應方式」[11,12]，我們可以了解到，企業文化是企業為了求得生存與持續發展而適應環境的方式與價值規範，流行文化或消費文化則是消費者作為社會群體的一種

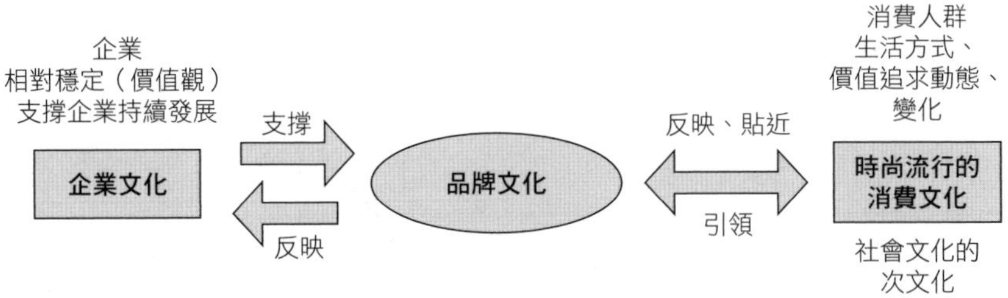

圖3-2　文化行銷的過程

生存和生活方式，那麼，品牌文化應當要實現二者的契合。

品牌文化反映並傳遞企業文化，影響甚至引領消費人群的流行文化，因此，是企業與消費者之間溝通與互動的一個重要的管道。而文化行銷也正是透過這一契合的過程發揮其價值（見圖3-2）。凡客誠品的品牌文化理念「互聯網快時尚品牌，性價比高，全球時尚，最好的用戶體驗」正是建立在其「誠信、務實、創新」的企業文化之上的，並且借助品牌內涵也向消費者傳遞著其企業文化的精髓，透過堅持不懈的產品和服務品質有效地使品牌文化適應，甚至引領著反映流行時尚的消費文化，而這正是社會文化的次文化圈。

從表面上看，文化行銷似乎只是一種行銷方式或手段，而實質上，這是以品牌文化為契合點，從價值觀和消費理念的層面上尋找貼近顧客並貢獻價值的更好方式。也就是說，對於文化行銷，我們還是要回歸到基本的層面上，與消費者保持一致的思維方式。我們需要準確理解消費者，關注環境與市場的內在變化，而不是簡單地將文化行銷等行銷創新誤解為市場的變化。因此，面對日益豐富和流行的「文化行銷」熱潮，無論是從經典悠久的傳統文化中進行挖掘復興，還是借助時尚潮流的社會文化開拓創新，我們都要清晰地了解並把握其本質：透過貼近消費者的生活尋找與其內心的共鳴，並獲得其價值認同，從而擁有企業持續存在和不斷成長的基礎。

行銷的起點與終點

行銷作為企業與顧客和市場互動的根本性環節，如何發揮其有效的作用，就需要明確其起點和終點，顧客價值是行銷的基本出發點，也是行銷最後的結果，如果要用一句話來描述什麼是行銷，那麼這句話就是：行銷就是顧客價值的實現。多年來我們的企業總是自以為已經了解了顧客價值，很多企業不斷地用自以為理解的顧客價值，做著產品創新或者服務創新。但是事實上什麼是顧客的價值，一直沒有人真正理解，所以才出現了中國乳業的困境。

新加坡之新

每一年的十一月是我到新加坡國立大學講學的日子，二〇一〇年後的新加坡給了我不同於以往的感受。轉型增長也是新加坡這幾年的發展模式，圍繞著休閒產業、服務業所展開的產業調整和經濟增長方式的調整，已經讓新加坡在二〇一〇年成為全球增長最強勁的國家之一。以往的新加坡會非常依賴於美國經濟和全球經濟的增長，但是今天的新加坡已經擺脫了這樣的困境，可以借助於自己的力量來發展自己，在全球金融危機之後的動盪環境中，走出了一條自己的轉型增長之路。新加坡轉型成功背後的邏輯，可以提供大家非常好的借鑑，我曾經總結為思維空間決定成長空間。這的確是根本的原因，思維決定命運。隨著研究的深入我更加發現，新加坡策略轉型的成功，更源於其顧客導向的思維與行動安排。

如何去尋找成長空間，是每個經營者都必須清楚的問題。在經歷了二十世紀九〇年代亞洲金融危機，二〇〇八年全球經濟危機之後，新加坡開始選擇轉型增長的路徑，當其思維方式轉變之後，成長的空間就被創造了出來。答案似乎是不言而喻的：應該在產業機會和市場機會的生長演變中去尋找成長空間。企業成長只能在其思維空間之內成長，新加坡確定了自己全新的增長方式之後，從移民政策、產業政策、投資政策、政府服務以及相應的一系列配套政策和服務安排方面全面展開，從二〇一〇年之後，我每一次到新加坡都會看到變化，感受到服務，並為其繁榮和蓬勃向上的氛圍所感動。

經濟學家熊彼特（Joseph A. Schumpeter）[13]的這段話可謂一針見血：「沒有發展就沒有利潤，沒有利潤就沒有發展，對於資本主義體系還必須補充一句：沒有利潤，就不會有財富的積累。」新加坡就是這類專注於創造利潤的實用主義者，善於借助一切服務和機會來創造並提升利潤。

在三十多年的時間裡，中國企業表現出來的短視、急功近利、拚殺價格的行為為數不少，這種價值取向曾在一個階段裡，讓中國企業得到快速的發展，在中國本土市場上因為價格優勢，成功地占領了市場。但是在海外市場，在中國市場上稱雄的模式沒有產生任何作用，究其原因是不同的思維方式導致了對於顧客和市場的認知差異。如果中國企業還是借助於中國市場的思維方式，只是圍繞著價格展開，而不是圍繞著顧客價值展開，其結果不言而喻。長期觀察中國的企業發展，並與發達國家跨國企業的發展相比，我還是感受到一些很特別的不同：跨國企業對於技術和人有著獨特的偏好，在持續創新、發掘人的創造能力上不遺餘力；中國企業對於成本和規模有著獨特的偏好，在不斷地降低成本、擴大規模上竭盡全力。前者的努力會讓顧客直接感受到，而後者的努力僅僅是企業自身的需要。

其中有兩種價值鏈思考方式：傳統價值鏈與現代價值鏈（見下頁圖3-3）[14]。

新加坡採用的恰恰是現代價值鏈的方式。以申請新加坡入境簽證為例，新加坡完全從顧客的立場出發，動用了完善的資訊系統，從提交申請到獲得審批，往往只需要兩個小時左右就可以得到結果，更令人驚喜的是在入境處，可以快捷地得到幫助並感受到那份歡迎和熱情，甚至如果身上沒有新加坡幣，坐計程車到酒店，可以直接和酒店結帳而無須去找兌換外幣的地方。從新加坡政府，到商業機構，再到每一個新加坡人，讓你切切實實感受到作為顧客所受到的歡迎程度，這也是二〇一〇年後新加坡逆市增長的根本原因之所在。

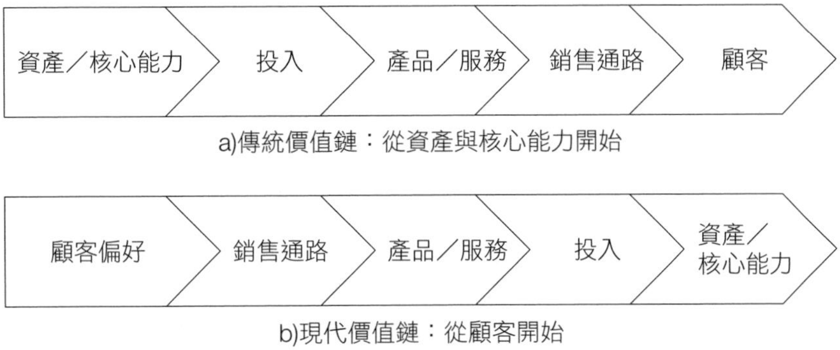

a)傳統價值鏈：從資產與核心能力開始

b)現代價值鏈：從顧客開始

圖3-3

資料來源：斯萊沃斯基，等。發現利潤區[M]。凌曉東，等譯。北京：中信出版社，2010。

稱雄市場之源

看看以下的個案。

一個家居用品商店的業務員打電話給顧客，詢問上週為新閣樓買的吊扇好不好用？顧客說，很好。業務員又問，還有什麼需要效勞。顧客說，餐廳的調光開關不靈了。業務員馬上說，今晚給你帶個新的來。成交金額：六．七一美元。商店利潤：零。這家公司是宜家家居，宜家家居的銷售額在過去五年中每年遞增了三七％，差不多是同業平均水平的三倍。最為關鍵的不是這家公司得到了增長，而是這家公司所做的事情：為顧客貢獻價值。

我又想起了另外一家美國公司，在美國房地產不是一個能夠增長的行業，但是恰恰有個叫作Build Net房地產服務商創造出奇蹟。在美國市場一般的建築商需要蓋精裝修房子，還附帶家具電器，利潤率為七％，經濟不景氣時利潤率不到四％。

Build Net對行業分析之後得出結論：競爭激烈使購房者不停地進行比價；購房者一般居住十五年，期間可能壞掉四萬件東西，而且平均一輩子換三次房子。對此Build Net找出了自己的策略，這就是關注服務價值：用最好的材料蓋最好的房子，以成本價出售，賺取其後十五年服務帶來的利潤，其他競爭對手無法應對。現在Build Net成為房地產服務商，原有十萬家競爭對手成為Build Net建築商；顧客超過千萬；供貨商超過一萬家；專注於服務提供，購房者不計較換電器零件的價格。

這兩家公司雖然是不同的企業，但是有一樣是相同的，這些公司銷售給顧客的是一種超級價值。而且不限於此，它更是一種不斷完善的價值。宜家家居的超級價值體現在對顧客始終如一的高水準服務和幫助上。Build Net關注的是住戶的服務價值。

這樣看來，企業能否在市場上成為主導者，最為關鍵的是找準顧客並為顧客貢獻價值。無論是製造型公司還是服務型公司，抑或技術型公司，這些都不重要，重要的是公司所面對的顧客是誰，為誰創造價值？很多人希望中國企業能夠從製造走向創造，我並不覺得這是一個很困難的問題，製造和創造並沒有本質的區別，如果製造能夠基於顧客的價值，這樣的製造本身就是創造，所以問題的關鍵不是製造和創造的區別，而是對於顧客價值認識的區別，換句話說：由製造提升到創造，只要能夠提升對於顧客價值的認識，就可以實現。

那麼顧客價值認識又應該如何提升呢？

曾經有學者研究過八十家領先市場的公司後，發現這些領先市場的公司的顧客可以分成為三類。

- 一些像3M、耐吉等公司的顧客，他們把產品的性能或者是獨特性看作價值的核心。
- 第二類顧客是諾德斯特龍百貨（Nordstrom）和安邦快遞（Airborne Express）等公司的顧客，他們多數看重個性化的服務和建議。
- 第三類是聯邦快遞和麥當勞的顧客。他們主要希望在保證價格與可靠服務的前提下，盡量追求最低價格。

借助這個研究的分類，可以看出公司提升顧客價值的方向可以是：

最低總成本；
最優產品；
最優服務。

這樣看來，從製造到創造可以有三個方向選擇。

第一個方向是用最低的成本提供產品以滿足廣大消費者的需求，正如沃爾瑪所做的努力一樣「總是用最低的價格銷售」。一個零售百貨公司，因為清楚地知道日用消耗產品對於顧客的價值就是最低的價格，因此獨創出全新的百貨業態，以全行業最低的成本使得自己在一個傳統的、微利的行業中脫穎而出並保持強勁的增長。

第二個方向是提供最有競爭力的產品，提升顧客的價值。這裡最出色的例子是三星。三星正如很多中國家電企業一樣是一個製造型公司，但是從一九九三年開始，三星由顧客需求出發，展開工業設計、數位技術、顯示技術等一系列變革，使得三星電子產品具有全球競爭力，更使得三星這個品牌成為全球電子第一品牌，用三星董事長李健熙的話來說，就是三星必須全心關注產品。

第三個方向是服務帶來增值。這裡面最出色的是ＩＢＭ，從葛斯納開始ＩＢＭ走上持續變革、服務增值的方向，從技術導向轉向顧客導向，從智慧地球到全球整合。這一系列的變革，使得ＩＢＭ從一個製造公司轉型成為一家服務增值公司，並引領著持續變革的潮流。

市場的主導地位，從根本上講是由顧客價值決定的，能夠為顧客貢獻價值，那麼你就是主導者，這也是企業和行銷所必須經由的道路。

4

產品的本質

產品是企業與顧客交流的平台，既是企業進入市場的前提條件，也是企業存活於市場的根本原因。產品是企業生命與品牌的承載體。

二〇一一年，達文西家具與奧的斯電梯（Otis）成為公眾關注的品牌，一個不爭的事實擺在我們的面前：企業賴以生存的東西到底是什麼？企業品牌所具有的真實價值到底是什麼？企業生命週期或者企業品牌的生命力到底靠什麼？不知道為什麼，我最近總是想起一件事，二十世紀八〇年代初，日本經濟學家小宮隆太郎來中國考察後發表一個令人吃驚的觀點：中國沒有企業[1]。三十年後上述這些現象讓我又想到了小宮隆太郎的觀點，究竟是什麼元素讓我們的企業無法成為真正的企業，而只能夠在競爭中苦苦掙扎？也許很多人會從不同的角度回答問題，但是我會想到一個關鍵元素，這個元素就是「產品」。

產品對於企業而言，既是企業進入市場的前提條件，又是企業在市場中存活的根本原因。如果沒有產品，企業就沒有了與顧客交流的平台，也就沒有了在市場中存在的理由，顧客在認知企業品牌的時候，感受到的正是企業的產品，如果不在這個元素上做出努力，反而在其他的地方花心思，一定會讓企業喪失自己的生命力。

產品是企業生命與品牌承載體

一九九三年的李健熙以「除了妻兒，一切皆變」為理念開始了十年的改革和鑄造品牌之路，三星這十年正好也是中國家電企業快速發展的十年，但是十年後的三星成為全球第一電子品牌，中國企業卻還無力進入全球市場並陷入困境。三星的十年路，中國家電企業二十年的路，讓我們不得不思考如何走出代工的困境，獲得企業真正的價值，這也需要認真思考什麼樣的企業，才能夠擺脫陷入困境的命運，成為一個「布局者」。像奇異（GE）那樣，二十年來海爾一直這樣做，但是無論比之奇異，還是三星，海爾都還有很大的距離，究竟是什麼元素讓我們的企業無法成為布局者，而只能夠在競爭中苦苦掙扎？也許很多人會從不同的角度來回答問題，但是總有一個關鍵元素，就會改變根本的格局，這就是「產品」。對於企業而言，產品既是企業進入市場的前提條件，又是企業在市場中存活的根本原因，如果沒有產品，企業就沒有了與顧客交流的平台，也就沒有了在市場中存在的理由。回答企業能夠生存的理由時，排在第一位的就是：企業能夠提供產品（服務）。所以能夠帶領企業離開競爭的第一個選擇方向是專注於產品。

專注於產品的生命

麥可．波特在研究典型亞洲跨國企業時，非常驚訝地發現，亞洲企業家把辦企業完全看作在做生意，而不是創造新產品和服務。但是，一個不能夠先想到產品內在的誠信、創新產品的企業家，是不可能把企業發展下去的。當達文西家具出現問題的時候，公司總經理面對大眾並沒有站在消費者的層面做出努力，僅僅是強調自己創業的艱難。當一個企業出現問題的時候，企業負責人如果不能夠擔當起對自己產品的責任，擔當起對消費者的責任，這個企業就開始離開消費者，沒有生存的理由，這是非常錯誤的選擇。雖然一部分人會認為達文西事件中所反映的是中國人對於「洋品牌」的偏愛導致這個結果，但是我並不認同這個觀點，消費者心理的認知的確是需要考量的因素，但是企業本身無論如何理解消費者，在產品上都必須專注於產品的生命力，而不是利用消費者認知。

三星打動我的第一個地方是它對於產品的專注和偏執，一九九三年李健熙曾經告誡三星人：如果我們與中國的家電企業做一樣的事情，我們一定輸掉，因為中國家電企業更有能力做到物美價廉，所以三星必須走另外一條路，走數位產品、高端產品以及技術領先的方向。三星大刀闊斧地剝離非核心業務，認準數位方向全力以赴，轉變為以高技術和尖端設計為核心，並以追求高利潤率和現金流的品牌生產行銷模式，結果獲得成功。

中國家電企業雖然也非常關注產品，但是對於產品創新的理解以及發展方向的把握，還是令人擔心。事實上產品擁有自己的生命特徵，如果企業不能夠全力發展產品的生命，賦予產品內涵，產品也不會發揮它核心的作用，企業與產品之間是生存和生命的關係，產品對於企業而言是企業生存的方式，企業對於產品而言是產品的生命創造者。企業和產品之間是相互依存的關係，只有賦予產品生命力，企業才有在市場中獨立存活的力量。

以質量和品質取勝的思考模式

一九九三年，李健熙提出了以質量和品質取勝的「新經營」，掀起了三星的改革高潮。[2]以後的歲月「新經營」帶領三星度過了無數的難關，並使三星成為全球矚目的公司。一九九七年亞洲金融危機使韓國的現代和大宇先後倒下，而三星卻因為李健熙推行的新經營順利度過。實行新經營十年後，三星成為韓國公認銷售額和淨利潤第一的企業，三星從三流企業一躍成為國際一流的企業。一九九二年，三星的稅前利潤只有二千三百億韓元，二〇〇二年則是十五兆韓元，上漲了六十六倍；同期間的負債率從三三六％減少到六五％；市價總值從三・六兆韓元增加至七十五兆韓元，上漲了二十倍之多，總利潤占韓國上市成長公司的六一％。而且三星品牌價值的增值率是一零八・四六億美元，躍升為世界第一。到了二〇一一年，三星更是從二〇一〇年世界五百強的第三十二名，一躍而上升為第二十二名，銷售規模也達到了一三三七・八億美元，再一次做到了強勁的增長。

質與量是企業直接面對的問題。面對這一問題，三星的做法值得借鑑。三星只保留最重要、最有盈利前景的核心項目，比如消費類電子產品、金融、貿易和服務等，而邊緣的、虧損的領域或者非核心的領域則一律放棄。對於企業，李健熙要求只追求企業的品質而非數量，不要虛無的框架，只要實實在在的利潤。這種「捨棄經營」的模式值得我們借鑑。在產品的品質方面，三星也拋棄當時盛行的「以數量為主」，積極推進品質經營。當有一款手機出現不合格產品時，三星將生產的十五萬台手機全部回收，員工們一起宣誓「絕對不會再製造這種產品」，並把它們全部燒燬。燒燬十五萬台手機，這需要非常大的決心。海爾走過同樣的路，以品質取勝的選擇也使海爾在中國家電行業中脫穎而出。

質與量是企業直接面對的問題。面對這一問題，很多企業都無法做到合理安排，因此導致二〇一〇年發生了「奧的斯品質」事件。相對於其他品牌而言，這個企業在技術、企業發展的歷史以及消費者認知方面都具有強勁的影響力，但是為什麼還是發生了人們不願意看到的品質事件，甚至傷害到消費者的安全。究其原因，就是過度追求規模增長，而忽略了企業對於顧客的承諾。

一旦企業以快速增長作為自己的追求目標，就會出現背離顧客的行為和結果，對於企業而言，追求企業的品質而非數量，不要虛無的框架，只要實實在在的利潤，「捨棄經營」的模式才是一個企業持續的生命力所在。在這個高度，這些企業管理回答的是產品問題，管理所要解決的問題是圍繞產品及其品質展開的，這樣的理解使得這些企業成為一流的企業而領先於同行，也使得管理真正承擔了自身的職責。是否以質量和品質思考，決定了企業的管理活動是否有效，也決定了企業在市場中的能力。

以顧客為本的產品設計原則

可口可樂二〇〇四年就努力進入中國鄉村市場，而在此之前可口可樂一直是在中國中心城市和一、二級市場。它為此開始做一個可口可樂的中國下鄉運動，因為這個運動就使得我們看到可口可樂在中國整體市場的延伸。寶僑公司在中國就有一個龐大的中國消費者研究部。在肯德基，你會發現它已經在口感、口味設計上，貼近中國人的喜好，有「老北京肉卷」、「翡翠芙蓉湯」等產品先後出現。這一系列的現象，表明這些領先的跨國企業共同在關注一個問題，這個問題就是如何讓產品直接代表顧客，並因此而具有優勢。

李健熙的產品觀：強調設計要以人為本。他認為以往三星電器的遙控器設計過於複雜，因為技術人員沒有考慮使用者的方便，他提出要設計出容易握在手上，而且只有開啟和關閉功能，操作簡單的遙控器。這一細節凸顯三星產品的人性化設計理念。產品的最終消費者是人，如果企業只是研究市場開發產品而不考慮消費者的需求，這個產品就無法打動消費者。

賈伯斯的產品觀：「如果你是正在打造漂亮衣櫃的木匠，你不會在背面使用膠合板，即使它朝著牆壁，沒有人看見。但你自己心知肚明。所以你依然會在背面使用一塊漂亮的木料。為了能夠在晚上睡個安穩覺，美觀和品質必須貫徹始終。」這是蘋果產品創造奇蹟的原因，也是值得人們借鑑和學習的核心。

中國企業一向以自己的產品能夠低成本在本土市場中競爭感到驕傲，大部分中國企業在本土市場用低價策略與很多跨國企業進行競爭。這種比較優勢，使得中國企業在以往的時間裡可以真正面向市場。但是，如果僅僅以成本而言，隨著跨國公司在中國建立生產基地和全球化採購策略，低成本優勢已經不再具備。所以成本並不是產品的關鍵，產品的關鍵是對於顧客價值的體現，沃爾瑪「顧客永遠是對的」的經營原則，使得這個公司做出了一系列的創新來實現這個經營原則，沃爾瑪帶領整個百貨業態的改造，開架銷售、二十四小時營業、連鎖經營、倉儲式銷售、會員店、全球定位系統的推出，使顧客獲得了最優廉的商品，並帶來了全球百貨業的興旺與發達。真正影響企業持續成功的主要重心不是公司的策略目標，也不是發展策略的流程，而是專注、集中焦點為顧客創造價值的力量，這個力量最為直接的體現就是企業的產品。

但是，在企業實際工作中，為順應來自各部門的需求，資源經常分散，忽視了集中焦點於為顧客創造價值這個關鍵基本元素。必須再次提醒企業，聚焦於為顧客創造價值是企業成功關鍵中的關鍵，應該專心致志於為顧客創造價值的能力不斷成長，根據顧客的價值需要來發展策略，讓顧客價值成為企業產品的起點、企業服務附加價值的起點、企業策略的內在標準、企業行為的準則。

產品是企業理念的詮釋

最近幾年，人們不斷探究蘋果公司創造奇蹟的原因，為什麼蘋果的產品可以改變整個行業，甚至整個市場和世界。因為蘋果，人們很自然地把上帝、牛頓和賈伯斯並列在一起來談論，這的確是一件令人意想不到的事情，的確因為蘋果公司的產品，產生出這樣神奇的效果。讓我們來看看賈伯斯怎樣評價自己的產品。「我們不做市場調查。我們不招收顧問……我們只想做出偉大的產品。」、「專注和簡單一直是我的祕笈之一。簡單比複雜更難做到：你必須努力理清思路，從而使其變得簡單。但最終這是值得的，因為一旦你做到了，便可以創造奇蹟。」[3]看到這裡，我們就不難理解蘋果產品為什麼能夠那樣深入人心，在一個極其複雜技術的背後，呈現出簡約時尚的產品，這正是今天人們對於產品的期待，而賈伯斯所帶領的蘋果公司做到了。

在技術同質化的今天，產品本身需要更多地體現企業的理念，也更需要產品具有企業領袖的價值取向。我一直很喜歡農夫山泉，因為這個產品有著企業領導者對顧客負責的價值觀。我也很喜歡香港的星光集團，這個印刷企業的領導者堅持「八不印」，看星光的產品你一定可以感受到企業領導人的社會責任感。因為企業的理念在產品上的體現，你可以區分不同的產品，同樣是家電產品，人們會接受海爾，因為產品意味著服務；同樣是手機，很多人會選擇蘋果，因為產品意味著時尚與互動；同樣是汽車，一些人會選擇賓士，因為賓士意味著成功的商業人士，而另外一些人會選擇寶馬，因為寶馬意味著成功及其年輕。每一個可以區分的產品正是源於產品對於企業理念的詮釋。

企業如何詮釋自己的理念是非常重要的事情，人們之所以對於中國的乳業企業有很大的不信任，大部分的情況下是因為這些企業的理念不好。整個中國乳業，在理念的詮釋上，都會強調：品質、原材料來自於大草原、可控的生產過程、綠色的標準。這些理念元素的確是大家期待的，也是必需的，但是，當三鹿公司的產品給幼小孩童帶來痛苦的時候，這些詮釋理念的概念顯得如此蒼白，真正讓消費者感受企業理念的是企業的產品，每一個可以區分的產品正是源於產品對於企業理念的詮釋。同樣的情況又發生在達文西家具、奧的斯電梯上，我相信這兩家企業的理念在概念上是很好的，但是需要知道的是，企業的理念並不是只用概念來詮釋，而是透過企業的產品來詮釋。

寫到這裡，我還希望大家能夠向三星的李健熙學習。李健熙自己的家裡是一個電子產品實驗室，公司的新產品和其他對手公司的產品，他第一時間試用。三星鼓勵公司同仁使用其他品牌的電器以取他人之長。保持和時代同步、吸取同業的優點也是三星人的優勢之一。我們很多企業明確規定一定要用自己的產品，當然能夠使用自己產品也是很好的做法，但是比較三星來說，我們還是相差了很大一截，因為能夠學習同業的產品，無疑是對自己企業的產品提出更高的要求，沒有對別人的理解，不可能真正理解自己，這句話放在產品上也是同樣成立。只有充分理解同業的產品，才能夠充分理解自己的產品。而這種欣賞同業的學習能力，正是創新的真正來源。反過來，如果僅僅侷限在自己的產品上，不但不能夠了解產品本身，更可能失去創新的來源，使得企業的員工遠離市場和顧客。所以，我並不提倡企業員工一定要使用自己企業的產品，相反我也很贊同李健熙的觀點和做法，鼓勵企業員工使用同業的產品，在使用的過程中體會同業產品與自己企業產品的差異，以尋求新的突破。

產品是一個需要持續關注、付諸行動的東西，同時更是企業與顧客連接的平台，只有持續關注產品品質的企業，才是能獲得顧客的心的企業，也正是與顧客交心，企業才能夠保持持續的領先地位，一個能夠真正體現顧客價值的產品，一定能帶領企業走上持續發展之路。

產品意圖

策略控制企業命運，因此人們總是非常明確地要求企業確定自己的策略，這是明智的選擇。但是明確了策略的公司，並不都能夠在競爭中獲得有利的地位，原因到底是什麼？隱含在策略之後的關鍵要素又是什麼？

認識產品意圖

在今天，中國許多企業都在為力求超越全球競爭對手的優勢而努力奮鬥，人們不斷地關注生產力成本，不斷地關注供應鏈體系的建設，不斷地尋求技術的突破，甚至為了獲得有利的競爭地位，開始嘗試建立策略聯盟。在欣賞這些努力的時候，也同時感受到我們幾乎都未能超出模仿的範圍，許多公司發展到幾百億的規模，但也僅僅是創造出國際上競爭對手早已擁有的成本與品質方面的優勢。當我們對自己企業的進步歡欣鼓舞的時候，國際競爭對手已經早已放棄這些，進入一個全新的領域，這個全新的領域到底是什麼？

這些具有優勢的國際企業尋求的是另外一種策略，與我們傳統意義上的理解完全相反。這一根本的不同需要我們做出積極的思考。這十年來我一直收集關於策略、競爭優勢和管理角色的不同觀點，最後我認同了蓋瑞・哈默爾（Gary Hamel）和普哈拉（C. K. Prahalad）[4]的觀點，他們認為策略有兩種相反的方向，一種是西方管理普遍認可的，即中心是保持策略的適應性；另一種中心是讓資源產生槓桿作用。雖然這兩種策略的方向不同，但是兩者都能清楚地意識到，運用有限的資源在充滿敵意的環境中進行競爭這一問題，前者強調挖掘可持續的內在優勢，後者強調必須促進企業學習如何透過創建新優勢而超越競爭對手。

先回顧一下歷史：一九七〇年，沒有幾家日本公司擁有原材料基地、製造規模，或者美國的先進技術、歐洲的產業基礎、世界市場的品牌。本田公司比美國通用汽車公司小，還沒有向美國出口汽車。佳能公司最初帶有遲疑地涉足影印機技術時，規模與價值四十億美元的全錄公司相比，小得可憐。但是在今天，本田公司幾乎為世界製造了與克萊斯勒公司一樣多的汽車，佳能公司已占有與全錄公司一樣的世界市場占有率。這令人著迷的現象，一定有著內在的要素，我把它稱為「產品意圖」，（這個想法的產生受蓋瑞・哈默爾和普哈拉「策略意圖」[5]的啟發）。這些弱小的公司能夠經過二十年的努力一躍成為與大公司並駕齊驅的公司，就是因為它們擁有明確的「產品意圖」：將企業組織的注意力集中於產品成功的本質；透過產品傳遞企業的價值；將員工與產品連接在一起從而激發活力；讓產品成為連接個人與團隊的價值紐帶；當環境發生變化的時候提出管理的新定義以保持熱情；運用產品意圖並始終如一地指導資源配置。

可口可樂是一個產品意圖非常明確的公司，公司清晰地表達了自己的意圖：「買得到，買得起，樂得買」的「三買策略」。沿著這條產品策略，可口可樂公司不斷地尋求展示這一意圖的所有方法，這家公司努力在全世界能夠讓每一位消費者都能「伸手可及」地喝到可樂，培育分裝、經銷體系，不斷與全世界的消費者溝通，從而成為全世界最為著名的企業。

同樣成功的是微軟公司，微軟的產品意圖表現為「為世人提供一個看世界的窗口」，所以微軟一直致力於操作系統「傻瓜化」，微軟所做的努力給微軟帶來了無窮盡的未來。相同的例子是阿里巴巴，阿里巴巴所創立的交易平台，幫助商家獲得了直接的服務，而淘寶與天貓商城更提供給眾多買家便捷的平台，阿里巴巴以平台服務的方式體現產品意圖，結果從眾多的同行中脫穎而出，成為今天行業的領導者。

透過產品傳遞公司價值

公司價值如何展示一直是企業必須解決的問題，沒有價值的公司是無法存活的，有價值的公司用什麼方式傳遞價值又是一個非常難以選擇的問題，恰好產品能夠在其中發揮作用。研究企業的成功，很多人從企業策略入手，但是我更傾向於從產品入手。很多公司在確定產品的價格時，沒有理解產品本身並不體現價格，而是體現公司的價值追求。如果僅僅從產品價格去理解市場，只能夠導致企業在市場上陷入競爭的困境，這也是中國企業目前普遍的問題。只有從公司的價值追求出發，透過產品傳遞公司的價值，才可以讓顧客和企業之間建立一種價值選擇關係，一旦建立起這樣一種價值選擇的關係，企業就可以回到顧客的價值追求中做出貢獻。

小米手機就是一個很好的案例[6~10]。小米公司（全稱北京小米科技有限責任公司）專為愛好者和手機控打造一款高品質智慧手機。雷軍是小米的董事長兼ＣＥＯ。手機ＩＤ設計全部由小米團隊完成，該團隊包括來自Google中國工程研究院原副院長林斌、摩托羅拉北京研發中心原高級總監周光平、北京科技大學工業原設計系主任劉德、金山詞霸原總經理黎萬強、微軟中國工程院原開發總監黃江吉和Google中國原高級產品經理洪鋒。手機生產由英華達代工，手機操作系統採用小米自主研發的ＭＩＵＩ操作系統。手機於二〇一一年十一月正式上市。

小米公司創始人雷軍在談及為何做小米手機時說，就目前發展趨勢看，未來中國是行動互聯網的世界。智慧手機和應用程式會承載用戶的大部分需求，雖然過去的很多年，花了很多錢買手機，從諾基亞、摩托羅拉、三星，到現在的iPhone，在使用過程中都有很多諸如訊號不好、大白天斷線等不滿意的地方。作為一個資深的手機發燒友，深知只有軟硬體的高度結合才能有好效果，才有能力提升行動互聯網的用戶體驗，基於這個想法和理想，又有一幫有激情、有夢想的創業夥伴，促成了做小米手機的原動力。

小米手機已於二〇一一年十月二十日產量出貨，只接受網購。小米公司擬定了先滿足九月三十萬訂單客戶，然後再廣泛出售的策略。截至十二月十七日已出售三十萬二千六百零一台。十二月十八日限量十萬台發售。二〇一二年一月四日中午一點整開始，第二輪開放購買正式開始，十萬台小米經三小時瘋搶後，售罄！為了滿足廣大「米粉」，二〇一二年一月十一日又放出五十萬台，與前兩次不同的有兩點：①此次開放購買，每人預付一百元人民幣；②成功購買後，贈送小米會員後蓋一個！約三十五小時搶購，五十萬台再次售罄。此次成功訂購的小米手機會從二月一日開始發貨，發貨前三天會收到簡訊通知付餘款。

看看當時的最新動態：二〇一二年五月十八日，小米公司新產品——小米手機青春版正式上線，售價僅一千四百九十九元人民幣，正式接受預定後，報名人數超過七十五萬，但是官方在五月十八日開放購買的時候，僅限量供應十五萬台！[11]

員工與產品連接激發真正的活力

如何激發員工的活力更是企業關注的根本性問題，人們從不同的角度思考這個問題，更多的企業選擇激勵機制、企業文化建設和創造全新的組織環境。我同意這些努力都是必需的，但是並不是這些努力做到了，員工的活力就被激發出來，甚至更加讓人們覺得困難的是，激發出來的活力也只能保持一段時間，等過了一段時間員工又呈現原有的狀態無法改變。但是觀察有活力的公司，發現一個令人振奮的現象：活力來自於員工與產品的互動。

比如3M公司，這是一個被人認為具有活力的公司，員工們津津樂道於全新產品的開發，每一個員工都以能夠創新產品為榮，公司上下都在不斷釋放出熱情。同樣具有活力的公司是美國西南航空。這家小型航空公司，在簡單樸實的機艙裡創造出快樂享受的旅程，創造了連續二十多年的持續增長和盈利，更重要的是創造了顧客全新接受的航空模式。雖然公司員工的收入不高，但是因為每位員工都是西南航空服務產品的代表，所以每一個員工真心感受到快樂所帶來的幸福，從而激發每一個員工給顧客帶來快樂的力量，讓產品成為連接個人與團隊的價值紐帶。

我一直很感興趣青島港的「許振超現象」[12]。許振超是一個普通的碼頭貨櫃裝卸工，當有一次總經理告訴許振超裝卸貨櫃的世界紀錄時，許振超決定挑戰這個世界紀錄，他與總經理約定要打破這個領域的世界紀錄，結果許振超真的就刷新了這個裝卸貨櫃的世界紀錄，成為這個領域的「世界冠軍」。這是一個讓人激動的例子，當裝卸記錄成為許振超和總經理之間的約定時，青島港和許振超創造了裝卸領域的超人價值，換個角度說，當產品連接個人與團隊的時候，個人和團隊都會產生價值。

環境的不確定性已經成為常態，這是我近幾年來不斷強調的觀點。但就是在這個不斷變化的環境中，仍然有很多公司一直保持旺盛的發展聲勢，一直處在領先者的地位，人們不斷地找尋它們成功的機制，不斷尋求這些成功公司內在的邏輯。我在分析這些企業之後發現，這些成功企業的發展邏輯是：基於變化重新定義管理而保持熱情。

整個二十世紀六〇年代到九〇年代初期，日本人透過注重低成本、高品質和生產率，悄悄地創建了製造強國。美國公司別無選擇，只能夠靜下心來研究如何轉型，企業領導人被迫把精力集中在經營業績上，在這個時代的代表人物是奇異的傑克．威爾許（Jack Welch）。他將一個平庸乏味的工業企業集團轉型為充滿活力的服務型企業，使得奇異成為精密的增長機器，擁有先進的管理模式，特別是核心業務單位策略的計畫管理，帶領奇異成為全世界價值最高的公司。

主宰九〇年代後期管理思想的四大信條是：商業模式創新、生產力、速度和股東價值。比爾．蓋茲擁有了這些特徵，他是「速度之父」，在他主導下，電腦成為每個人必需的工具，他用創造性的商業模式，把一個少數大企業支配的市場轉變為一個開放的舞台，新的商業機會不斷湧現，價格不斷下降。當環境變化的時候重新定義管理，讓新的產品意圖激發全新的激情。到了二〇一〇年，互動與價值網絡成為核心價值，賈伯斯擁有了這些特徵，在賈伯斯的執著和創新中，對於產品和產業的全面維新變革，締造了蘋果、ＩＢＭ以及小米手機等一大批創新的領導者，並締造出全新的產品，提升了人們的視野。

產品承載「精神」

現在的消費不再是純物質的消費，人們所需要的是透過消費來滿足精神的追求。市場上湧現出許多高精神含量的產品和服務，足以說明這個現象。

觀察市場不難發現，可以成功的產品都要和顧客的內心產生共鳴。消費者要透過產品消費達到價值認同。最常見的做法就是在功能之外提供精神上的愉悅。例如快速擴張的「真功夫」，除了享受餐廳本來就提供的服務（食物）外，還可以讓人們聯想到李小龍的真功夫，身在其中，顧客多了些想像的空間與趣味。到北京，正院大宅門裡感受到宮廷的氛圍，無論是門前的格格，還是店裡的設計，古樸的擺設，加上京劇的渲染，顧客就直接在「宅院」的場景裡多了不同的體驗。

體驗與想像

丹麥未來學家羅夫・錢森（Rolf Jensen）在二〇〇一年出版的《夢想社會》（*The Dream Society*）[13]中認為：「我們可以這樣說，一九九九年是個臨界點，是歐洲和美國開始明顯發現資訊時代不會延續下去的時點。換句話說，人類即將進入新紀元——一個以故事為主導的年代。我們將從重視訊息過渡到追求想像！」

羅夫・錢森舉了雞蛋的故事來說明這點。他說，在一九九〇年，幾乎所有丹麥人都購買在工業化農場生產的雞蛋，只有少數選擇天然農場的雞蛋，畢竟自然生產的雞蛋的價錢是「工業」雞蛋的兩倍。及至一九九九年，在丹麥超市的雞蛋竟有一半來自自由放養的雞群。產品一樣，味道也一樣，甚至實驗室都找不出兩者之間的分別。顧客就是渴望天然、有鄉村情懷和動物福利的浪漫，他們寧願為此付出代價。由此可見，「我們現在選擇那些包含感人故事的產品」。

他也描述著名美國菸草品牌萬寶路（Marlboro）的故事，這是德國旅客購買到美國西部荒野刺激的冒險經歷。萬寶路在世界各國，和在德國與美國情況一樣，不僅是香菸而已，還是個完整的故事，萬寶路的故事包括有個性的衣服和冒險旅行。這個關於美國西部曠野故事倡導獨立的價值，冷靜、鍥而不捨的個人力量，這些價值早已透過無數產品和服務體現出來。羅夫・錢森的結論是「當我們購物時，事實上我們在商品內尋找故事、友情、關懷、生活方式和品性。我們是在購買感情」。

的確，一個產品如果不能夠附著人們的想像力和嚮往，這個產品就無法存活下來，也許我們可以用「情感」、「精神」、「夢想」等一系列的概念來詮釋它，但是這一切都在描述著一個根本的事實，那就是具有靈魂的產品，而不是一個簡單的功能和結構。二〇一〇年年底兩部中國電影風靡各大院線，一個是姜文的《讓子彈飛》，一個是馮小剛的《非誠勿擾2》，兩部電影的票房都創造了中國電影的奇蹟。這兩部電影之所以產生如此巨大的商業成功，究其原因是，很多人都在這兩部電影裡有了情感或者心理上的共鳴，每一個進入影院的人，無論是年齡、生活背景以及閱歷都不同，都可以在這兩部電影裡找到自己的思緒和情感的宣洩。甚至《讓子彈飛》引發了無數的網路語言，而《非誠勿擾2》中引用的一首小詩也成了時尚的語言。

相比之下，張藝謀的《山楂樹之戀》並沒有獲得預期的成功，因為這部片子只能夠讓二十世紀五〇年代和六〇年代的人產生內心的共鳴，而除了這些人之外，年輕人無法和這個影片產生互動和交流，甚至在電影院出現讓媽媽級的觀眾熱淚盈眶，而孩子級的觀眾無動於衷的情形，從影片的畫面、人物以及故事情節的安排上，你完全可以對張藝謀放心，但是放映的結果就是這樣，因為現今看電影的主流人群無法和這個電影產生共鳴。

人們消費的產品，已經不再是產品本身，而是消費者情感和期望本身，消費者把自己的想法、期望甚至夢想折射到產品上，希望借助於產品來寄託、感受甚至宣洩自己。瑞士手錶深諳此道，在瑞士所誕生的這些著名的手錶品牌，並不是一個時間的刻度，而是深邃、守約、精準以及典雅的象徵。當腕上帶著其中一款瑞士手錶的時候，消費者內心中所感受到的已經不再是時間，而是承諾和確信。傳統的手錶產業，因有著個性的追求，越加煥發出時代的光芒，並具有了永恆的時間價值。

西部超導與「人造太陽」

二〇〇三年成立於西安的西部超導科技公司[14~16]，是中國參與的全球規模最大、影響最深遠的國際大科學工程計畫——「國際熱核融合實驗反應爐」（簡稱「ITER」）的合作方，作為重要的實物製造及材料供應方，主要承擔總計畫九%實物貢獻部分的磁體、線圈、供電等零件製造任務，均為核心技術。經過嚴格的評審，專家們一致認為，西部超導科技公司生產的NbTi和Nb_3Sn超導線材，各項性能指標優異，具有較高的穩定性，品質保證體系完善，已全面達到ITER供貨標準，具備了開始第三階段大批量生產的條件。

這個偏居西部內陸、成立不過八年的企業，是如何將「西安元素」注入國際最大科技合作案「人造太陽」計畫的呢？第一個原因是它們擁有參與「人造太陽」的強大信念。國際熱核融合實驗反應爐（ITER）計畫是二十一世紀最雄心勃勃的能源科技合作計畫，它仿照太陽發出能量的原理，將為人類提供用之不竭的能源，因而，該計畫又被稱為「人造太陽」計畫。二〇〇三年二月，中國正式加入ＩＴＥＲ計畫，與歐盟、日本、俄羅斯和美國等世界科技強國一起成為ＩＴＥＲ計畫的成員國家之一。恰在這一年，西部超導材料科技有限公司在西安誕生了。

超導材料不僅是熱核融合實驗反應爐的關鍵性材料，同時在醫療、交通、軍事、通信等諸多領域，都有廣泛的應用，已開發國家早已相繼開展了超導材料的商業化製造。為實現中國超導材料的產業化，一批海外歸國學者、中國境內專家和技術人員，共同組建起了西部超導最初的創業團隊。

劉海明副總經理回憶道：「我們最初的目標就是希望以超導線材來參與ＩＴＥＲ計畫。創新團隊當中不少人在海外已經有所成就，收入待遇非常好；國內的人員都在科研院所，待遇優厚。做這件事，大家都是共同的目標。」劉海明副總經理當時就職於西北有色金屬研究院，簽了一張承諾書，就放下了科研單位的「鐵飯碗」。

西部超導成立之時，「人造太陽」計畫還在醞釀，而國際熱核融合實驗反應爐的選址都尚未確定。在諸多的未定因素下，敢於以參與「人造太陽」計畫作為公司成立的目標，不僅是西部超導策略眼光和市場敏銳性的體現，更反映出超導公司團隊「報效祖國，服務人類」的堅定理想信念。「我們始終懷著『報效祖國，服務人類』的理想。能源問題是人類社會發展必須要解決的問題，作為國家培養出來的技術人員，都飽含著報國的熱情，希望為國家做出自己的貢獻。」談起西部超導的創業歷程，劉海明的話語中依舊充滿著激情。

二〇〇四年十一月，西部超導一期工程正式投產，受到國際超導技術領域的高度關注。國家科技部評價說，西部超導公司的建成投產，是中國超導技術發展的一個重要里程碑，標誌著中國低溫超導材料正式拉開了產業化的序幕。從此，中國擁有了國際化、專業化、具有自主知識產權的超導產業，國際上能同時生產超導棒材和線材的企業目前只有西部超導一家。

二〇一〇年十二月二十日，西部超導參與「人造太陽」計畫的夢想終於實現。中國國際核融合能源計畫執行中心代表國際ＩＴＥＲ組織，與西部超導簽署了總量約二百一十噸，價值六億元人民幣的超導線供貨合約。「這標誌著由西部超導承擔的ＩＴＥＲ項目線材供貨任務將正式進入實施階段，同時也意味著這樣一個企業，代表著西安、陝西，乃至中國，在新材料、新能源領域的自主創新能力及生產技術已充分達到了已開發國家水準，具有了世界領先的核心競爭力！」簽約儀式上，中國國際核融合能源計畫執行中心主任羅德隆的評價飽含著對西部超導的讚譽。

西部超導的研發方向就是面向市場需求，尋找市場空白，做別人做不了的東西，要做到中國空白，國際領先。在西部超導，研發投入歷年來都占到了銷售收入的一〇%以上，二〇一〇年，研發經費達到五千萬元人民幣。短短幾年時間，公司已獲得授權專利二十餘項，申請發明專利八十項。新產品研發已經成為公司高速增長的強大動力，僅二〇一〇年新定型產品的產值就占了公司總產值的八〇%以上。

西部超導的目標是「百年老店」。為此，他們堅持的產品理念是：現在的產品永遠是低階的。西部超導的人認為，「假如自己不主動淘汰現有的產品，不研發新的高階產品，市場就會把企業淘汰。」

差距的來源

人們一直在關注中國企業和西方跨國企業之間的差異，很多人說差距源於技術、資金以及經營歷史。但是我想對於顧客而言，根本的差距其實是產品的差距，不是產品功能上的差異，是產品給予顧客價值感上的差異。那麼產生差距的緣由是什麼呢？其實就是產品所承載的「價值之差」。

飲料是最通常的產品，但是可口可樂卻能夠讓每個時代的人集聚在它的周圍，超越時代、距離和地域甚至文化，這個產品連接不同消費人群的就是它所給予每一個顧客「擋不住的感覺」。可口可樂的市場總價值中情感實體遠大於物質實體，罐裝飲料廠、貨車、原材料和建築物這些有形物質資產，對於可口可樂公司和華爾街來說，比不上全世界顧客對這一品牌的好感重要。換句話說，可口可樂公司所創造的顧客忠誠度在未來難以估量，要量化這一部分的資產負債即使讓最出色的財務長都無法完成，而價值的確就在那裡。

在北京首都國際機場T3航站樓，只要時間足夠，我都會到哈根達斯（Häagen-Dazs）店裡坐一會，吃吃哈根達斯冰淇淋，讓緊繃的生活即便是在飛機場的候機廳裡也能鬆弛下來，享受瞬間的美好。試想一下，哈根達斯其名稱本身，甚至它的標誌，都能夠讓人觸覺到美。是的，它代表冰淇淋。但是，所有喜歡哈根達斯的人都知道它更代表美好的感覺。

對於那些和人們生活融合在一起的產品，已經不能夠簡單地稱為「產品」，常常會把這些產品和生活方式等同一體。二十世紀五〇年代，在摩托車行業，日本摩托車便宜可靠，使用者的褲子不會沾染油脂，日本企業的競爭使得美國許多公司停產，甚至威脅到其他歐洲品牌。當時美國哈雷摩托是美國剩下的唯一摩托車生產者。但是在一九九九年，卻開始出現新現象，美國又重新生產美國樣式的摩托車，比起日本的競爭者，美國的歷史更善於給摩托車創造某種類型的故事，這讓哈雷摩托依然保留著強勁的競爭地位，在富裕的社會裡，摩托車不僅是交通工具而已，還可以告訴別人許多故事，諸如展現車主的品位、風格等無形的價值。哈雷摩托不僅是一部摩托車，更大程度上是個性和理想的化身，是某種生活方式的表達。

二〇〇九年十月，在廣州，每一天早上會看到「跑起來」的運動，這是耐吉（Nike）在這一年所牽動的全民運動，看到一雙雙踏著耐吉跑鞋不斷運動的人群，可以感受到健康、快樂和陽光，這就是耐吉所追求的。菲爾．奈特（Phil Knight）推出耐吉品牌後，將運動健身的靈感與渴望達到價值水準的創新性產品展示結合起來。例如耐吉的氣墊運動鞋，耐吉本來可以花上千萬美元宣揚產品的價值，這種運動鞋在鞋跟薄而柔韌的膜中裝了氣墊，外面包著成型的腳框架，並附有一種動力健身系統。但是耐吉只簡單地展示了一下產品，卻與顧客在更深、更鼓舞人心的層次上做了交流，讓人在更廣闊的運動健身世界裡了解這一產品的真正意義，這超越了產品本身，讓人感動。

上述這些產品可以和顧客連接在一起，就是因為它們具有了顧客所要的價值，可以說產品就是顧客想像和期待的載體。按照密西根大學商學院教授普哈拉（C.K. Prahalad）及凡卡・雷馬斯瓦米（Venkatram Ramaswamy）[17]的說法，權力鐘擺向顧客的移動使產品「不過是一種顧客體驗」。就像柏拉圖所認為的那樣，人們在日常生活中體驗的任何具體事物的各個面向都存在著該事物的「理念」，是「理念」使事物更長久，甚至擁有永久的意義。

事實上，追求想像的未來已經浮現。星巴克的咖啡嚴格來說是飲料，人們前往星巴克的真正理由，是需要一個屬於自己可以享受的時間，因為人們渴望屬於自己。換句話說，獨立才是消費者要的東西，咖啡和咖啡廳只不過為人們提供一個場地和陪襯工具而已。因此，你可以在北京東方廣場的星巴克裡，在香港海港城的星巴克裡看到安靜看書的年輕人，在一個繁華的購物廣場，在喧鬧的人群中看書寫作業，這就是星巴克的魅力。

中國等了十年的創業板終於開閘，一夜而誕生的眾多億萬富翁讓中國人興奮和羨慕。我關注到「探路者」這家做戶外運動服飾的公司，資本市場上的神話我並沒有多大的興趣，真正可以讓我關注的是這家公司對於生活方式的認識，對於產品與生活意義之間關聯的認識。在今天，戶外運動所展現的就是一種跨越、融入自然、自我主宰的生活方式。與「探路者」關注戶外相反，一些企業關注到人們的疲憊和需要「慢生活」的意願，應運而生的是養生產品。我們可以把這樣的追求稱為個性的生活風格市場，這個生活風格市場的持續成長，無關物質的追求，而是驅向感覺的塑造。

如果企業還是只單看自己的產品，顯然是落後了。產品僅是載體，打動顧客的是「內涵」，是企業所要傳遞的企業價值和追求。許多企業需要做適當的反應和調整，當消費者購買產品時，就等於購買這品牌所代表的某種信念和態度，產品反而是隨著購買這些觀念而來。所以企業必須了解到產品是企業價值的載體。

從企業所追求的價值出發，而非產品本身出發，就是優秀企業和一般企業之間的差距。隨著技術和市場的開放，產品之間功能上的差異不會有太大的差異，但是顧客感知價值的距離會非常巨大，就如二十萬的汽車和二百萬的汽車，在行駛功能上不會有太大的差異，但是在駕駛的樂趣、擁有的感受上，以及一系列相關的聯想上卻會有非常大的差異，而這二百萬元的支付正是這些「核心價值」在起作用。給產品賦予「生命的意義」，是中國企業縮小與世界優秀企業之間距離的根本選擇。

5

服務的本質

服務是企業尋求行銷創新的一個有效方法，但是服務如果不能增值，服務沒有任何意義。服務是行動而非形象，服務是承諾而非態度。服務就是給顧客意外的驚喜。

服務是中國企業尋求行銷創新的一個有效方法，如阿里巴巴、海底撈和招商銀行等很多中國企業以服務取勝，獲得了非常好的效果。但是認真評價中國企業所做的服務實際績效時，卻發現一個奇怪的現象，大多數中國企業的服務不是增值，相反是用服務來彌補產品的不足，服務並未帶來產品的附加價值。如果不能增值，服務就沒有任何意義。

「在這十年裡，服務將會步入產業的前沿」，不記得什麼時候在自己的讀書筆記上記下這句話，這句話可以說明服務對於現今各個產業變化的影響。許多曾經被視為製造業巨頭的企業，已經開始把它們的注意力轉向服務業。ＩＢＭ是其所處業內的領先者，葛斯納先生剛上任時斷言，在未來的十年裡，資訊技術產業內服務會成為市場的主導，而不是硬體和軟體，在一定程度上實現「硬體和軟體都在服務的包裝下進行銷售」。一本ＩＢＭ公司的小冊子上寫道：ＩＢＭ是世界上最大的服務企業。從二十世紀九〇年代中期開始，服務就開始成為ＩＢＭ成長策略的主導，而且在二十一世紀的第一個十年，這種情況仍在繼續。ＩＢＭ透過其全球服務分部在全球提供產品支援服務、專業諮詢服務和雲端運算服務。許多企業已經開始向ＩＢＭ外購整套服務職能，因為ＩＢＭ提供的服務比其他公司都要好。

我們確信服務經濟是真的到來了。一九九九年，美國服務業的就業人數占總就業人數的八〇％，所創造的價值至少占美國國內總產值的七八％。服務業在世界各國已經逐漸成為一個主導力量。在製造業和資訊技術產業中服務是必要的業務；汽車、電腦和軟體等製造業與資訊技術產業也已認識到進行全球競爭需要提供優質的服務。它們的大部分利潤來自於服務。傑克・威爾許在奇異公司發動了一場名為「第三次革命」的運動，旨在把奇異的增長率增加到兩位數。第三次革命的重點之一，是推動奇異更深入地進入服務業。

我們更清楚服務等於利潤。從二十世紀九〇年代中期開始，企業對於服務策略的可行性就有了顯著的需求。學者們也構建了一個可靠的方案，即適當實施的服務策略可以帶來大量利潤。這比關注成本節約或者希望同時實現這兩方面的能夠實現更多利潤。

服務認知

兩位著名學者約瑟夫・派恩（B. Joseph Pine II）和詹姆斯・吉爾摩（James H. Gilmore）[1]在世紀之交借一本書指出了體驗經濟（experience economy）的來臨。書中一開始就講了一個故事：經濟的演進過程，就像母親為小孩過生日、準備生日蛋糕的進化過程。在農業經濟時代，母親是拿自家農場的麵粉、雞蛋等材料，親手做蛋糕，從頭忙到尾，成本不到一美元。到了工業經濟時代，母親到商店裡，花幾美元買混合好的盒裝粉回家，自己烘烤。進入服務經濟時代，母親是向西點店或超市訂購做好的蛋糕，花費十幾美元。到了今天，母親不但不烘烤蛋糕，甚至不用費事自己辦生日晚會，而是花一百美元，將生日活動外包給一些公司，請他們為小孩籌辦一個難忘的生日晚會。這就是體驗經濟的誕生。書中提到的服務經濟時代，服務是附屬於產品、幫助產品創造價值的。而到了體驗經濟時代，服務本身成為關鍵性的增值部分。我們正處在這個時代，所以必須認識服務的兩個基本特徵：行動、承諾。

服務是行動而非形象

在一次EMBA的課程中，我和同學們討論服務與形象的關係，大部分的同學認為甜美的形象可以向顧客傳遞服務的理念，甚至用航空公司空姐的例子來說明。這些例子和觀點似乎得到了很好的驗證，但是當我問大家：如果還是這些漂亮的空姐，但是飛機一直延遲，應該提供的餐飲沒有送到，您還覺得航空公司的服務很好嗎？同學們紛紛搖頭，他們說再好的空姐形象對於飛機延誤來說，都可以忽略不計。

青島的海景花園酒店是我極其推崇的酒店，這家普通的五星級酒店，總是給客人不尋常的感受，總是能夠讓顧客在細微之處感受到被照顧和關懷，而這一切都是透過一線員工一點一滴的行動感動著顧客。在網路上看到這樣兩篇微博貼文[2,3]。

我在海景香園樓多倫多廳宴請朋友吃飯，也算是家庭聚會吧，吃飯的時候，八歲的兒子要看他喜歡的卡酷動畫，要求服務生幫他找到動畫頻道，我們搜了好多頻道，都沒有發現卡酷動畫。後來知道，包廂的電視不是有線的，所以就安慰兒子不能看他喜歡的《喜羊羊與灰太狼》，告訴他回家從電腦上補看那一集。當我們幾個大人聊天聊得正高興的時候，突然聽到兒子「咯咯」地笑個不停。一看，原來他已經被動畫片逗樂了，才知道服務生已經用隨身帶的對講機連線網路部門用遙控找到頻道了，這讓我們非常感動。服務生的這一做法，真正詮釋了海景的文化理念之一：「設法滿足顧客需求，讓顧客有一個驚喜。」

宴請完朋友，我電話詢問知道晚上的美容美髮營業到凌晨一點半。晚上九點四十分後，我來到美容美髮中心想做一個美容，做完美容，我問服務生回房間後，剛做完美容的臉是不是可以洗澡。服務生笑著告訴我：我幫你洗頭髮，回去就可以不用洗臉和洗頭髮了。服務生的反應很快，她站在客人的角度上著想，立刻讓我產生了好感。洗完頭髮後，我感覺很開心，其實我就是來美容的，沒想到服務生又幫我洗了頭髮，而且並沒有增加費用，給客人的也是一種驚喜。美容完回到房間已經是晚上十一點四十分了，沖完澡想刷牙入睡，擠牙膏的時候，突然發現我自己帶的牙膏旁邊多了一個「伴」，是一支新牙膏，旁邊有服務生的一張小紙條：「看到您自帶的牙膏不多了，為不耽誤您用牙膏，特意送您一支高露潔，希望您能喜歡。」

我記住了花園酒店裡隨處可見微笑著問候顧客的服務生。住進酒店讓我印象很深的是一位女服務生，儘管我不知道她的名字，但我記住了她的微笑，深深的一對酒窩，還有那深深的鞠躬，一個細微的動作讓我記住了她。她為我送水果，臨走的時候她和我面對面笑著彎腰退出房間，我一抬頭看到了她的這個動作，我的腦海裡立刻想到了日本電影中的女人，溫文爾雅，彬彬有禮。我不經意咳嗽一聲，出門以後再回來發現酒店裡面已經有人送來「金嗓子喉寶」，還有一張溫馨的卡片，提示我吃潤喉片，考慮到我的嗓子，酒店還專程送銀耳湯來給我，作為一個賓客真的有一種強烈的感覺：自己是他們的上帝。

為了尋找服務中的問題，我特意設置了一些障礙，在垃圾桶裡扔了一雙破損的絲襪，晚上回房間的時候發現房間裡已經放著一包襪子。服務生讓客人在他們準備的意見簿上寫出意見時，已經給客人準備好了可以選擇的小禮物：點心、香水、玩具，旁邊還有幾張精緻的問候卡片和明天的天氣預報提示，還有一盤精緻的水果。服務生是怎麼知道我的襪子需要買呢？我想知道，於是特別打電話給服務生表示感謝，我問怎麼知道為我準備絲襪？服務生告訴我說她看到垃圾桶裡有我丟的襪子，心想肯定我出門帶的襪子不多，就送給我一包……類似的細節還有很多，海景花園酒店的服務生，心夠細吧！

海景精神是「以情服務，用心做事」，注重以充滿真情和細緻入微的服務打動客人，進而打造品牌。海景人都懂得，沒有給客人留下可以傳頌故事的服務就是零服務，努力實現「三個境界」：讓顧客滿意—讓顧客驚喜—讓顧客感動。海景成為一所育人學校，十幾年中不斷提煉和昇華企業文化，堅持以文化育人，企業文化學習成為員工的必修課。企業先後編寫了《企業文化手冊》、《優質服務》、《理念一句話》等多種手冊，構建了有自己特色的文化體系。十幾年的文化滲透，使酒店好的文化理念深深植根於員工心中，使顧客意識和服務觀念潛移默化地成為員工自覺的意識延伸和行動。

「海景人」的行為習慣就是想方設法、竭盡全力去解決顧客的一切問題，看似沒有問題也要發現問題，用實際行動超出顧客的心理預期，帶給顧客驚喜，其實是一種對顧客體貼入微的習慣，這種習慣從意識延伸到行動。

服務是承諾而非態度

大部分情況下，人們都認為服務好的標誌是「微笑」，很多窗口單位在提倡或者強調服務的時候，都會要求做到「微笑服務」。但是這真的就是服務好壞的關鍵嗎？我認為這個體認是錯誤的。服務的好壞可以用微笑來表徵，因為微笑服務表明人們的立場和態度，表明人們願意做好服務所付出的努力，但是這絕對不是服務好壞的關鍵，因為衡量的標準是承諾，而不是態度。

到北京的時候，朋友告訴我一定要去試試「海底撈」，起初我並沒有特別在意，因為天太熱，不想吃火鍋。但是在朋友的一再推薦下，我選擇去海底撈吃飯，到了餐廳我被眼見的情景所震驚，三伏天竟然有食客排長隊！海底撈是何方神仙，竟有如此能耐？它靠什麼招數贏得「見多識廣」的首都火鍋愛好者的青睞？我問那些三伏天在門外排隊的食客：為什麼喜歡海底撈？

「這裡的服務很『變態』。在這裡候位有人幫忙擦皮鞋、修指甲，還提供水果拼盤和飲料，還能上網、打撲克牌、下象棋，全都免費啊！」、「這裡跟別的餐廳不一樣：吃火鍋眼鏡容易有霧氣，他們給你絨布，頭髮長的女生，就給你橡皮筋髮圈，還是粉色的；手機放在桌上，吃火鍋容易髒，還給你專門包手機的塑膠套。」、「我第二次去服務生就能叫出我的名字，第三次去就知道我喜歡吃什麼。服務生看出我感冒了，竟然悄悄跑去為我買藥。感覺像在家裡一樣。」[4]……

二〇〇六年，百勝中國公司將年會聚餐辦在海底撈北京牡丹園店，並說這頓飯的目的是「參觀和學習」。百勝是世界餐飲巨頭，旗下的肯德基和必勝客開遍全球，而當時海底撈總共不過二十家店，海底撈的創始人張勇說：「這簡直是大象向螞蟻學習。」次日，在百勝中國年會上，張勇應邀就「如何激發員工工作熱情」做演講時，被這些「大象學生」追問了整整三個小時。

一九九四年，還是四川拖拉機廠電焊工的張勇在家鄉簡陽搭起了四張桌子，利用業餘時間賣起了麻辣燙。十四年之後，海底撈已在中國六個省市開了三十多家店，張勇成了六千多名員工的董事長。張勇認為，人是海底撈的生意基石。客人的需求五花八門，單是用流程和制度培訓出來的服務生最多能達到及格的水準。制度與流程對保證產品和服務品質的作用毋庸置疑，但同時也壓抑了人性，因為它們忽視了員工最有價值的部位——大腦。讓雇員嚴格遵守制度和流程，等於只雇了他們的雙手。

大腦在什麼情況下才有創造力？心理學家的研究證明，當人用心的時候，大腦的創造力最強。於是，「服務生都能像自己一樣用心」就變成張勇的基本經營理念。怎麼才能讓員工把海底撈當成家？答案很簡單：把員工當成家裡人。海底撈的員工住的都是正規住宅，有冷氣和暖氣，可以免費上網，步行二十分鐘到工作地點。不僅如此，海底撈還雇人為員工宿舍打掃清潔，換洗被單。海底撈在四川簡陽建了海底撈寄宿學校，為員工解決子女的教育問題。海底撈還想到了員工的父母，優秀員工的一部分獎金，每月由公司直接寄給在家鄉的父母。

要讓員工的大腦起作用，除了讓他們把心放在工作上，還必須給他們權力。二百萬元人民幣以下的財務權都交給了各級經理，而海底撈的服務生都有免單權。不論什麼原因，只要員工認為有必要，都可以給客人免費送一些菜，甚至免掉一餐的費用。聰明的管理者能讓員工用大腦為他工作，當員工不僅僅是機械地執行上級的命令，他就是一個管理者了。按照這個定義，海底撈是一個由六千名管理者組成的公司。

海底撈把培養合格員工的工作稱為「造人」。張勇將「造人」視為海底撈發展策略的基石。海底撈對每個店長的考核，只有兩個指標，一是客人的滿意度，二是員工的工作積極性，同時要求每個店按照實際需要的一一〇％員額配備，為擴張提供人員保障。

我不記得自己去過這家餐廳多少次了，我所看到的能夠打動顧客的就是海底撈員工們的努力，而公司的理念也透過員工們的行為傳遞出去，無論是跑步送菜的員工、像表演一樣拉麵的員工，還是站在顧客身邊做服務的員工，你看到的都是發自內心的快樂，細膩而準確地解決問題，每份餐點給予顧客的一定是賞心悅目的感受。「顧客滿意」這四個字可以很清晰地傳遞出來，不是口號，不是理念，是實實在在的顧客感受。

服務的真諦

服務作為一種商業模式已經被人們廣泛認同，但是如何能真正做到這一商業模式，卻是需要經營者好好思考的問題。到底什麼樣的服務才是顧客真正需要的服務？在很長一段時間，以海爾為代表的中國家電企業，用服務作為主要的行銷策略來推進企業的成長，但這真的是顧客所需要的嗎？我想對於購買家電的顧客而言，他最需要的就是產品的穩定性和可靠性，而不是售後維修服務。因此經營者需要了解到服務的真諦是什麼？我從兩個方面來表達我的觀點：服務是為顧客創造意外的驚喜；服務是由員工所呈現的。

給顧客創造意外的驚喜

去南極是我最大的夢想之一，二〇一一年一月乘坐公主號郵輪開始了這段旅程，一路上很多的震撼，冰川、企鵝、鯨魚、變化無常的天氣、洶湧的波濤、燦爛的旭日與豔美的晚霞……很多很多，還需要一些時間來仔細回味和感觸。但是在船上的一件小事，卻讓我感動不已，讓我真切感受到什麼是服務的真諦。

同艙的團友找不到自己的手機，我們翻遍了房間裡的所有地方，還是無法找到，所以就和負責整理客房的服務生說，手機不見了，請他留意，希望可以找到。和服務生說好之後我們就到餐廳去吃飯，回房間的路上，團友還說：「你說，我的手機會找到嗎？」我安慰她說：「應該會找到。」當打開艙門的時候，真是一個大大的驚喜：一個白色的小企鵝，握著團友的手機在等著我們回來，真是太驚奇了，那一剎那，我們都驚呼了起來，不僅僅是看到手機，是看到一個可愛的「小企鵝」。服務生不僅找到手機，還用白毛巾摺疊了一個企鵝，並讓企鵝握著手機，真的是太神奇了，帶給我們的那份驚喜簡直無法用語言形容，這一刻，我開始理解服務的真諦的是什麼：就是用心創造出意外的驚喜。

派恩和吉爾摩[5]說得對，到了體驗經濟時代，服務本身成為關鍵性的增值部分。

迪士尼樂園創造出獨特、豐富的體驗設施，用心去描繪、激發每個人心裡潛藏的夢想。在迪士尼樂園，每一位員工都被稱為「演員」，米老鼠、唐老鴨就是表演的道具，員工的任務就是運用這些道具「製造歡樂」，而管理階層的任務就是「分配角色」。新員工到迪士尼樂園上班的第一天，並不會被告知「你的工作是保持這條大道的清潔」，而是「你的工作就是創造歡樂」。迪士尼樂園運用服務創造出了獨特價值「製造夢想，激發快樂」。

這一次公主號郵輪尋找手機的際遇，也讓我感受到這份「快樂和喜悅」，感受到由員工創造出來的服務所帶來的增值。很多時候，企業經常幻想留住所有顧客，這是不切實際的。但是如果像公主號郵輪這樣的服務，真的可以留住顧客。當我離開郵輪的時候，就告訴自己如果有機會選擇郵輪，我還會選擇公主號，因為這個小小的白毛巾企鵝。服務來自於對每一個顧客體驗的認識，來自於對每一個顧客價值的理解，能夠站在顧客的角度來看待問題，同時又超越顧客的想像，給顧客帶來驚喜，這樣的服務不是單純的承諾，而是創造性的承諾，是用心和創意帶給顧客的超值體驗。

企業必須真正以顧客為中心，重要的不是產品和服務本身，而是能讓企業員工釋放出創造力的服務，不要一味將資源用在所謂的服務設計身上，多放些關注在能讓員工理解顧客和理解服務真諦的啟發上。如果所有的員工都能做出服務體驗的行動，置身於這樣的服務環境中的顧客，一定會得到非常多的意外驚喜，進而認同企業並成為忠誠的顧客。這其中關鍵是每位員工能夠創造性地服務，在服務中融入創意、喜悅和用心。

到南極是一個比較需要耐力的旅程，但是因為一台手機失而復得，反而讓這個充滿驚喜的行程具有了溫馨的色彩。很多時候企業會認為服務是一個比較難以衡量的因素，因此企業常常把服務確定為承諾的條款，這些並沒有什麼錯誤，服務本身就是承諾和行動，但是一個真正帶來顧客忠誠度的服務，卻必須是給予顧客意外的驚喜，並超越顧客的期望價值，這說出來好像很難，但是員工如果願意用心去做，又是非常容易做到的事情，最重要的還是員工的創意以及對於顧客導向的價值認同。用心，一切創意皆有可能。

員工擁有服務的心態

員工是否具有服務的心態是能否形成有效服務的關鍵，因為心態決定態度，態度決定行為。我們知道服務是一種承諾，服務是一種行動，如果員工自己不能夠從內心認同服務，那麼在行動上就會遲緩甚至不作為。如何讓員工擁有服務的心態是服務真諦的另一內涵。

企業必須真正了解員工到底掌握了什麼技能，必須真正了解員工在工作中具有什麼樣的心態和想法，因為員工直接面對顧客，他們的能力和態度就決定了企業服務的品質。企業必須保證最有能力和水準的員工留在一線，最願意為顧客提供服務的員工留在一線，讓員工的積極性和創造性充分發揮出來，以獲得顧客稱讚的服務品質。

優秀的服務型企業要求員工必須承擔流程所賦予的責任，必須直接面對客戶需求，提高解決問題的能力。員工必須找到基於流程的業務專長，並以帶給用戶價值為衡量標準。比如銷管人員就不能僅僅停留在訂單處理層面，而要在了解用戶的效果、價值鏈服務平台訊息支援、資源的有效調度、客戶群訊息管理等方面，強化自己的服務能力。

優秀的服務型企業要透過對價值用戶的細化服務，一體經營，形成模組，示範帶動整個用戶群體的成長。對內要關注好優秀員工的能力提升，對外要選擇優秀用戶群體與公司共同發展。這樣的企業可以提供一個用戶價值服務模式，借助於這個用戶價值服務模式可以表現出以下這些特徵：①掌握市場訊息；②完善資料庫管理；③動態選擇價值用戶；④分析價值用戶的關鍵問題；⑤針對關鍵問題提供解決方案；⑥持續跟蹤和回饋。

由此可以看到服務績效的評價：一方面以每位用戶滿意代替使所有客戶滿意；另一方面以顧客忠誠代替顧客滿意。

了解我的人都知道我喜歡青島海景花園酒店，我喜歡它的地方是它的服務堪稱一流，每位客人都和我一樣能感受到這家酒店給人自然的關心和呵護。一個冬天的早晨我自己的車子無法發動，酒店的警衛問我是否需要幫忙，我問他如何幫，他說可以打電話請車隊裡的人來幫忙，我問他這麼早、這麼冷，你能叫他嗎？他的回答非常有意思：只要是客人的問題，總經理我也可以叫來。這就是為什麼海景花園酒店能夠為顧客解決問題了，因為它的一線員工有權調動酒店的資源。

正如俗語所言「最長的腳趾」最先知道疼，一線員工因為直接接觸顧客，他們最清楚顧客所想所需，如果我們能夠給予一線員工資源的使用權，他們就會第一時間解決顧客的問題，而這也就是服務的基本要求。

山姆．沃爾頓曾經說過：「與你的員工分享你所知道的一切；他們知道得越多，就越會去關注；一旦他們去關注了，就沒有什麼力量能阻止他們了。」[6]如果我們能夠讓員工參與到顧客成長的服務中，他們一定可以給顧客帶來極大的價值創造。

當一位顧客帶著心愛的小狗抵達機場，準備展開假期旅行的時候，卻發現航空公司規定小狗不能攜帶上飛機。這時候，登機口的服務人員不會讓他取消這次旅行，而是主動在這兩個星期內為這位顧客照顧他的小狗，以便顧客能夠安心旅行。還有一位員工陪同一位年長的乘客一直到達下一個機場，確保她能順利轉機。這類故事在美國西南航空公司不勝枚舉。因為公司非常理解員工決定服務品質的道理，事實上，「顧客」這一詞總是以大寫的形式不停地出現在公司的文件中，西南航空公司把員工看成是「內部顧客」，確保公司是一個舒適、快樂的工作場所，是公司管理層追求的目標。因為在公司看來，如果員工感覺十分舒適，他就會笑臉常開，並提供更優質的服務。

西南航空公司的領導人赫伯・凱勒赫（Herb Kelleher）說：「我總覺得工作不應該老那麼嚴肅，專業精神不會輕易受損害的，快樂是一股激勵力量，可促使員工更開心、更有效地工作。」[7]對於西南航空公司來說，不會因為員工過分傾向顧客而責備與發難，但是會因為員工不懂一些基本常識而嚴厲處罰他們。

到底有多少人具有願意為別人服務的心態呢？又有多少人真正喜歡他所從事的行業和工作呢？在一次次的企業訪問中，我最常感受到的是人們對於工作和職業的厭倦，大部分人都認為他所從事的職業和行業是最辛苦、收入最低、最沒有前途的。在有的公司裡我們看不到快樂的員工，在日常生活中我們也常看到憂鬱的人群。我曾經驚訝於一些中國員工和美國員工精神面貌的區別，以及同齡人所顯示出來的差異。後來我才明白，是因為有些人對於職業的心態不同，導致在長期工作之下人的身心產生變化。試想如果我們都不能夠喜歡自己的職業、自己的工作，又何來快樂的心態，更加不要奢談服務了。

免費服務的模式對嗎？

服務對於中國企業應該說是最不陌生的一個詞，從海爾「星級服務」開始，企業用服務來經營的不在少數，但是企業在服務上的努力並沒有給企業帶來期望的結果，反而出現了拉高顧客的期望，支付更高的成本，但是顧客並不滿意。為什麼會是這樣呢？我在《中國營銷思考》這本書裡專門分析了中國企業服務模式：免費服務[8]。書裡我非常明確地提出，這個服務模式是錯誤的。如果你不對自己的服務收費，就沒有壓力迫使企業明確自己的承諾。如果不對自己的服務收費，也絕不會有人關心客戶最需要的到底是什麼——我只管做那些我想到的事就好了。

顧客滿意往往被等同於顧客服務，但顧客滿意比顧客服務的範圍更廣，它包含很多因素，例如提供服務類型、產品品質、價格可達成性。當提到使顧客滿意，優秀的公司意識到不能試圖滿足所有人，而要依靠一兩個關鍵因素。服務與產品之間不是一個相互提升價值的關係，而是為顧客創造價值的兩個同等重要的方面，兩者不是互補關係，而是平行關係。產品的價值須由產品自己來解決，服務的價值須由服務自己來解決。絕不能把服務當作彌補產品不足的手段，服務必須能夠帶來增值，我們還沒有形成有效的服務模式。

簡單的道理，一些企業卻屢屢犯錯。

服務「補償」

把服務定位於彌補產品不足帶來的顧客不滿，是一個非常可怕的觀念。這些企業在意識到客戶不滿的同時，高舉起服務的大旗，卻忽略了產品才是策略的中心，錯把服務當作彌補產品不足的手段，錯把顧客服務等同於顧客滿意。殊不知服務與產品之間不是一個相互提升價值的關係，而是為顧客創造價值的兩個同等重要的方面，兩者不是互補關係，而是平行關係。產品的價值須由產品自己來解決，服務的價值須由服務自己來解決。因此，服務能夠帶來的應該是增值，如果服務沒有增值，服務就沒有意義。

每次看到企業強調服務如何有效、及時和終生相伴的時候，我總是很緊張，因為我擔心企業把服務的價值忽略掉，我擔心企業是因為對自己的產品不夠自信，擔心在使用的過程中發生故障，因此把服務放在了非常重要的位置，並不惜投入巨大的資源。在一次參加一家擁有自主創新產品的公司討論其發展策略的會議中，經理人在認定企業自身擁有的優勢時，認為服務是其最大的優勢，因為這家公司擁有超過四百人的服務團隊，而對手只有不到十人的服務團隊。經理們堅持這是自己的企業超越對手最重要的部分。

但是，我提出一個問題問大家：為什麼對手只需要十個人的服務團隊？而且對手和這家企業在銷售規模和市場占有率上沒有太大的差距。相反，可能因為對手服務人員很少而被顧客認定為品質可靠，四百人的服務團隊卻讓顧客了解到產品品質的可靠性有待確認。所以，在強調服務是企業優勢的時候，我非常希望管理者可以認真思考：服務帶給顧客的價值是什麼？服務是否在替代產品發揮作用？服務是否在彌補產品的不足？一定要清晰地回答這些問題，並找到答案，唯有這樣，才會盡量減少服務替代產品價值的情況出現。

蘋果公司在中國的直營店給我留下特殊的印象。蘋果直營店的特色服務之一Genius Bar（天才吧），如果你對Mac或iPod有任何疑問，或者需要任何實際操作的技術支援，你將能夠在Apple Store零售店內的Genius Bar得到友好而專業的建議。在所有Apple Store零售店裡的Genius Bar，Genius蘋果天才們將為你提供專業的技術服務。他們都在蘋果總部接受過專業培訓，對蘋果的全線產品瞭如指掌，能完滿解答你的各種技術問題，負責從查找故障到著手維修的一切事務。只要提前預約時間，店裡就可以為顧客保留坐席。Genius蘋果天才們都經過蘋果公司精心挑選，在美國蘋果公司總部接受過強化培訓。透過培訓他們掌握了關於Mac、iPod和Apple TV的豐富知識，對蘋果產品瞭如指掌。

發掘一種絕佳方式以了解和體驗全新的蘋果產品，是蘋果公司設計的服務「補償」。免費的私人購物服務，確保你不受干擾地享受資深Specialist蘋果專家為你提供的私人服務：展示蘋果產品，提供建議並回答你的任何問題。你只需選擇合適的時間和計畫前往零售店，不需要有任何壓力——完全沒有購買的義務。

在享受私人購物服務的過程中，你可以從容試用你感興趣的蘋果產品而不必顧慮時間。如果你不了解某款產品的使用方法，Specialist蘋果專家會隨時為您提供協助，並幫助你從Mac、iPod或Apple TV中選擇最適合你的產品。不妨向你的Specialist蘋果專家諮詢有關中國Apple Store零售店獨家上市的紅色特別版iPod系列產品訊息。

蘋果公司憑藉著服務「補償」與蘋果產品進行完美的互動，在整個服務的設計和過程中，不會是為產品不足做補救措施，而是為顧客購買產品的增值需求做出努力。無論是對於應用中所關注的技術，購買的時間，對於新資訊的了解，以及私人培訓、商務活動，青少年活動等，這些用心設計的服務，都提升了人們對於產品的興趣，並詮釋了產品本身的價值。

服務應創造獨立的價值

朋友買了一台手機，半年修四次，每次維修中心的態度都極好，派人上門取，維修期間給代用機，修好了專人送回來，全是免費的。但朋友發誓說她再也不用這個牌子的手機了。這家公司投入了大量的資源做服務，試圖用服務去彌補產品的不足，但它們失敗了。二〇〇四年這家公司的業績表現，證明朋友絕不是唯一的逃離者。

上汽通用汽車金融公司的貸款利息比銀行高出了一・一至一・五%。總經理魏德明說：「我們相信這樣的利率真實地反映了我們提供的服務的價值。我們的目標是把世界一流的服務帶到中國來，並成為市場中最優秀的公司，我們不期望透過低價競爭達到這個目標。」[9]

有一家普通的機械製造公司，下面有兩個事業部，產品分別是小型包裝機和小型食品機。和其他珠三角無數民營企業的成功經驗一樣，它的產品以低價和快速的模仿創新占據了低端市場。它們的客戶一方面極為歡迎這些物美價廉的產品，一方面又對不穩定的品質怨聲載道。為了安撫這些受傷的客戶，它們建立了龐大的售後服務網絡，每年的利潤又有好大一部分重新回到了客戶那裡。於是雖然銷售額保持兩位數的增長，利潤率卻直線下滑，更要命的是，客戶並不買帳，他們依然怨聲載道，依然一有機會就選擇更優質的進口產品。

痛苦的老闆開始尋求諮詢顧問的幫助。

顧問問了一個問題：「你的服務收費嗎？」

老闆瞪大了眼睛，說：「當然不收！」

顧問告訴他：「那就開始收費吧！」

老闆睜大眼睛有原來的兩個大，尋思要不要把這個顧問趕出去。不過最後他決定試試。

當售後服務部門被迫要向顧客收錢時，他們發現單憑維修機器根本不可能，同時他們也發現自己原來還可以為客戶做更多的事情：為幫助客戶而培訓維護人員，從而減少生產停機時間，為幫助客戶改善工藝從而挖掘設備潛能，為幫助客戶設計配套方案從而實現總成本最低。直到有一天，售後服務部門突然發現，兩個事業部的兩類產品往往分別銷售給同一個客戶，而售後服務部門完全有能力把這兩類產品與一些外部產品加以組合，從而為客戶提供完整的產品線解決方案。而客戶願意為這樣的方案支付的價錢幾乎是設備款的二五％！

一年後。這家企業又一次實現了營收和利潤率的同步增長，同時客戶滿意度大幅提升。新利潤來自於它的售後服務部門，這個部門不但做到了服務收費，而且當年這個部門達成的設備銷售額占了整個公司的一五%。對了，這個部門已經不再叫售後服務部了，而改名為客戶增值服務部。

這是一個真實的故事。表面看起來匪夷所思，裡面的道理卻出奇地簡單：客戶願意付錢的服務才是他真正需要的，換言之，凡是無法為企業帶來利潤的服務，就無法保證為客戶創造價值，當然，也就不能指望客戶能夠真正滿意。

魏德明說的沒錯，低價競爭不但無法達到優秀的目標，相反會使得企業遠離這一目標。但策略理論從來沒說過不能低價，只是說低價不能成為優勢。

有價值的服務來自於對客戶價值的深刻認知。深圳一個房地產集團，旗下有一家物業管理公司。它們的物業收費水準在所屬區域不高也不低，客戶的評價也是一般。集團老總希望提高住戶的客戶滿意度，同時也明白價格戰是死路。於是他要求物業公司提供更全面、更豐富的服務內容。這個策略叫作「用價值競爭，而不用價格競爭」。結果怎樣呢？在資源的不斷投入下，客戶滿意度有了小幅提升，但物業公司的盈利一落千丈。

我告訴他，降價吧，一直降到物業公司鐵定虧本的水準，然後要求物業公司必須盈利，不盈利，整個管理團隊走人。一年後，這家物業公司被評選為深圳最佳物業公司之一，無論是經濟指標還是顧客滿意指標都名列前茅。

祕密很簡單，當物業公司的管理團隊發現原來的物業服務肯定無法盈利時，他們就去開發了一系列的有償服務，這些有償服務幫他們賺了錢；更重要的，這些服務恰好是住戶需要的，而顧客支付的價錢卻比原來還低。用理論來說，在集團投入沒有改變的前提下，物業公司優化了自身的資源配置和投放，物業公司和住戶都從資源使用效率的改善中獲得了利益。

到底哪個是價格競爭，哪個是價值競爭？看樣子，這個問題不是字面上看起來那麼簡單。這裡的關鍵是要找出那些客戶真正需要的服務，然後把所有資源都投入進來。在客戶不需要的地方花的每一分錢最後仍要客戶買單，忽視這一點的企業要警惕：你的客戶已經在準備離你而去——你浪費的資源使得他們支付了本不用支付的高價。

不要用服務彌補產品的不足，不要提供一廂情願的服務，你提供的服務必須具有獨立的價值，而是否有價值只能由顧客來評判。

讓顧客來決定

讓顧客來決定什麼是有價值的服務，這是對於服務判斷的基本原則，如果打算從服務入手來獲得競爭能力，就要把握這個基本的原則。競爭獲勝的本質在於找到恰當的細分市場，把企業的所有資源用以滿足這一細分市場的客戶需求。成功地執行服務策略需要五個步驟。第一步：了解並明確你的顧客。第二步：確保你的顧客認識你；第三步：隨時知道你做得好不好；第四步：要知道究竟哪裡需要改進；第五步：改進你自己。

要使這個策略有效，你必須專注於盈利。顧客願意付錢是最可靠的信號，專注盈利可以使你隨時知道自己有沒有偏離航道。

第一步：了解並明確你的顧客。企業經常幻想留住所有顧客，這是不切實際的。企業應該懂得每位顧客的價值，從而發展出越來越強的細分能力：從一般的人口群細分成為基於需求的細分，最終成為基於購買和優先模式的特殊細分。

企業必須以真正的顧客為中心，重要的不是大顧客，而是能讓企業盈利的顧客。不要一味將資源用在所謂大顧客身上，多些關注能讓企業盈利的顧客。所有顧客都應該享受服務，關鍵是要對每個層次的顧客提供相應的服務，使服務成本和潛在收入相匹配。必要時甚至要剔除一些服務成本太高的顧客。

因此，另一個重要細分尺度是財務細分：了解每個細分部分的特殊顧客所帶來的利潤率。如果能夠根據利潤率區分顧客，企業就能識別出它們最有利顧客的特徵，並決定如何經濟地為每個層級服務。

如果你不對自己的服務收費，你永遠不會知道你顧客的利潤率。如果不對自己的服務收費，也絕不會有人關心到底應該對誰服務。

第二步：確保你的顧客認識你。公司透過清晰的制度表達並積極實現服務承諾，能大大加強顧客滿意度。

當提到承諾時，很多公司通常會走進一些誤區。例如有時候，公司認為讓顧客高興非常重要，因此試圖為顧客做所有的事情。但是這個目標是不實際的，因為如此多的要求，例如「方便」、「一致」、「便宜」，不可能全部都滿足，要想全都做好反而會導致這些公司在每個方面都做不好。如果想增加超過期望值的機會，公司就不應該集中於「顧客想要什麼」，而應該是「顧客最重視什麼」，把公司的大部分力量集中於一兩件與顧客最相關的事情上。

另一個誤區是公司不明確告訴顧客具體的承諾，所以當它們沒有滿足顧客要求的承諾時，它們會感到很驚訝。一旦公司的顧客策略制定，它們需要給用戶一個重要概念：告訴顧客它們的承諾並積極做到。

顧客滿意往往被等同於顧客服務，但顧客滿意比顧客服務的範圍更廣，它包含很多因素，例如提供服務類型、產品質量、價格可達成性。當提到使顧客滿意，優秀的公司意識到不能試圖滿足所有人想要的所有事情，而要依靠一兩個關鍵因素。

如果你不對自己的服務收費，就沒有壓力迫使企業明確自己的承諾。如果不對自己的服務收費，也絕不會有人關心客戶最需要的到底是什麼——我只管做那些我想到的事就好了。

第三步：隨時知道你做得好不好。了解並對顧客滿意度做出回饋，這需要企業的眼光超出歷史，超出表面現象，歷史和表面現象不能幫助你檢查問題。應該觀察顧客對公司所作所為的反映（例如每個顧客的投資回報率），以及什麼因素影響顧客滿意度（例如員工流失率）。

客戶願意為你的服務付費，這就是最清楚的肯定，比任何市場調查都更加清楚有效。

第四步：要知道究竟哪裡需要改進。直接的顧客回饋，無論好壞都是對市場趨勢的了解，是形成新產品思想的最好來源。成功企業總是能夠不斷地學習了解，雖然看上去很荒謬，但確實公司可以從顧客投訴中獲利。不同意見者並不只是一位不滿的顧客。

經過持續記錄並評價顧客的不滿、需求、回饋以及購買活動，公司能夠找出未滿足的需求以及潛在的問題，可以運用調查結果重新定義顧客策略，並改進操作執行。

不幸的是，如果你不收費，大多數顧客都不願意告訴公司他們什麼時候感到失望，相反，他們會告訴其他顧客。

付了錢的客戶不一樣，他們會來公司投訴。這一點很重要，投訴的顧客給了公司改正的機會，採取改進措施能夠潛在地保留有價值的顧客關係，阻止負面的口頭影響。

第五步：改進你自己。顧客滿意度與股東價格相關聯，這是一個真理。問題是企業中大多數人都不是股東，所以你需要一個辦法強迫他們持續地、始終如一地關注客戶滿意度。最簡單的辦法就是迫使他們不斷尋找能讓客戶買單的機會，客戶買單的同時也就清楚地告訴了你，你做錯了還是做對了。但同樣是米老鼠、唐老鴨，迪士尼樂園在全球長盛不衰，而迪士尼連鎖零售店卻表現平平，這是為什麼？

迪士尼樂園收取了高額門票，就不得不創造出獨特、豐富的體驗設施，用心去描繪、激發每個人心裡潛藏的夢想。在迪士尼樂園，每一位員工都被稱為「演員」，米老鼠、唐老鴨就是表演的道具，員工的任務就是利用這些道具「製造歡樂」，而管理階層的任務就是「分配角色」。新員工到迪士尼樂園上班的第一天，並不會被告知「你的工作是保持這條大道的清潔」，而是「你的工作就是創造歡樂」。迪士尼樂園利用服務創造出了獨特價值——製造夢想，激發快樂。全球十個遊客最多的主題公園，迪士尼占八席。而在迪士尼樂園之外的連鎖零售店，卻與其他商店沒有區別，令人失望。這正是因為迪士尼零售店沒有收門票，所以也不費心設計有價值的服務。米老鼠還是米老鼠，唐老鴨還是唐老鴨，產品沒變，服務卻沒帶來增值，迪士尼零售店從來都是個平庸的競爭者。

借助這個例子讓我再強調一下我的主旨：

服務與產品之間不是一個相互提升價值的關係，而是為顧客創造價值的兩個同等重要的方面，兩者不是互補關係，而是平行關係。產品的價值須由產品自己來解決，服務的價值須由服務自己來解決。絕不能把服務當作彌補產品不足的手段，服務必須是能夠帶來增值。如果沒有帶來增值，服務就沒有意義。

從理念到行動

對於服務本身人們已經不陌生，經歷了市場激烈的競爭之後，服務所表現出來的價值，已經不再是簡單的為產品帶來影響，服務從策略的層面在企業和顧客之間建立了一個全新的關係。這種關係決定了顧客價值的真正體現而不是企業或者產品價值的體現，因此，現在要討論的不再是一個做法的創新、一個理念的傳播，而是企業整體營運對於服務的體現，包括企業思維習慣所要做的轉型。

先回到市場中去看：到底如何看待現今的經營環境。很多人都會有各種各樣的判斷，我把經營環境簡單歸結為以下幾個特點：①市場容量有限增長；②新的商業模式出現；③發展程度與經濟狀態決定需求及消費行為；④生產商、經銷商經營風險加劇，產品結構、市場結構、經營模式的調整已成為必然；⑤只有研發能力更強，產銷成本更低，產業鏈相對健全的企業才能最後生存。這些特點無論是從市場變化、從消費者行為變化，還是經營模式的變化，都告訴企業所面臨的經營環境已經發生了根本性的改變，我用麻省理工學院教授湯瑪斯．馬隆（Thomas W. Malone）的話來說就是：「對於政策而言，從積極的財政政策到穩健的財政政策；對於廠商關係而言，新型廠商關係是由命令與控制轉入協調與培養。」這種變化事實上要求企業進入服務轉型的階段。

服務轉型的準備

問題的關鍵在於如何實現服務轉型，我認為需要做好以下幾個方面的準備。

1.服務文化準備

服務文化的核心價值觀應回歸服務價值。而服務價值表現在三個方面，第一，只有將同質化的產品競爭推進到價值鏈與價值鏈的競爭，我們才能真正使產品成為向用戶交付價值的載體，才能真正成為整體解決方案中不可或缺、真正具有競爭力的部分；第二，價值鏈服務平台是透過服務來體現價值的關鍵，企業要成為價值鏈上優質資源的提供商；第三，服務價值對於企業來講，就是從產品優勢到組織優勢，從產品同質化競爭到服務系統化競爭。

2.與客戶無邊界

在這個方面堪稱典範的是寶僑與沃爾瑪的合作。寶僑與沃爾瑪一同制定出長期遵守的合約，寶僑向沃爾瑪透露了各類商品的成本，保證沃爾瑪有穩定的貨源，並享受盡可能低的價格；沃爾瑪也把連鎖店的銷售和存貨情況向寶僑傳達。這種合作關係讓寶僑更加高效地管理存貨，簡化生產程序，以降低商品成本。另外，也使沃爾瑪可自行調整各店的商品結構，做到價格低廉、種類豐富，以使顧客受益。具體做法來講，寶僑採取跨職能客戶服務小組的管理

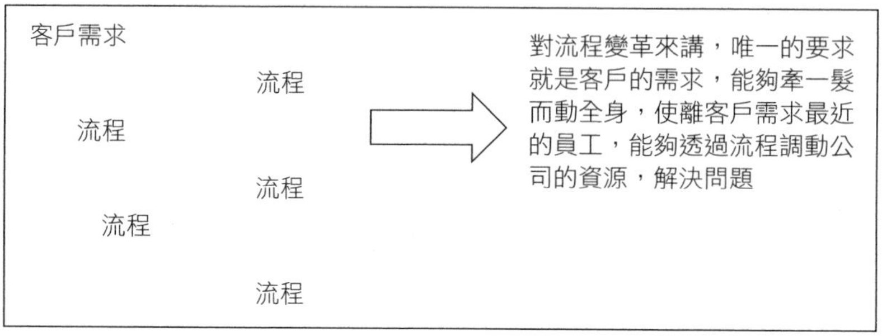
客戶需求
流程
流程
流程
流程
流程
對流程變革來講，唯一的要求就是客戶的需求，能夠牽一髮而動全身，使離客戶需求最近的員工，能夠透過流程調動公司的資源，解決問題

圖5-1

辦法，使它們與沃爾瑪物流中心一起辦公，時刻關注寶僑產品在沃爾瑪的銷量變動、庫存周轉率、銷售毛利率等業績表現，並以此作為評價客服小組的依據。以用戶價值最大化為宗旨，成長為服務型企業，就要改變傳統的行銷模式，使我們每個職位都要承擔用戶成長的責任，透過專長能力的發揮提升用戶的水準。例如：六和飼料的化驗員，就可以從供應商出廠產品品質控制、產品使用效果跟蹤分析、用戶自購原料品質控制指導、用戶畜禽病理檢測等方面提供服務。

3.用戶需求驅動流程

要成長為服務型企業，不能傳統地按照自己的職責、自己的部門被動地等待客戶要求，而應主動根據用戶的需求牽引內部流程解決問題。透過對服務型企業模型的理解，流程不再是起於某職位結束於另一職位，而是起於客戶需求的提出，結束於客戶問題的解決（見圖5-1）。

4.流程界定職責

職能部門的設置使得專業化分工優勢明顯，但這實際上是職責導向；是人員所屬的專業化，而不是能力的專業化。成長為服務型企業，流程不再是職責範圍的邊界，而是帶來員工在流程中承擔相應的職責，協同解決用戶問題。

5.培育員工服務專長

服務型企業要求員工必須承擔流程所賦予的責任，必須直接面對客戶需求，提高解決問題的能力。員工必須找到基於流程的業務專長，並以帶給用戶價值為衡量標準。如果不能，則將面臨精員合職。比如銷管人員就不能僅僅停留在訂單處理層面，而要在了解用戶的效果、價值鏈服務平台資訊支援、資源的有效調度、客戶群訊息管理等方面，強化自己的服務能力。

6.服務於價值用戶

服務型企業要透過對價值用戶的細化服務，一體經營，形成模組，示範帶動整個用戶群體的成長。對內要關注好績優員工的能力提升，對外要選擇優秀用戶群體與公司共同發展。借助下頁圖5-2所示顧客細分的三維模型，你會得到一個價值用戶服務模式，這個價值用戶模式可以

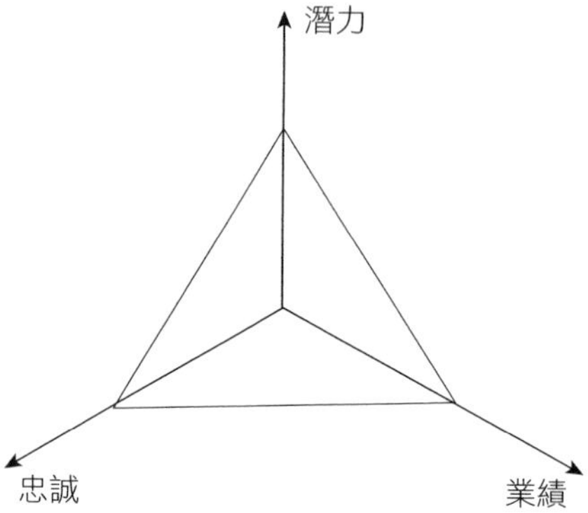

圖5-2　顧客細分的三維模型

表現為這些特徵：①掌握市場訊息；②完善資料庫管理；③動態選擇價值用戶；④分析價值用戶的關鍵問題；⑤針對關鍵問題提供解決方案；⑥持續跟蹤和回饋。由此可以看到服務績效的評價，一方面以每個用戶滿意代替使所有客戶滿意；另一方面以顧客忠誠代替顧客滿意。

我們做得如何

對於服務轉型的準備明確之後，需要看看企業做得如何？很多人都認為這幾年來企業的服務已經做得非常深入，更多的人認為服務本身已經做得很好，難道真的是這樣嗎？對於服務、品質、通路、服務管理、職能這幾個展現服務價值點的理解上，企業還存在非常大的偏差。

1.**對服務是否有深刻的理解**

企業調查研究的時候，當我問到大家如何看待價值鏈上所有環節的價值，很多人的觀點是：價值鏈整合就是社會優勢資源為我所用！資源獲取後得善用、活用、用好！但這是錯誤的理解。正確的觀點應該是：價值鏈整合就是為社會優秀資源服務；資源整合後可以獲得價值分享。

2.**對品質是否有深刻的理解**

對於品質沒有誰會忽略它，所有企業也都視品質為企業的生命，從這個意義上講，品質的確引起了企業的足夠重視，但是如果細緻分析好像又有些問題，大家認為：追求生產合格率一〇〇％！客戶零投訴！這就是品質。但是這是錯的，正確的觀點應該是：品質需要有自己可衡量的標準而不是生產合格率；不是客戶投訴為零而是具有客戶投訴的處理能力。

3.**對服務管理是否有深刻的理解**

服務是否真正起作用，除了服務本身，還需要進行服務管理。對於服務管理人們這樣理解：服務管理是現場管理！服務管理是過程管理！這樣理解服務管理太過簡單。正確的觀點應該是：服務管理蘊涵在企業的多個層面，可以用時限、流程、適應性、預見性、訊息溝通、顧客回饋、組織和監督七個層面來表達。

4.對職能是否有深刻的理解

職能如何配合服務是很多企業需要關注的問題，現實中也可以看到很多很好的企業例子。不過依然有很多企業不能夠解決好這個問題，根本的原因是大家認為，只有形成一個類似於跨職能的工作小組才有可能協調各個方面的服務作用。但是如果這樣，企業的組織體系變成可有可無的了，所以這個理解也是錯的。正確的觀點應該是，職能應該表現為系統的能力以及流程的能力，透過系統和流程來展開服務。

關注一線團隊的建立

整理清楚上面的觀點，服務行銷的關鍵也就自然而然地表現出來。對於管理者來說，服務行銷的理念基本都具備，如何執行就是關鍵。針對中國企業在服務轉型中的種種誤區，我們需要強化對於行動的理解而不是對於理念的理解，而行動最為直接的體現就是一線團隊的建設。

1.讓一線員工能夠調動資源

在二十六個國家擁有六萬名員工的HCL科技公司，最近幾年實施了一個名為「員工第一，客戶第二」（EFCS: Employee First Customer Second）的管理變革[10]。這項管理變革的宗旨十分簡單，將公司的注意力和資源集中在經營流程中、面對顧客並直接創造價值的一線員工。

維尼特．納亞爾（Vineet Nayar）是全球領先的ＩＴ服務公司 HCL Technologies Ltd. 的ＣＥＯ，在他推動公司這項管理變革的時候寫道：我想不通本公司的這項管理改革會引起如此大的爭議，難道公司高階經理人不應該盡其所能，幫助一線員工提高工作效率和工作品質嗎？儘管如此，ＥＦＣＳ還是在業界掀起了一場風波。因為人們認為基本的商業規則是，做生意，客戶永遠是第一位的。或者換句話說，客戶永遠是對的。其實所有人都了解這個商業規則，非常明白客戶對於企業盈利和發展的至關重要性。但是作為一個經理，何謂客戶至上？是不是應該為了客戶，把我們所有的產品或者服務降價三．五％銷售，抑或是與其徵求員工的意見，還不如徵求客戶本公司該如何經營？

一個企業的客戶應該是需要該企業創造顧客價值的人群，而不是透過價格優惠、特別交易或者中看不中用的促銷方案拉來的客戶，而為客戶創造和傳遞價值的唯一方式就是：把員工擺在第一位。

關於把員工擺在第一位有幾個認識誤區，一種觀點認為，ＥＦＣＳ與公司的經營業績毫無關聯。事實上ＨＣＬ公司的實踐徹底否定了這種觀點。從ＥＦＣＳ實施的二〇〇五年至今，ＨＣＬ的市值增長了近兩倍，而員工滿意度指數則提高了七〇％。一種觀點認為，

ＥＦＣＳ在經濟不景氣的環境中完全不起作用，這也有悖於事實。經歷了二〇〇八至二〇〇九年的金融危機，ＨＣＬ許多競爭對手都採取了應急式裁員和成本縮減政策，ＨＣＬ剛好相反，公司的管理團隊大量向員工徵集有關縮減成本和增加收益的建議，從這些建議中找出應對的策略並加以執行，最終幫助ＨＣＬ成功地在金融海嘯中獲得了增長。[11]

ＨＣＬ公司的「員工第一，客戶第二」的管理變革，並不是無條件地關懷所有員工，也不是簡單地提高工資或者給予員工更多關注，這是一個策略措施而不是一個人力資源手段。透過這項管理變革，可以幫助ＨＣＬ達成全新的策略，也就是全新的商業模式，整合過去的分散資訊技術服務，為全球客戶提供一站式的全面服務，並與客戶建立長期的合作夥伴關係。因為這項管理變革的實施，使得ＨＣＬ公司實現了全新商業模式的策略轉型。

2.將組織能力嫁接到一線員工

ＩＢＭ每年用於員工培訓的費用達二十億美元，大約占到每年營業額的一％至二％。每名員工每年至少會有十五到二十天的培訓時間[12]，被認為是美國具有頂尖培訓職能的公司之一。公司所有管理人員都必須參加公司每年為期四十小時的培訓，以保證他們能夠始終如一地遵循ＩＢＭ的管理方式。在ＩＢＭ公司，所有新進員工都要進行公司信念的培訓，也就是Becoming One Voice（BOV），使全球新員工聽到來自ＩＢＭ的同一種聲音。隨後公司針對普通員工、各級管理人員和外籍人員進行相應的培訓，對前線銷售服務等人員的ＰＥＬＴ，即professional entry level training，以及針對行政財務等人員的ＡＥＬＴ，即admin entry level training。

透過這些培訓，使得新員工了解企業文化。隨著職務的晉升，ＩＢＭ公司會對各級各類的管理人員實施專門的培訓。第一線的基層經理在走上新職位的第一年內需要接受八十小時的課堂培訓，內容包括公司的歷史、信念、政策、習慣做法，以及對於職工的激勵、讚揚、勸告等基本管理技巧；部門經理則要在公司專設的中層管理學校中接受有效交往、人員管理，以及經營思想和策略計畫等方面的培訓；對於有經驗的中、高層經理公司則要安排學習社會和經濟方面的課程，或學習哈佛大學高級經理課程或麻省理工史隆管理學院、史丹佛大學等院校的有關課程，時間從一週到一年不等。E-learning是ＩＢＭ公司裡員工學習的一種重要趨勢，ＩＢＭ在全球的區域網路上有一所網路學校，稱為Global Campus，其中有二千多種課程，全球的員工都可以運用這所網路學校來進行有計畫地學習。透過這一系列的學習和培訓，ＩＢＭ幫助員工獲得了公司所需要人才的特質：解決問題的能力、有效的價值選擇，以及一致的公司理念和信念，也就是全員具有公司所需要的適合的組織能力。

如ＩＢＭ一樣借助於培訓和學習幫助員工獲得組織能力的企業很多，但是這樣的做法在中國企業中卻明顯不足。根據中國企業管理協會組織的一次「經營管理者素質、能力調查」顯示，培訓經費／銷售額在二％以上的企業只占九．九％，半數以上的企業培訓經費／銷售額在〇．八％以下。也許中國企業可以借助其他手段來幫助員工具有組織能力，但是作為最直接獲得能力的培訓手段都沒有運用，結果可想而知。

讓組織專業運作優勢成為一線員工的競爭力這是非常關鍵的能力，但是很多中國企業往往忽略了這一關鍵點，企業之所以非常在意能人，就是因為企業自身不能夠把組織能力與員工嫁接，唯有依靠員工個人的能力來創造奇蹟。ＩＢＭ或者寶僑這些優秀的公司絕對不會依賴於個人的能力，在它們的體系中，普通的大學畢業生一樣可以很好地勝任職位創造奇蹟，這一點尤其需要中國企業學習。

3. 管理人員要貼近市場

任正非的一篇文章「讓一線來呼喚炮火」[13]敲醒了華為，也敲醒了很多企業的管理者。在這篇著名的文章裡，任正非明確指出，要那些掌握機會的人來指揮戰爭，而不要那些掌握資源的人來指揮戰爭。授予一線團隊獨立思考和追求最佳的權力，後方只是產生保障作用。這樣，由推式改成拉式，是一次看起來平常而影響深遠的革命。中央集權可以避免小單位盲目為了爭奪資源而爭奪資源，對於以捕捉機會為主的企業發展過程是必需的。可是一旦企業發展超越了策略制勝的階段，中央與一線的協調與促進，又成為至關重要的。

如何在向一線授權的同時保障對整體效益的承當？華為在北非的做法，重點在於考核指標的設定。北非運作不是理念，不是思維，不是心智，而是一種卓有成效的實踐。在任正非看來，具體的授權金額不重要，重要的是建立一種文化，使之形成一個強勢的場，讓任何一個業務現場都充滿了承當、激情與改變的創造者。一線團隊與公司高階經理人可以形成一種水乳交融的關係。

一線客戶經理要向一線服務團隊轉化。團隊可以由客戶經理、解決方案專家和交付專家組成。客戶經理需要加強客戶關係、解決方案、融資和回款條件、交付的綜合能力。解決方案專家一專多能，對自己不熟悉的領域也要打通求助管道。交付專家要具備和客戶溝通工程與服務的解決方案的能力，同時對後台的可承諾能力和交付流程的各環節瞭如指掌。鐵三角對準的是客戶，目的是利潤，這是主心骨和靈魂。圍繞著這樣的流程和系統建立管理團隊，使得華為具有了快速的反應能力，並緊緊和客戶走在一起，也成就了華為在業內和市場中獨特的競爭力。

6

共享價值鏈

現今已不再是產品與產品、企業與企業之間的競爭，而是價值鏈與價值鏈之間的競爭。共享價值鏈已經是現今策略的基本出發點。從價值鏈到價值網絡的開放式成長，成為必然選擇。

「價值鏈」這一概念，是哈佛大學商學院教授麥可．波特於一九八五年提出的[1]。波特認為，每一個企業都是在設計、生產、銷售、發送和輔助其產品的過程中，進行種種活動的集合體。所有這些活動可以用一個價值鏈來表明。企業的價值創造是透過一系列活動構成的，這些活動可分為基本活動和輔助活動兩類，基本活動包括內部後勤、生產作業、外部後勤、市場和銷售、服務等；而輔助活動則包括採購、技術開發、人力資源管理和企業基礎設施等。這些互不相同但又相互關聯的生產經營活動，構成了一個創造價值的動態過程，即價值鏈。

價值鏈在經濟活動中是無處不在的，上下游關聯的企業與企業之間存在行業價值鏈，企業內部各業務單位的連結構成了企業的價值鏈，企業內部各業務單位之間也存在著價值鏈連結。價值鏈上的每一項價值活動，都會對企業最終能夠實現多大的價值造成影響。波特的「價值鏈」理論揭示，企業與企業的競爭，不只是某個環節的競爭，而是整個價值鏈的競爭，而整個價值鏈的綜合競爭力決定企業的競爭力。用波特的話來說：「消費者心目中的價值由一連串企業內部物質與技術上的具體活動與利潤所構成，當你和其他企業競爭時，其實是內部多項活動在進行競爭，而不是某一項活動的競爭。」[2]

策略的全新出發點

企業增長與企業壽命是人們所關注的兩個重要話題，如何獲得有效的增長、如何保持企業的持續性，都是需要企業管理者謹慎思考並做出選擇。對於這兩個問題的回答，都會歸結到策略出發點的選擇上，如果不能夠正確理解增長的來源，不能夠設計企業的可持續性，也就是如果不能夠正確地理解策略的出發點，做出正確選擇，企業將無法獲得穩定而持續的發展。

企業三種錯誤的增長方式

在過去三十多年中國企業發展歷程中，中國部分企業在獲得增長與持續性這兩個問題上，走上了三條歧途。

第一，在錯誤的企業設計之下的增長。這種增長是用資源投入獲得結果，企業在投放資源的時候感受到快速增長的勢頭，因為資源投放而導致的增長效果非常明顯，甚至企業會認為增長是可以無限的，可以脫離市場按照自己的意願獲得。但是管理者忘了投入資源只換來規模的增加和產能擴充的話，企業就一定會陷入「經濟黑洞」，一旦沒有資源的投入，企業就失去所有增長機會。常常可以看到企業用大量的廣告獲得市場占有率，而不是用真正的產品競爭力獲得市場認同。這是一種可怕的選擇，但可惜的是很多企業習慣選擇這個增長方式。

第二，高速增長。脫離現實的高速增長，雖然能夠帶來快感，但是也帶來對企業管理的挑戰。高速增長本身沒有任何錯誤，錯誤是在於高速增長源自於什麼？企業是否具有了支持高速增長的體系？從外部環境看，如果高速增長是以犧牲產業價值或者過度占有價值鏈上相關者的利益而獲得，這種高增長必然導向失敗。所以很多時候，我反對企業提出「超常規發展」或者「跨越式發展」的觀點，企業增長需要符合市場規律，即使是做出創新，也是在顧客價值方面，而不是在企業增長速度上。從內部環境來看，如果企業組織與文化沒有相應做出變革，企業依然沿用原有的組織和文化來支撐高增長，勢必導致企業組織體系落後於企業增長所帶來的衝突和挑戰，這也會導致企業失敗。

第三，將企業業務延伸到一個以前從未打算進入的客戶群。表面上看，這種增長是一種必然的選擇，很多企業或者高估自己品牌的力量，或者高估自己通路的能力，或者高估自己技術的能力，或者高估自己整合資源的能力，有的甚至可以說高估了自己的「核心競爭力」。認為只要企業自己願意，任何事情都可以去做，這種過度地「自信」也必然導致盲目地「自大」。

因為這三個錯誤發展的方向，導致一些高速增長的企業陷入困境，因此我們不得不重新回到一個根本問題上來，那就是：企業的策略出發點可能是錯的！

很多企業可以擁有今天的發展地位，應該說主要歸功於顧客的包容和龐大的市場需求。但是隨著環境的變化，顧客能力的提升以及技術所帶來的消費習慣改變，消費者已經不再包容，市場也開始出現「顧客不足」的情況，這些都要求企業改變自己的發展邏輯，因此需要好好地理解：什麼才是公司現今策略的出發點？

策略出發點選擇

對於這個問題的思考讓我聯想到可口可樂，這樣一個單純的飲品公司，持續存活了超過百年，同樣的聯想讓我想到ＩＢＭ，這樣一個服務型公司，持續存活也超過了百年。這兩家超過百年的公司，一定有著一些根本性的東西推動著它們，這個根本性的因素到底是什麼？這裡我以可口可樂為例更詳細地做個說明，在後面探討價值網絡的部分，ＩＢＭ的經驗會有同樣的啟發。

可口可樂的早期經營模式可以這樣描述：可口可樂先確定軟性飲料行業的價值鏈，即濃縮液製造—裝瓶—庫存—分銷—廣告促銷—零售—客戶關係管理等環節，根據價值鏈的判斷，確定公司產品所在價值鏈中的價值地位。可口可樂進行了兩個選擇：第一，可口可樂的價值活動定位，即濃縮液的製造商以及商標使用授權與廣告；第二，向區域性的企業提供獨家裝瓶許可和地區銷售許可權，可樂公司在各個裝瓶廠幾乎不占任何股份。在當時的情況下，每個裝瓶商都與可口可樂簽訂「特許協議合約」。合約中規定濃縮液的價格，以及授予裝瓶商地區獨家經營權——這種早期的特許裝瓶商模式得到了巨大成功。消費者滿意、裝瓶商致富，可口可樂則成為頭號大公司。

經歷了百年的沉澱，可口可樂公司在保持競爭力的同時，根據市場的變化，又確定了自己新的經營模式，簡單整理後可以看到這個新的經營模式由六個基本核心構成：第一，擴大消費者的範圍：為顧客提供選擇；第二，成為價值鏈的管理者：確保價值鏈上所有環節的價值獲得；第三，對銷售通路進行重組：用為顧客創造價值作為策略控制；第四，關鍵業務的確定與拓展：明確的業務範圍界定；第五，進軍國際市場；第六，從追求市場占有率轉變為努力增加股東的價值。

從可口可樂早期的經營模式到現在的經營模式選擇，雖然在市場做出了巨大的拓展，但是其核心的策略沒有改變，那就是共享價值鏈。因為可口可樂幫助其價值鏈上所有成員共同成長，可口可樂自己定位於價值鏈的管理者，幫助其價值鏈上的成員一起分享價值。不管市場如何變化，一代又一代、不同區域的消費者都聚集在可口可樂的紅色標誌下，感受著可口可樂帶來的活力，就是源於價值鏈的共享。

IBM公司作為全球IT領域的企業，在它的每次轉型中，其表現都堪稱價值鏈策略管理的典範。葛斯納出任CEO之後，對IBM實施轉型，將其定位於高端服務和高端運算技術，推出NC網路電腦，為了增強這方面的核心能力，一九九五年IBM以三十五億美元收購蓮花軟體（LOTUS），使其網路軟體與IBM電腦整合，大大增加了產品附加價值。

二十世紀九〇年代末期，ＩＢＭ再次策略轉型，公司定位於「提供硬體、網路和軟體服務的整體解決方案的供應商」。為了發揮ＩＢＭ硬體優勢，針對ＩＢＭ公司不擅長管理諮詢服務的現實情況，二〇〇二年ＩＢＭ斥資三十五億美元收購普華永道（PricewaterhouseCoopers，PwC）旗下諮詢子公司PWCC Consulting。至此，ＩＢＭ公司擁有一流的硬體，一流的軟體，同時又具有專業的管理諮詢服務能力，最終形成了一條完整的客戶服務價值鏈，為客戶提供整體解決方案的能力大大增強，完成了從一家ＩＴ硬體製造商向ＩＴ服務商的初步轉型。

在ＩＢＭ打造自己的價值鏈過程中，針對自己不具有競爭優勢的環節，也在不斷優化組合。例如二〇〇二年ＩＢＭ結束硬碟製造業務，將硬碟業務賣給日立公司。二〇〇四年，ＩＢＭ結束ＰＣ業務，將ＰＣ業務出售給中國聯想集團。ＩＢＭ公司基於自己的整體價值鏈分析，認為：「ＰＣ業務越來越具有家電行業特徵，它創造的利潤將依賴於規模經濟和價格優勢，不符合ＩＢＭ公司的整體策略和定位。」從以上分析中可以看出，ＩＢＭ一系列的動作都是圍繞價值鏈管理、打造企業核心能力、去掉不具有競爭優勢的環節來實施的。到了彭明盛出任ＣＥＯ之後，ＩＢＭ打造「智慧地球」策略，提出了從「跨國企業」轉型為「全球資源整合企業」的策略選擇，在這一策略的指導下，ＩＢＭ開始打造全球資源的價值網絡，並隨著價值網絡的拓展，獲得了強有力的發展和增長。

現在來看看中國企業的處境，大部分中國企業都成功地做到內部挖掘、降低費用與成本；

改進生產設備、提高品質；創新及改進；關注人才，積極引進新的管理工具和方法。但結果是什麼，擁有持久市場地位的企業少之又少。如何解決？必須明確策略的出發點是共享價值鏈。

正像可口可樂、ＩＢＭ等成功企業的做法一樣，企業要想持久地成功，需要管理者從思維方式上做出根本的轉變，我在很多場合下堅持：一定要記住其他同業不是你的對手，從某種意義上講它們也是你的合作夥伴，都正在逐漸擴展產品的使用範圍；企業必須致力於使其服務對顧客價值有所貢獻，必須致力於是否能夠帶動業績成長的行銷服務；企業管理者應該知道服務行銷的目的性是價值分享的可能；要始終如一關注交付價值，公司必須能夠對從產品設計、生產到銷售、分銷和定價這一完整的業務流程中，關注價值交付。

確定把共享價值鏈作為現今策略的出發點，就是要確定價值鏈中的所有成員可以貢獻和分享價值。因為產品價值界定，產品直接使用的差異化行銷，價值分享的可能性都來自於價值鏈成員對於價值的把握，都來自於價值鏈成員對於顧客價值的理解。因此對於企業而言，只有把分享價值作為自己策略的出發點，不斷地超越自己，才能夠真正地服務目標顧客，也才真正具有競爭力，才能夠獲得經營根本目標的實現，那就是為顧客創造價值。

通路價值的本質

在全球成功的企業不斷進入中國市場的競爭中，人們只是關注到這些企業的技術、策略、實力以及品牌，其實這些企業能夠長驅直入中國市場或者其他市場，還有一個更為重要的因素，就是通路價值的設計和掌控。很多跨國企業在中國市場與沃爾瑪是舊友重逢，正是基於這樣的認識，在二〇〇〇年之前，我會堅持通路驅動優先於品牌驅動，當時在中國市場「通路為王」成為基本的共識。但是一個問題自然浮上水面，那就是如何理解通路，二〇〇四年以沃爾瑪為代表的超級通路引領了中國市場格局的改變，二〇〇五年以國美為代表的家電零售通路的強勢崛起，又導致了家電行業的紛亂和競爭格局的改變。二〇一〇年前後的幾年時間裡，淘寶商城、京東商城的異軍突起讓網路通路陷入紛爭，而二〇一二年蘇寧易購的全面啟動，讓本已硝煙瀰漫的網路通路更加陷入一觸即發的混戰格局，到底通路應該如何設計、如何創新、如何發展？

通路需讓價值分享成為可能

對於沃爾瑪、國美、蘇寧、京東商城等超級終端應用什麼樣的策略，企業會做自己的選擇，但是如果從策略的層面上，製造商、通路商、零售終端之間不應該是「你死我活」的關係，而是依存共贏的關係。這裡面一個根本的錯誤就在於對於顧客的理解錯誤。製造商對於顧客的理解來自對自身產品的概念，認為產品本身滿足了顧客的需求；零售商對於顧客的理解來自對自身服務的認識，認為服務本身滿足了顧客的需求。事實上顧客既沒有跟隨產品製造商，也沒有跟隨服務零售商，顧客只是顧客，顧客沒有在零售商那裡，顧客是在顧客自己那裡。

要想解決這個錯誤，無論是製造商、通路商、零售終端都需要有勇氣面對通路和行銷所必須面對的變化，這種變化可以歸納為以下幾點。

⑴顧客不是工具。「顧客導向」這個詞在今天是非常時髦的，很多企業都會認為自己是顧客導向的公司，而真正可以做到這一點的企業是非常少的。在現實生活中常常可以看到：一家企業把顧客的投訴從一個部門轉到另一個部門；在醫院隨處可見，病人拖著病痛的身體在醫院裡來回穿梭，尋找掛號、醫生、繳費、拿藥、打針的地方；銀行可以在週日早早下班而從未關心顧客是否有時間，工作人員可以在工作時間裡離開自己的工作崗位；電信行業盡可能地維持其壟斷地位，以保持高價收費等。如果是顧客導向的企業，應該可以看到顧客投訴在兩週內得到解決；病人到醫院不再自己走來走去而是由護士提供相應的幫助；銀行差異化的工作時間設計，電信行業自己能夠定位為開放競爭中的贏家，收取較低的價格。

⑵企業要想生存下來，建立真正的顧客導向就是必要的選擇。在一個顧客不斷成長和擁有能力的市場環境裡，企業和顧客之間的關係也發生了戲劇性的改變，真正成功的企業，都不再

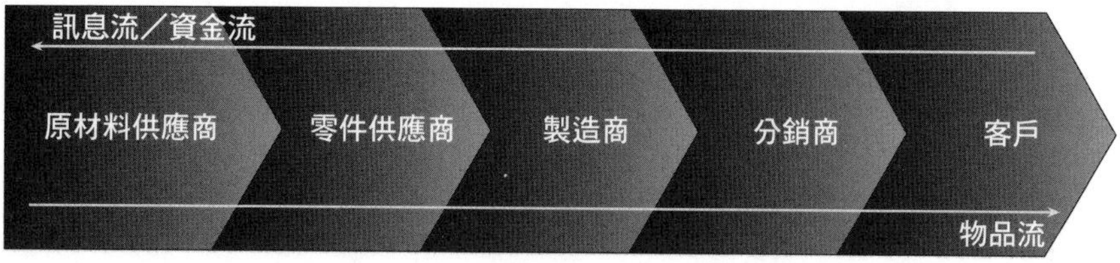

圖6-1

僅僅向它們的顧客「銷售」或者「行銷」，這些企業與顧客結成了一種夥伴關係。它們也不僅僅只是提供給顧客產品或者服務，而是提供「解決方案」。因此對於製造商而言，如何讓自己的生產計畫系統直接與終端對於顧客的預測、生產管理或者銷售系統連結起來，就成為需要考慮的出發點，而對於通路商、零售終端來說沒有這些製造商，顧客不會來找你，不能把方向搞反，把顧客作為籌碼向製造商施加壓力而獲得霸權地位。

(3)全流程的觀點。競爭環境的改變，要求競爭變為基於價值鏈的競爭，在這樣的要求下，需要製造商和零售商採用全流程的觀點（見圖6-1）。我所定義的全流程是指，價值鏈上的每個企業都是流程的一個部分或者環節，只有每一個企業的經營被看作始於顧客需求、止於滿足顧客需求的整體流程和價值鏈的時候，企業才能夠適合這個競爭的環境，也才擁有價值。

全流程觀點的關鍵是：任何一個企業都不可能完全擁有這個流程，只有它們能夠共同為這個流程貢獻自己力量的時候，整個流程才會貢獻價值。因此，全流程觀點要求企業必須把自己的經營延伸到企業外部，而不是停留在內部，必須依據市場流程來決定企業自身內部流程的效率、成本、品質以及服務。

(4)貼近、再貼近顧客。更深入更貼近地了解顧客，要求企業重新審視廣告、對顧客市場的定義、對供應商的定義。如果貼近顧客，對於廣告的有效性就會有個新的評價，例如人們每天都遇到的郵件廣告，絕大部分會把廣告郵件看作垃圾郵件，這些郵件不但不能夠引起人們的興趣，反而會引起討厭的情緒；在電視節目中的廣告越來越多被認為是雜訊，以至於主管部門頒布相應的政策來約束和規範。

許多企業的行銷系統仍然沿用傳統對於顧客的定義，比如用年齡、性別、區域、收入、社會階層、受教育程度等來簡單定義顧客的區分，並沒有真正進入顧客需求的內在來理解顧客，更糟糕的習慣是，行銷部門借助於這樣簡單的方式做顧客的理解，開始回答「我們能夠向哪個顧客群銷售什麼產品？銷售多少以及如何銷售？」的問題，而不是設計如何幫助顧客識別需求。對於供應商的定義更是存在根本性的誤解，絕大部分企業還在奉行每一種產品需要二到三個供應商的原則，奉行以競標和招標的方式來選擇供應商，使得供應商關係中更多的是維護交易關係和利益關係。

貼近顧客的要求就是做到高效消費者反應，這是沃爾瑪的做法：先來看顧客需要什麼樣的產品，需要什麼樣的價格，反過來再一起看哪些供應商能夠滿足這些要求，然後下訂單付

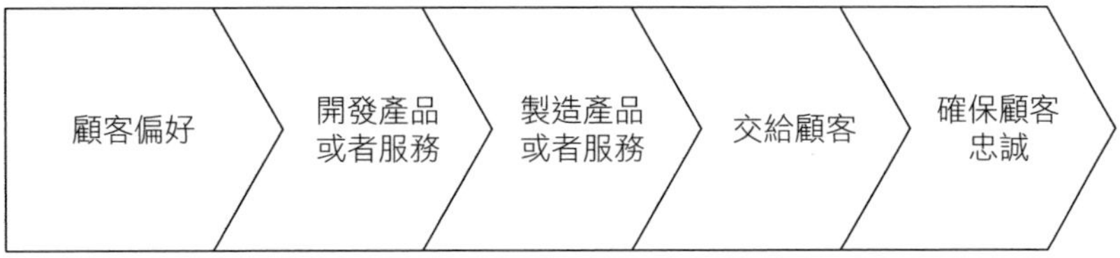

圖6-2

訂金，按時付錢幫製造商把貨銷售掉，因此在沃爾瑪的概念裡是「前店後廠」的關係，沃爾瑪是製造廠的店面，而製造廠是沃爾瑪的生產線，雙方是一個整體滿足顧客的需求（見圖6-2）。

(5)價值組合替代產品與服務組合。最近幾年來，行銷領域流行產品與服務組合，企業一方面不斷提高產品品質、推出新的產品、強化技術在產品中的作用和意義；另一方面不斷強化服務，增加服務的價值，甚至不惜花費更高的成本把服務推到一個前所未有的高度。我承認企業在拓展產品和與服務組合方面的努力，為創新行銷方式做出了巨大的貢獻，也承認在這個組合的過程中，企業得到了顧客的認知以及獲得了看得見的市場占有率。即使是這樣，企業管理者還是需要冷靜地分析，產品與服務組合的侷限性在哪裡？這種組合是否能夠讓企業真正獲得顧客的忠誠和識別而不僅僅是顧客的認知，換句話說，產品與服務組合可能僅僅是解決了顧客的認知，並沒有做到對於顧客需求的滿足，因為這種組合的出發點仍然是產品和服務本身，還沒有回到顧客導向上，因此新的變化是用價值組合替代產品與服務組合。價值組合是從顧客價值出發，尋求產品價值和服務價值的差異性來組成整體的顧客價值。

麥當勞和肯德基的做法具有借鑑意義。在美國，麥當勞或者肯德基都會開在高速公路的休息站裡或者在加油站的旁邊。對於這兩個企業而言，他們很清楚顧客的價值是什麼，因此根據顧客所需要的價值做組合，既為顧客提供產品，又滿足顧客的方便需求。再如星巴克咖啡店會在機場和商業中心，宜家家居公司所提供的拼裝設計等等，這些成功的企業不斷運用價值組合得到顧客的忠誠和識別。事實上，做到價值組合就需要企業從根本上改變行銷的思維方式，以往的行銷思維更多關注創新產品和創新服務，更多關注產品的價值、服務的價值，這樣做本身沒有什麼錯誤，但是如果僅僅是這樣做，你會發現產品也在同質化，服務也在同質化，因此在這樣的背景下，人們開始不斷地創新，期望透過創新來提升自己的競爭力。

但是大家沒有去想想，這麼多的創新產品和服務對於顧客來說是否真的具有價值，甚至這些層出不窮的創新對於顧客來說很可能是一場災難，因為顧客被淹沒在產品和服務的大海中，無法真正找到他需要的價值，看看現今飽和的市場和氾濫的消費以及資源的過度損耗，就能夠說明這個問題。

新的行銷思維方式是要求關注顧客價值，關注顧客價值滿足的識別，不能夠過於簡單地理解顧客，過於主觀地認為我們的理解就是顧客的需求，不要試圖為自己的產品或者服務尋找一個獨特的銷售主張（你的產品或者服務不同於競爭對手、優於競爭對手的產品或者服務的理由）之後，不斷在你的銷售和推廣中宣傳你獨特的銷售主張。這樣做的結果是，你需要不斷投入資源去傳播，或許會引起顧客的反應，但是效果甚微。新的行銷思維方式要求放棄尋找產品或者服務的不同點，轉而尋找顧客需求的共同點，放棄強調自己銷售的主張，轉而是強調顧客需求的主張，在這樣一個共同的原則下，與競爭對手或者供應商一起做價值組合，好更有效地為顧客價值服務。

(6)顧客管理替代行銷管理。顧客管理替代行銷管理應該是現今的競爭環境對於行銷系統提出的最大挑戰。從現實的意義上講，行銷管理已經是開始關注市場規畫、顧客需求、細分市場、通路設計，或者直接用經典理論的演變來描述，從一九六四年提出的產品、價格、促銷、通路的4P理論，演變到一九九〇年提出的顧客、成本、便利、溝通的4C理論，再到二〇〇四年行銷界認同的關聯、反應、關係、回報的4R理論，行銷管理已經經歷了從產品到通路再到顧客的逐步提升、不斷完善的過程，並且取得了前所未有的市場能力。但是如果認真地分析行銷管理的投入和產出，你不難發現，相對於顧客的層面來說，行銷力所產生的價值並沒有行銷本身理解那麼高，最大的浪費來自於轉換顧客所消耗的成本。

我常常講的一個例子，那是我到美國參觀一流企業時的感受，我發現這些企業存活的時間非常長，被拜訪的企業都超過七十年，這麼長壽的公司背後的機制是什麼？在這一次的參觀中我得到答案，這些美國公司一直關注兩個經營指標，就如同我們關注銷售額和利潤一樣，它們關注的是用戶數和用戶價值的貢獻率。最典型的例子是美國聯合飼料公司和可口可樂公司，前者一直致力於提升豬飼料的價值並為此不懈努力，這個公司用一個標準來衡量自己的能力，這個標準是養殖戶的價值中聯合飼料公司的貢獻率。所以你參觀這個公司的時候，最讓你難忘的是它的養殖中心。它的種豬實驗場以及被稱為「瘋狂博士」的創新價值研究人員，聯合飼料也是第一個不賣飼料而賣養殖方案的飼料企業。

可口可樂公司投入最大的資源和力量管理供應鏈和價值鏈，在可口可樂的策略中，成為價值鏈的管理者是它的根本策略，所以可口可樂公司努力做的是如何在保障顧客口感的前提下，實現各個價值鏈上的共同體整體提升，確保給予顧客的價值不受影響。所以需要用顧客管理替代行銷管理，就需要做到行銷體系轉換角色，這需要做到以下幾點：第一，行銷是顧客管理的一部分，而不是顧客管理是行銷的一部分；第二，最優秀的行銷人才應放到顧客管理的活動中，確保高層行銷管理人員從事的是顧客管理工作，確保行銷資源投放到顧客管理的活動中；第三，撤銷行銷部門，用顧客管理部門替代。

面對這些變化，無論是製造商還是零售商都需要做出積極的改變，只有這樣才能夠適應這個巨變的市場環境，也才能夠適應這個訊息和技術飛速發展的社會。近來看到京東商城、蘇寧易購、天貓之爭，生產廠和零售商之間的紛爭，讓我覺得大家對於通路的變化沒有清晰和深刻地認識，沒有感受到來自市場的挑戰，還是停留在狹隘的故步自封狀態中，這是非常令人擔心的事情，如果沒有共同的策略認識和共同維護這個市場的認識，就會形成一種使大家拚個「你死我活」的氛圍。在短期利益和長期利益的選擇上，優秀的企業更多會選擇長久的發展，更多選擇的是合作；而大部分中國企業比較在乎一城一池、一朝一夕的得失，未來怎麼樣，沒有人關心。

但是，如果只是注重短期利益沒有長期的安排，企業是無法生存下來的，尤其是如果置顧客的價值於不顧，僅僅是終端之間、製造商和零售商之間的拚搏，一定會兩敗俱傷。我相信這些關係早晚會改，早晚要回到合作和共贏的路上，彼此的關係本身就不應該是一種博弈，而是一種合作。

科特勒說：「製造商希望通路合作，該合作產生的整體通路利潤，將高於各自為政的各個通路成員的利潤。」[3~5]「你死我活」不應該成為最後的結局。

通路設計的關鍵是價值分享

在分銷通路中存在著一個非常令人困惑的現象：分銷通路成員的非分需求不斷增多。分銷通路好像永遠和「得寸進尺」連在一起。在製造商的眼裡，分銷通路是永遠吃不飽的孩子。原因何在呢？拋開終端競爭的激烈、區域市場業態的變化這個原因，造成這種現象的根本原因是：通路設計中過於注重利益分享。

利字當頭是區域市場中低素質、不具備策略眼光和完善經營管理思想的通路成員典型表現。這些通路成員「利」字當頭，唯利是圖，不注重長期經營，只強調短期效應，什麼賺錢賣什麼，他們才不管什麼合作夥伴、策略性夥伴的建立呢。誰返利高、方案好、廣告投入大就跟誰跑，不注重品牌、產品、推廣、客戶關係、顧客滿意等策略性問題，不注重通路、分銷以及終端管理。但是這樣的通路，只能夠得到以下不好的結局：①分銷通路成員缺乏忠誠度。很多製造商發展到一定階段，都會遇到分銷通路的流失、叛變問題。於是製造商就責怪通路成員沒有忠誠度。殊不知，憑什麼分銷通路要忠誠於製造商？分銷通路成員又不是製造商的員工，不拿年薪，製造商是沒有理由要求分銷通路成員忠誠的，造成這個結果的是製造商自己的通路設計出了問題。②低信用度。誠信是一個很大的概念——大到國策，小到製造商的經營理念和對待市場、消費者的態度。誠信需要法律、道德和社會環境、經濟發達程度以及自律的制約。在中國市場上，信用度惡化是目前通路網絡較明顯的問題。不少分銷通路成員不遵守協約，經常性地拖欠貨款，占用、挪用貨款，有的甚至捲款而逃，給誠信蒙上了陰影。

現實的分銷過程中，眾多企業面臨艱難的選擇，艱難的合作讓廠商覺得十分頭痛，如此眾多的困惑讓製造商對分銷通路又恨又愛。分銷通路的困惑正是通路設計的困惑，解決之道，我認為是：通路設計以價值分享為核心展開。如何做到這樣的設計呢？關鍵是解決兩個策略層面的問題。

1.價值鏈總動員：通路成員的生存共識。

在中國市場發展中，製造商的諸多創新以及產品行銷改善，推進著價值的持續增長。而經營活動中的下游環節，比如產品銷售，則一直被視為是需要但卻是次要的活動。人們普遍認為，在價值鏈中，只有生產製造才是創造價值的中心環節。一九九六年前後，中國市場進入買方市場階段。製造商和分銷商只有透過共同的分析成本和分銷策略設計才能共同占領市場，它由價值鏈分析、策略地位分析、影響價值因素分析三要素構成。

(1)價值鏈分析。價值鏈是企業在供產銷過程中，一系列有密切連結能夠創造出有形和無形價值的鏈式活動。它包括下列四方面的內容：

- 在供應過程中，企業與供應商之間的供應鏈中創造價值的過程；
- 在產品生產製造過程中，各環節、各單位創造價值的過程；
- 在產品銷售過程中，企業與顧客的鏈式關係中創造價值的過程；
- 在市場的調查、研究、開發及產品的促銷與分銷等活動中創造價值的過程。

價值鏈有三個含義；其一，企業各項活動之間都有密切連結，如原材料供應的計畫性、及時準確性和協調一致性，與企業的生產製造有著密切的關係；其二，每項活動都能給企業創造有形或無形的價值，如「與顧客之間的關係」這個價值鏈，如果密切注意顧客所需或做好售後服務，就可以提高企業信譽，從而帶來無形的價值；其三，它不僅包括企業內部的各鏈式活動，更重要的是，還包括企業的外部活動，如與供應商之間的連結，與顧客之間的連結等。

(2)策略地位分析。確定策略地位，從長遠來講，是企業打算逐步在顧客中樹立怎樣的形象。它可以從企業或企業的產品在顧客心目中的形象上反映出來。而在通路的層面上講，就是解決通路成員各自的定位問題。企業策略地位的確定，無疑與企業的長期競爭策略有著密切關係，更與通路成員的長期發展設計有關。如追求低成本先導型策略的企業，其產品與其競爭對手的產品存在很少的差異性。因而在確定策略地位時，以相對高品質低價格來獲得競爭優勢是很重要的。而為了達到相對高品質低價格這個目標，要求通路成員都能夠進行成本管理，並形成嚴格標準的成本管理體系。相反，追求差異化競爭策略的企業，其產品相對其競爭對手產品有很大差異性（外觀、設計、特性等方面的差異），因而應以高質高價來獲得競爭優勢。而要想使其產品與競爭對手產品產生差異性，建立一套支持這種策略的通路體系至關重要，高質高價同樣要求通路成員一致保持創新。確定策略地位，從某種意義上講，實際上就是確定通路成員的顧客價值貢獻。

(3)影響價值因素的分析。影響價值的因素很多，但大致分為兩大類。第一類是與企業的「基本經濟結構」有關的因素，可概括為以下四個方面。

- 規模大小。它可表明企業進行生產、製造、銷售、市場和產品的研究開發等方面的投資有多少。
- 產品或服務的複雜性。企業向顧客能夠提供多大範圍的系列產品或服務，以及供應商能夠向企業提供多大範圍的原材料或服務。
- 技術（或者工藝）水準。
- 溝通範圍。企業與多少供應商或顧客有聯繫，關係程度如何（供應商是否對企業有忠誠關係、以及顧客對其產品是否建立了忠誠關係）。

第二類是企業實施其競爭策略時的有關因素，它包括下列內容。

- 忠誠於產品品質的習慣。
- 全面服務的管理。
- 對於顧客價值是否具有導入性貢獻。
- 產品設計是否合理並容易製造。
- 各價值鏈是否使企業創值最高，尤其包括是否開發了與供應商或顧客之間的連結。

2. 共創價值鏈優勢：通路成員的生存之道。

行銷通路是促使產品或服務可以順利地被使用和消費的一整套相互依存的組織。由此可以看出，行銷通路的建立是為了在社會中形成一系列重要的經濟職能，如產品的分銷、服務的傳遞、訊息的溝通、資金的流動等。從而彌合了介於生產者和消費者之間的時間與空間上的距離。同時，行銷通路是不同機構之間組織的集合體，它們同時扮演著追求自身利益和集體利益的角色。為了利益，它們之間既相互依賴，又相互排斥，從而產生了一種複雜的通路關係，既競爭又合作的關係。

價值鏈作為一種分析的工具，在企業策略分析中，已超越企業的邊界擴展到分析供應商和分銷商，涵蓋了企業外部價值鏈分析和內部價值鏈分析。外部價值鏈分析包括供應鏈分析和顧客鏈分析；內部價值鏈分析包括研發、生產和行銷分析。一個企業要具有競爭力，必須建立自己高效的價值鏈。因為企業之間的競爭不單是企業單體之間的競爭，而是企業所處價值鏈之間的競爭。同處一條價值鏈的企業之間應是一種策略合作的關係，而不僅僅是一種簡單的買賣關係。

由於與供應商競爭狀況下的ＲＯＩ（投資報酬率）、ＲＯＳ（銷售報酬率）和毛利均低於沒有競爭狀況下相應的ＲＯＩ（投資報酬率）、ＲＯＳ（銷售報酬率）和毛利。因此，價值鏈競爭優勢不僅在於價值鏈中每個企業的競爭優勢，更重要的是透過企業之間的策略合作，塑造整個價值鏈的競爭優勢。

價值鏈的競爭優勢主要表現為兩方面：成本最低；向消費者提供與眾不同的產品和服務。成本最低不僅要求生產廠商努力降低產品的成本，同時要求通路中的每位成員都不斷降低成本。分銷通路是企業外部價值鏈中的顧客價值部分，其關係如下：製造商—分銷商—經銷商—消費者。分銷過程不能增加產品本身的價值，只是透過產品的流通和提供的服務，提高產品的附加值。從消費者角度來講，任何分銷活動均屬於非增值部分，分銷活動所發生的費用只使他們付出了額外代價。分銷通路價值鏈的增值目的，就是要盡量減少消費者付出額外代價。

另一個是，通路成員的合作優勢。行銷通路內部經濟活動的縱向安排或是通路中的交易方式大致有三種。

- 可以獨立擁有和管理透過市場進行交易的專業單位，這裡講的是依靠市場交易，市場交易主要依賴價格機制。
- 獨資單位之間進行交換的全部縱向整合（威廉姆森，一九七五）[6]，這種在集團內部的交易則依賴於管理機制。
- 在這兩個極端的經濟活動形式之間存在各種不同類型的結構，而在這其中所涉及的交易各方則透過正式和非正式的合約，安排對市場機制進行調整。

經濟學家認為企業之間透過簽訂協議或契約，可以達到與一體化相似的結果。製造商和分銷零售商合作就是一種處於兩種極端的中間狀態。隨著市場的不斷發展，通路成員的地位也發生了變遷。中國市場行銷通路發展經歷了從重視製造商階段，到重視經銷商階段，最終進入重視消費者階段的過程。

一九九七年十一月，格力在湖北成立了第一家湖北格力銷售公司。該銷售公司是以資產為紐帶，以品牌為旗幟的區域性銷售公司。由格力出資二百萬控股，其餘四家經銷商「武漢航天」、「中南航運」、「國防科工委」、「省五金」各出資一百六十萬人民幣組建而成，從而開創了獨具一格的製造商和分銷零售商合作的專業化銷售管道。這個通路合作的模式使得格力至今依然是中國空調市場最強有力的領導者。製造商與分銷零售商之間的環節是分銷通路價值鏈的關鍵環節，也是增值潛力最大的環節。製造商和分銷零售商合作表現形式並沒有改變傳統的通路結構，但本質上卻將通路成員中的製造商和分銷零售商由鬆散的、利益相對的關係變為緊密的、利益融為一體的關係。這種公司式的合夥關係，可以消除製造商和分銷零售商為追求各自的利益而造成的衝突，製造商與分銷零售商結成利益共同體，共同致力於市場行銷網絡的運行效率，由於優勢互補，減少重複服務而增加經營利潤。

具體優勢表現在五個方面。

第一，打開新市場。通路成員的合作可以降低開發新市場的風險。在新市場建立直銷組織成本同樣高昂，銷售代表和管理人員的招聘與培訓是必不可少的，而且由於前期的投入比較大，銷售額可能無法及時彌補投入，而導致經營初期處於嚴重的虧本狀態。透過製造商和分銷零售商的合作，製造商可以運用銷售商已經建立起來的行銷通路網絡將產品迅速地鋪向市場。

第二，降低供貨源頭成本。隨著市場競爭的加劇，中國市場供求關係由賣方市場向買方市場的轉變，許多領域都供大於求，商品價格日趨下滑，企業利潤越來越薄，進入微利時代，通路利潤空間也相應地越來越小。在這種狀況下，通路成本的控制就顯得舉足輕重。

第三，抵制新進入者進入，提高競爭優勢。整合行銷學代表人物唐・舒茲（Don E. Schultz）曾說，二十世紀九〇年代，唯有「通路」和「傳播」能產生差異化的競爭優勢。在產品、價格乃至廣告都無可奈何地同質化的今天，通路的差異化競爭應是各企業用力的重點，因而市場決戰在通路。其核心是通路資金的競爭，而落腳點則是對終端零售商的占領。製造商和分銷零售商合作，使得製造商與分銷零售商整合成銷售聯合體，做到了製造商對零售網點的占領，從而形成通路競爭優勢。

第四，提高產品與服務品質。在一切以消費者為中心的今天，要求產品以最方便的途徑讓消費者購買，這就對製造商提出了一個巨大的挑戰，即製造商要能對消費者的購買需求和評價做出最快捷的反應，否則，就難以在瞬息萬變的市場上立足。然而，傳統的製造商之間的關係是鬆散的、間接型的，它們之間的利益是相對獨立的，屬於買賣型而非合作型關係。製造商與消費者的直接溝通，受到了製造商與分銷零售商在每個環節上的保價行為的影響，使雙方形成對立的制約，從而影響了通路的效率。

第五，降低通路成本。通路成員之間的充分合作有利於縮短通路的長度，使得通路變得更加扁平化，更加可控，減少了通路衝突，降低了通路成本。同時，通路成員的合作也是一種風險共擔的間接通路形式，透過或預購，或集中採購，或商業資本向產業資本的滲透，都體現為製造商與分銷零售商共同經營，共同承擔市場經營風險。充分運用製造商和分銷零售商的有利資源，有利於實現製造商和分銷零售商雙贏等優勢，同時降低產品的成本，為消費者提供更好的產品與服務。

所以，對於通路各個成員而言，可以從各自的角色中發揮作用。對製造商而言，依據現有的資源優勢選擇適合自身發展的產業，尋找並確定自身在產業價值鏈中存在的價值與理由（能有效地為產業價值鏈中，某個環節的相關製造商以及最終用戶創造價值），確立其不可替代的競爭地位。然後在關鍵環節上發展其核心能力，並以此不斷獲取和整合更多更好的產業資源，提升整條價值鏈的效能，更好地為顧客創造價值，確保製造商持續成功。具體到製造商的經營活動，就是圍繞著市場競爭展開製造商內部價值鏈研發、生產、分銷等重要環節的協同和上、下游製造商的協同，並在此過程中，形成統一組織的意識、觀念和行為，並從組織結構和形態上，在關鍵環節累積和發展其核心競爭能力，使製造商在難以預測的不確定市場環境中，超越競爭對手以獲得持續競爭優勢，這就是製造商的整體競爭策略——基於製造商自身核心能力和主導產業價值鏈的能力。

對分銷零售商而言，分銷零售商市場行銷的本質，就在於有組織地把握、接近、影響、滲透和維持市場，為商品在流通領域建立支配力與影響力，透過分銷零售商內部價值鏈各環節和產業價值鏈上下游，結合製造商爭奪市場占有率的共同要求進行整體協同，加速產品的生產與交易過程，分銷零售商競爭力來自於整條價值鏈協同的效率，超越競爭對手，並對競爭格局與規則施加強有力的影響，贏得顧客，獲得市場競爭的主動。

建立夥伴關係的通路發展觀

中國市場已經是一個形成全方位競爭格局的市場，而網路技術和電子商務技術的飛速發展，讓人們在購買方式、顧客溝通方式，以及企業和企業之間的發展態勢上，都發生了根本性的變化。在這樣的市場巨變中，通路也發生巨變。長久以來的通路格局所發生的變化，對於每一個企業來說一方面需要應對這些變化，另一方面需要重新設計通路，並有能力創新通路，我主張對於通路採用「建立夥伴關係的通路發展觀」，可以讓企業應對這個巨變的市場格局。在這方面有一些非常好的成功企業的案例供大家參考。

三星的「星世界」[7]。二〇〇九年八月，三星電子針對中國市場的全新通路和市場拓展策略，隨著其「星世界」計畫策略發布會的舉行浮出水面。八月三十一日，三星電子在遼寧、河南、廣東、雲南、浙江五個地區同時舉行了隆重的發布會，發布「星世界」計畫。業內人士指出，這標誌著三星在銷售通路上的布局和縱深拓展開始加速，而通路優化、終端整合已成為消費電子行業的大勢所趨，行業裂變將再次升級。

三星集團大中華區行銷總裁金榮夏向記者表示，「星世界」計畫是三星醞釀已久的一項通路開發計畫。該計畫旨在整合三星的產品、資源、管理，以及各地區的通路、訊息、人才優勢，以最快的速度優化現有上下游資源，為終端通路商提供資源垂直投放和一站式服務，從而增強為消費者提供快速便捷和更多增值服務的能力。

正所謂「大樹底下好乘涼」，要想提高效益，經銷商最好也能找個「靠山」，而「三星」這個金字招牌無疑是最佳選擇。自進入中國市場以來，三星始終致力於為合作夥伴提供最大化的支持，合作共贏未來。此次「星世界」計畫簡化了通路架構，以更高效、更優化的方式整合各產品的通路資源，將三星的品牌、產品優勢與各地經銷商的能力進行優化組合，為消費者提供更加完善的個性化方案和服務。同時，通路模式優化以後，與三星合作的經銷商數量將會大量增加，通路向縱深覆蓋的能力顯著增強，「星」羅密布的龐大立體銷售網絡，將為通路共贏打下堅實的基礎。據了解，三星將全面整合內部支援的資源，包括產品支援、人員支援、物流配送、行銷活動、技術培訓等，為合作夥伴提供多項增值服務，與廠商之間達成有效溝通，使雙方達成價值鏈和供應鏈的對接，從而提高通路分銷效率。隨著「星世界」計畫的實施，三星將建立縱貫全中國、立體覆蓋的品牌專賣體系，集合全部三星產品，做到產品展示、體驗、銷售、服務、增值平台等功能於一體的強大品牌專賣網絡，結合代理商帶給中國消費者全新的消費體驗。

宜家家居的價值網絡[8]。構建價值網絡是現今很多企業都在進行的活動，在理念的層面這已經是共識。但是如何在公司的策略和營運中形成有效的價值網絡，則是一個極其困難的事情，因為價值網絡主要涉及企業價值創造的外部支持，以補足和擴大企業自有資源。這些資源因在企業控制範圍之外，使得價值網絡管理成為極其困難的事情。而宜家公司做到了。

宜家在三十二個國家擁有四十六個貿易公司，各貿易公司作為獨立的利益主體接受業績考核，負責向總部爭取訂單和監控製造商生產。總部提出產品設計後，各貿易公司在轄區範圍內搜尋最有價值的製造商，並以低成本、高品質贏得總部訂單。為提高內部採購系統的競爭力，各貿易公司嚴格要求供應商提供國際化和標準化產品，除將供應商按合作層次分級外，還不斷提出並評估製造商的生產成本壓縮指標。這樣一種合作關係，使得宜家的供應商與宜家之間構成了一種需要競爭與超越的關係，也因此構成一種特殊的合作關係，即設計團隊與供應商在產品開發設計方面密切合作，以便找到更便宜的替代材料、更容易降低成本的款式等；在產品生產方面，為說服製造商對必要設備進行投資，宜家會承諾一定數量的訂單。

為了更好地獲得持續的供應商發展，宜家設立一種合作模式，稱為合夥人。宜家和WWF（世界自然基金會）合作在印度和巴基斯坦開展計畫，促進更好的棉花種植方式，宜家與深圳萬科地產公司合作，推出為樣品屋量身設計的家居布置服務；宜家與中國家居連鎖巨頭紅星美凱龍、土耳其商業鉅子星摩爾攜手合作，在瀋陽市鐵西區打造以「家」為主題的購物商區；宜家是二〇一〇年上海世博會瑞典館指定合作夥伴，瑞典館展示其特別設計的「未來生活島——概念廚房」。

宜家除了關注互補性質的合作夥伴，更關注利益共同體的策略聯盟者。宜家在全球的零售業務透過全資直營店和特許經營連鎖店兩種模式展開，特許經營合夥人要經過嚴格審查和評估；宜家與戴爾達成全球合作協議，戴爾為宜家的各個子公司提供訂製化方案，協助宜家打造業界領先的「倉庫管理技術系統」；宜家與國際知名物流企業快桅（Maersk）長期合作，快桅承攬宜家在全球多種家具材料的物流任務；宜家與家電名企惠而浦建立業務聯盟，惠而浦為宜家連鎖店提供一整套內置式產品解決方案。

我曾有機會在順德參加家具行業的策略研討會，順德家具行業的企業家們都非常羨慕宜家的模式，也在反問自己，為什麼在中國沒有一個像宜家一樣的公司？其中有一位朋友問我：「中國企業善於模仿學習，很多企業也在模仿宜家，為什麼就沒有出現一家類似於宜家的公司？」我試著回答他的問題。的確中國企業是在模仿、學習中創新和成長起來的，到今天為止，優秀的中國企業都可以找尋到它們模仿和學習的標竿，無論是之前的家電製造業，還是現今的互聯網行業，每一個中國企業都在模仿學習標竿中獲得成長。那麼為什麼宜家的經營模式沒有學習到？我想一個核心的原因是，宜家經營模式中，涉及複雜的供應價值網絡建立，涉及創意設計以及設計轉化為產品的價值鏈打造，更涉及顧客理解和策略資源獲取的能力問題，這些是非常難以模仿的。

宜家得以成功的各種要素有效的組合，形成創造和傳遞價值的精緻系統。享受過宜家產品和購買過程的顧客，一定會感受到宜家獨特的顧客認知和產品理解，從宜家獨創的產品設計開始，如何累積和培育相應資源、如何運用這些資源支持企業的策略設計與實施，已經成為宜家獨有的特色；而策略資源與價值網絡的連結，使得宜家能夠協調自己供應和外部整合關係，能夠借助互補企業為顧客創造更具競爭力的感知價值，而這恰恰是其他企業無法模仿的東西。

宜家作為一家私人公司，在彰顯其社會責任部分也是獨具魅力的，它不但高標準地打造自己的社會責任體系，更是做到像公眾公司那樣公布自己的財務報表，並願意和大家一起分享自己的成長和經驗。宜家公司不斷提升產品設計競爭力，研發專利和設計技術具領先優勢，並基於此整合供應製造、研發團隊、零售終端、物流配送等產業鏈各環節。宜家公司全球產業價值鏈成為競爭者學習的標竿。

建立夥伴關係的通路發展觀。三星和宜家的成功可以幫助我們建立正確的認識，即企業需要確立新的通路發展觀。我把它稱為建立夥伴關係的通路發展觀，包括以下幾個方面。

第一，以策略為導向的分銷通路組合設計。由於市場環境變化較快，而且目前已經形成透過多種通路進行分銷的商業階段，因而企業思考問題的重點應放在如下幾處。

- 根據自身的策略要求來制定有針對性的通路組合方案，即從各個通路的自身發展潛力、對企業的銷售額貢獻、利潤貢獻、通路運用程度和改進潛力等角度，對通路進行分析，判斷各個通路對自身的價值，對通路客戶進行細分，制定與策略相匹配的通路組合方案。
- 設計相關的機制和措施來協調各種通路，以減少或避免通路的衝突。
- 透過對通路的控制和權重的優化，來優化各通路銷售的結構和製造商內部的成本結構，不斷優化各通路的銷售結構和對通路進行控制，應該是行銷管理的核心任務。
- 考慮對組織結構和流程進行調整，以適應通路管理的需要。

對現有分銷通路相對比較單一的行業來說，需要更加關注潛在的、新的分銷通路，即在傳統的通路之外選擇具有策略意義並適合於銷售的新通路，無論是網路平台還是虛擬社群。新通路的開發不僅意味著獲得目前的非客戶群體，而且也可能使企業可以更快速、有效地應對市場需求的變化，或降低總體的交易成本，或改變現有的競爭劣勢。以商品優勢競爭的傳統正逐漸消失，追求通路的差異化是中國企業面臨的難題。通路是企業接觸消費者的主要媒介，企業應根據通路來重組行銷架構，以通路為核心的組織更具競爭力。

第二，加強通路效率。長期以來，中國企業一直沿用傳統的批發零售模式。這種金字塔式通路的多層次框架降低了通路的效率，延誤了商品到達消費者手中的時間，導致企業對終端消費者的訊息掌控不力，並且增加了行銷成本。根據《麥肯錫高層管理論叢》的資料，分銷通路成本通常占一個行業商品和服務零售價格的一五%至四〇%。由此可見，透過改善分銷通路，企業可以大大提高自己的競爭力和利潤率。

Jack Li在《世界經理人文摘》描述過這樣一些案例[9]。

一九九九年中國汽車市場上流行多層次行銷體系，這可能將一部分銷售風險轉移到分銷商身上，但銷售品質及服務難以監控，最終可能威脅到自身的形象。上海通用毅然決定引入美國通用的行銷模式，建立自己扁平化的專營區域分銷網絡，使上海通用成為中國汽車行業專賣店模式的先驅。

為了確保通路效率，迅速掌握消費者訊息，提高品牌形象和服務品質，TCL也致力於建立自己的銷售網絡。然而，隨著商品向全國鋪開，公司的銷售網絡越鋪越大，在高峰時期公司擁有多達一．二萬人的銷售團隊。可想而知，銷售的成本急升，而銷售通路效率卻受到了嚴重的挑戰。一九九六年，公司開始了通路的「精耕細作」，對各地區的人口和消費水準進行調查統計，將銷售指標和分銷商數量建立在科學的基礎之上，提高單位銷售量。

第三，避免通路衝突。在開發市場的初期，跨區串貨、低價競銷等非正當競爭是與生俱來的產物，企業的態度和應對策略直接關係到通路的品質。通路衝突和串貨導致的直接後果是，互相殺價導致價格混亂，通路體系遭受重創，最終是多敗俱傷。因此規避衝突、創建通路之間的有序競爭是各企業需要面對的問題。

富士全錄（中國）有限公司總裁張昆提出了「通路生態系統」的概念。他認為，健康的通路生態系統，需要具備扁平、高忠誠度等特點，而通路之間有序競爭是健康的前提。為此，富士全錄從一九九九年開始，逐步規範內部的通路網絡，按照地域層層分區，中間構築「防火牆」，嚴禁互相串貨。公司專門的監管團隊運用每台機器的系列號進行跟蹤，對違章的分銷商實行嚴厲懲罰，有效杜絕了串貨的發生。在通路層次上，富士全錄拒絕和「托盤商」（即分銷商）打交道，尤其是那些被戲稱為「搬磚頭」沒有創造任何價值的通路成員，削減了中間環節。

第四，建立夥伴關係。通路效率的高低，很大程度上取決於通路成員對製造商的忠誠度。而不容忽視的情況是，中國本地的銷售通路本身品質並不高：從中國國營體系轉過來的往往模式僵化；私營分銷商機智靈活，但很多是從小商店發展起來，沒有受過系統專業的培訓，自身的素質欠佳。如果他們在行銷水準和服務品質方面得不到改善，必然會對品牌產生負面影響，從而損害製造商利益。

除了盈利政策之外，製造商和分銷商之間應建立共同的願景，並為此而努力，使通路成員獲得長久成功而不僅僅是短期效益，這才是合作的最佳狀態。製造商選擇通路夥伴的標準之一，應該是公司目標與製造商的宏觀市場目標和價值觀一致。因此，製造商的通路管理人員同時也應是一名諮詢員。他需要了解通路夥伴的公司整體結構，並對此提出自己的改進意見。西安楊森在對分銷商的支持方面，主要有以下幾點：一是界定經銷區域，最大限度保證了分銷商的利益；二是為通路合作夥伴提供「造血機制」，西安楊森在培訓通路成員、提升其整體素質方面，頒布了一系列措施。

第五，創造新通路。在傳統通路開始變革的同時，我們有機會關注通路在這個時期發展而形成的各種新趨勢，製造商與分銷商之間的合作是生產製造商直接和零售系統打交道，繞開通路所有的中間環節，避免了通路衝突，大幅降低了成本，是通路扁平化的最佳體現。

同時，製造商與分銷商合作也是一種風險共擔的間接通路形式，透過預購或集中採購，或商業資本向產業資本的滲透，都體現為製造商與商家共同經營，最大限度運用各方的資源，是社會分工的必然結果。在占據商場上風控制著消費終端的零售商眼裡，今後通路的理想模式，將是製造商、物流服務商和零售商的組合，人們談論的將不是如何「建立通路」而是如何「進入通路」的話題。

建立夥伴關係的通路發展觀要求，行銷通路管理不僅是指銷售或供給，當然它們也都非常重要，但更重要的，它是一種思維方式，一種與顧客建立新型連結以捕捉嶄新商業機會的方式。一個公司與其顧客之間存在各種互動方式，包括顧客怎樣及在何處購買商品或服務，又怎樣及在何處使用這些商品或服務等，而建立夥伴關係的通路發展觀就是這些互動方式的本質。

我引用Steven Wheeler、Evan Hirsh[10]的觀點做總結：

> 擁有好的產品不一定稱霸市場，相反，有能力管理不同通路及其帶來的經驗和關係，才能使自己與眾不同，脫穎而出。

協作效應

美國學者羅莎貝・摩絲・肯特（Rosabeth Moss Kanter）曾經提出的一個觀點「協作優勢」（collaborative advantage）[11]，在她看來，具備卓越的建立、保持廣泛協作關係的能力，對提高公司的競爭實力有著重要的作用。的確如此，離開協作，任何一個公司無法獨立地生存，它總是在一個明確的產業鏈條中，不同的企業聯合起來，為顧客創造價值，這種關係被稱為協作效應。一個公司可以加入多種關係當中，任何一種關係的合作者可能扮演許多不同的角色，最為強烈和密切的協作是價值鏈合作關係，這也正是我所關注的協作效應。

優勢互補

在競爭激烈的商業環境中，人們相信各家公司在商業的各個領域都建立了夥伴關係聯盟。當總體大於部分之和——一加一等於三時，要進行協作。每個聯盟都力圖透過建立夥伴關係達到這種效果。獲得行業領先地位的企業，都比那些默默無聞贏得微薄利益的小企業更明白，與別的機構建立夥伴關係是好的選擇。蘋果令人震驚的異軍突起一方面源於賈伯斯，而另外一方面源於蘋果所搭建的商業平台，這個商業平台為眾多的軟體開發商開闢了全新的路徑，獲得與消費者直接互動的機會。而蘋果也藉此有無限的可能來滿足消費者的需求，並具有了持續創新和變化的可能。

蘋果和眾多軟體開發商之間的合作，是基於市場與技術的優勢互補關係，平台化是策略聯盟性質之商業利益共同體經營的重要原動力之一。對於軟體開發商來說，與蘋果的合作可以更多地獲得其接觸顧客的機會，而蘋果則更多地在運用軟體開發商的創新能力，快速而準確地滿足顧客的需求。這些利益共同體之間，無論是從行業還是市場來說，都屬於原定的競爭對手關係，它們為了應對挑戰、尋求協力優勢聯合到一起。

如果蘋果在原有的基礎上與惠普、戴爾、諾基亞、摩托羅拉進行競爭，無疑會陷入被動，而軟體開發商如果僅僅以新進入者挑戰成熟的通訊行業，也會帶來意想不到的困難。雙方選擇合作，從競爭對手變成協作關係，一方面可以避開雙方所面對的困境，另一方面又可以帶來全新的競爭格局，蘋果對於通訊行業徹底變革所取得的成就，足以說明協作所帶來的競爭優勢。協作效應的條件和前提是，與具有互補競爭優勢的夥伴建立聯盟，透過彼此協作取得相互的利益。這之中，了解和共享彼此的可互補優勢顯得尤為重要。

跨業互補

另一種情況是，利益共同體之間沒有競爭關係，也沒有行業關係，但是合作雙方的競爭優勢合併以後可以形成共同利益優勢。奧運項目應該是這樣一種協作效應最好的註解。每一次的奧運主辦方，深度了解外部策略關係的利益共同體的合作目的和過程，借助於這些外部策略資源，一個全人類關注的活動得以完美呈現。

經過十二年多的發展，現今的阿里巴巴集團已經成長為擁有超過二・五萬名員工、年總收入達到一百五十二億元人民幣的大型企業。阿里巴巴的B2B業務平台Alibaba.com，已經創造了七千九百七十萬註冊用戶；阿里巴巴的C2C業務平台淘寶網，已經創造了超過三・七億的註冊用戶，淘寶網二〇一〇年的交易總額達到了四千億元人民幣，相比二〇〇七年的三百億元是一個巨大的增長。更重要的是，到二〇一一年十一月三十日，淘寶網已經幫助二百四十六・三萬人直接就業，其中包含二・零三四萬名傷殘人士。淘寶商城（天貓）在二〇一一年六月從淘寶網中分離出來成為專業的B2C平台，其單日的最高交易金額接近十億元人民幣，二〇一一年淘寶商城交易額為一千億元人民幣，同比增長三．五倍。

支付寶是阿里巴巴在二〇〇四年首創的安全便捷的第三方支付平台，現在已經有超過六．五億的註冊用戶。關於市場表現，根據中國專業調查公司艾瑞（iresearch）的數據，C2C是最受中國消費者歡迎的網路消費平台，淘寶網二〇一一年第一季度在中國C2C市場上的占有率為九〇．五％，而淘寶商城也占到了中國B2C市場的四六．九％。阿里巴巴的商業模式是其獲得如此增長的關鍵影響因素，而其商業模式的核心就是合作各方形成利益共同體。

跨行業的互動式行銷中心

早在二〇〇三年，格蘭仕、康寶、萬信、名人、歐派、希貴、京東方、大自然、中電SCT、快樂廚房十家知名企業在北京共同簽訂「互動聯合行銷聯盟公約」，試水大規模互贈促銷模式，進行價格殺手們的通路整合。格蘭仕帶頭策畫這一全新的行銷模式——聯合互動行銷。參與結盟的第一批企業有十家，這個數字已經變為幾百家、上千家。現在還有二十多家企業急切地等待加入這個聯盟，從IT企業到牛奶生產商，各行各業都有，這個聯盟體很快會擴張到上百家、上千家。在此次聯合行銷中，當消費者購買格蘭仕的微波爐時，同時他可以獲得廚具、商務通等其他九種產品的優惠，反之亦然，即使消費者購買一台三百元人民幣的微波爐，也可以得到五千元人民幣的優惠券，以任意的組合方式，購買聯合企業的產品。

事實上，這個被格蘭仕喻為「跨行業的互動式行銷中心」的最終模式，就是尋找聯盟企業的共同利益並且構築和分享共同利益。許多中國名牌產品看中的是格蘭仕在全中國的二萬個終端，如果彼此間能夠相互合作，格蘭仕運用自身的銷售通路，搭賣它們的產品，同時，它們的終端也能推廣格蘭仕的產品，幾十家策略同盟企業同時推廣，就會有幾十萬、上百萬個終端，產品的推廣與行銷成本就能迅速降低。按照格蘭仕的設想，格蘭仕的產品內銷數量每月在八十萬至一百萬台，包括空調、光波爐、微波爐、電磁爐、電子鍋等小家電，如果每月發出一百萬張優惠券，這就是個非常可怕的數量。任何參與其間的聯盟企業，可以運用這一巨大的銷售網絡迅速占領市場，甚至合作可以進一步加深，包括各合作企業甚至可以運用格蘭仕海外行銷通路，將產品借船出海，銷往海外市場。

這是中國第一次出現搭建在品牌地位之上的企業聯盟行為，從這個層面上說，家電聯盟，對業界以及競爭對手都頗具威懾力。眾多商家聯合出手，五花八門的各類產品，憑券優惠的折扣價大多比實際市場售價低五〇%至七〇%，折扣力度相當大。而聯盟成員不但要對自己負責，而且要接受整個聯盟兄弟公司的監督，原先用於開拓市場的各種費用轉化成為直接的銷售，如果能充分運用聯盟廠商的銷售通路，迅速將貨鋪到幾萬、幾十萬個終端，就可降低促銷費用，節省出來的通路成本與時間成本，足以獲得價格上的絕對優勢。

理論上說，這種互動式聯合促銷可以使原有的促銷力量無限放大。假如，A、B、C廠商聯合促銷，各自合法讓利一百元，則聯合起來的每家企業可以新增加合法的二百元促銷資源為自己企業所用，而且品牌推廣也是集中三家工廠的力量，一旦聯合起來的工廠數量一多，其市場推廣的力量也將呈等比級數地增長。例如，歐派櫥櫃與格蘭仕在各自的行業都屬於佼佼者，聯手則是將單打獨鬥與聯合促銷融為一體，透過雙方資源的有效配置和資本的優化組合達到規模效益，以求達到「1+1>2」的效應。

二〇一二年六月二十九日，當當網宣布正式獨家入駐QQ網購商城的圖書頻道。QQ用戶將可以直接透過QQ帳號登錄QQ商城，下單購買當當網在售的所有八十萬種圖書，並享受相同的低廉價格。此外，七月，當當網孕嬰童頻道也將全線入駐QQ網購，媽媽們將可以更方便地為寶寶選購相關商品。據了解，QQ網購將主要為消費者提供購物平台，商品的打包、快遞、售後服務等工作還是由當當網來完成。透過QQ網購購買當當網圖書的消費者依然可以享受貨到付款、假一賠五、上門退款等服務。

一位來自北京的劉女士表示：「現在每個人差不多都有五六個購物網站的帳號，買不同的東西去不同的網站，如果以後能夠做到帳號的互通，這樣將更加方便。」此外，劉女士也表示了對這種模式的擔心，「如果一次在QQ網購購買了當當網的圖書和一些其他商品，出現售後問題該怎麼辦，處理起來會不會很麻煩？」對此當當網相關負責人表示：「對於在QQ網購下單購物的消費者，可以透過QQ網購的統一客服平台申請售後服務，對於涉及當當網銷售的商品將依照當當網售後服務標準執行，其他商品將由QQ網購依照相關規定執行。對於消費者來說，只需與QQ網購客服單線聯繫即可，非常便捷。」[12]

據了解，對於在QQ網購同時購買圖書及其他商品的訂單，將採取分包遞送的方式，當當網商品將以當當物流直接遞送，其他商品由QQ網購負責遞送。騰訊的這一策略目標並不是聯合促銷或者單純地擴充品類，而是一種新行銷模式的誕生；更確切地說，是將聯盟各方在通路整合過程中節省下來的利潤空間讓給消費者。在競爭最為激烈的網路商城大戰中，騰訊這個利益共同體透過規模化、專業化集中取得優勢，將在行銷手段上遙遙領先。

上面的兩個例子是協作效應的表現，對於競爭而言，也許還需要再進一步判斷如何形成能夠脫離競爭的協作效應，但是顯而易見的是，協作效應最大的好處是更接近顧客和供應商。因此，在現今巨變的市場環境中，協作關係的培育是一項關鍵的管理技能，學會協作是必須的，也是必要的。由於協作效應所面對的是複雜的合作關係，所以需要企業的管理者對文化、策略、技術、組織等各個領域的問題保持清醒的認識。

IBM全球整合之路

二〇〇八年八月六日消息[13]，IBM對中國企業發布了一份題為《通過全球化整合實現轉型：中國公司真正成為全球企業》的報告，該報告深入分析了全球化整合的迫切性和中國公司需要透過全球整合，實現突破性發展的必要性。出於對全球化整合迫切性的理解，ＩＢＭ在彭明盛時代開始了這一策略方向的轉型，在二〇〇八年十一月六日彭明盛告誡ＩＢＭ的經理人，「我們在財務市場上面臨的危機，讓我們清醒地認識到全球系統的高複雜性、現實性和危險性。但實際上，二十一世紀的第一個十年給我們敲響了一個個警鐘，即全球整合的現實難度。」即便是這樣，ＩＢＭ還是堅持全球整合資源的策略，而背後的邏輯是什麼，可以借助於在中國發布的這一報告梳理清楚。

報告認為全球整合背後有三項驅動因素：第一是經濟力量，公司透過降低成本改善盈利能力，持續尋求進入新市場獲得業務收入增長；第二是專業能力，公司放眼於國際市場，尋求人才、理念和創新，並增強提供全球解決方案與服務的能力；第三個是開放性，日益開放的業務標準、業務模式與系統使業務活動專業化成為可能，而活動的專業化可以帶來最佳的工作分配和進一步整合。

全球整合公司與傳統的跨國公司存在多方面差異。全球整合公司作為一個協作實體營運，不像傳統的跨國企業以地理邊界定義遍布全球的業務單位；全球整合企業以增長和效率為雙中心，達成規模、效率和能力收益，不像傳統的跨國公司，以增長和建立規模為目標；在營運方面，全球整合公司在全球範圍內是「整合」的而不是「互聯」的，工作流向最適合完成它的位置。因此，全球整合是一項策略措施。透過全球整合，企業可以有效發掘全球協作機遇，獲得發展資源、盈利和業務能力，並且建立若干全球「卓越中心」，向自己的市場和客戶提供本地相關的產品和服務。

報告特別針對中國企業進行全球化整合的必須性進行了分析。中國公司在全球化進程中，要做到持續業務發展和真正的全球領導地位，仍面臨諸多挑戰：它們需要拓寬和加深自己的全球觸角，獲取新的市場；它們需要加強管理規畫和複雜性不斷提高全球營運；它們需要持續關注效率問題，尋求更高的盈利能力；它們需要進一步在企業治理、管理和營運方面納入最佳實踐，融入全球商業社會中。在加速全球化之路上，中國公司有機會直接向全球整合方向轉型，跳過很多發達經濟體公司曾經經歷過的跨國企業階段，獲取更為深入的商業與效率收益。

IBM在研究成功的全球整合經驗中，概括了三個主要原則：在全球選擇最合適的地點開展營運，從而有效地運用技能和成本方面的差異獲得收益；消除重複的業務環節和固定成本，從而建立規模經濟，並提高營運效率；保持一個相對較低的組織「重心」，使決策始終貼近市場，從而能夠靈活地響應本地市場變更和客戶需求。

IBM致力於全球整合策略的推進，內容包括：轉向高價值解決方案；轉向基於價值的文化；降低決策重心；成為主要的全球整合企業；在保障重點的前提下進行重大市場轉變；智慧的地球。IBM制定了周密的計畫以保證轉型成功，以IBM策略為導向，根植於公司的價值，兼顧業務流程、技術和文化的轉型，重點加強增長、效率和文化變革領域，以維持

IBM在全球市場的優勢。在促增長的轉型中，IBM關注客戶價值的方式做出了「由外而內」的徹底改變，轉型基於「由外而內」的方式進行。

- 客戶行為驅動：客戶購買行為；客戶或行業價值主張。
- 基於客戶的方式：客戶價值評估；客戶平衡評估。
- 客戶優先的企業：適應行業的團隊；全面為客戶服務。
- 客戶價值就緒團隊：專門技術開發；及時的訊息；聯網的社群；端到端問題管理；基於價值的實例。

關注客戶價值的行動方式改變，取得了全球整合的明顯績效。IBM的客戶之一燕莎作為中國頂尖的零售商，透過結合供應鏈及ERP改善了競爭力，具體表現在下單時間由二・五天縮減到四・五個小時；供應商訊息服務增長了五〇%；九個月內即達成ROI。同樣的成功也出現在斯德哥爾摩市，其透過智慧道路管理系統解決了交通阻塞：減少交通量二五%；選擇公車的市民增加了四萬；減少了雜訊和廢氣排放。我相信會有更多的客戶，因為整合策略而獲得極大的價值釋放，IBM自己本身就是首先獲益的公司。IBM建立了全球共享服務平台，為全球共享服務建立一致的流程、方式、系統和管理；全球部門所有人負責根據基準目標滿足效率目標；向共享服務部門提供通用的機遇識別方式來改善效率和效果。透過這三個方面的努力，ＩＢＭ在過去五年間減少花費達四十八億美元；過去五年，供應鏈平均每年節約三十億至五十億美元；每個共享服務都促進了現有的效率和效果，財務周轉時間從三％降到一％，房地產周轉時間減少五〇％，人資、人員管理雇員與員工的比率由一：一二二降低到一：一六九。

二〇〇五年五月二十日分析家會議上彭明盛說：「我們無需在每個國家都複製ＩＢＭ。我們正為世界的各個地方優化關鍵運作（消除冗餘機構和投入過多的部門）水準和全局地整合這些運作……也就是在正確的地點，用正確的方式，執行正確的任務。」[14]全球整合的持續努力，也讓ＩＢＭ獲得了持續成長的績效，二〇一〇年ＩＢＭ財報數據如下：每股盈餘（ＥＰＳ）十一．五二美元，增長一五％，連續八年達到兩位數增長；營收九百九十九億美元，增長四％；做到創紀錄淨收入一百四十八億美元，增長一〇％；毛利率四六．一％，連續七年增長；自由現金流一百六十三億美元，增加了十二億美元；二〇〇六至二〇一〇年支出二百億美元，收購了超過六十家公司，收購成功率高達七〇％。二〇一〇年在美國獲得五千八百九十六項專利，連續十八年名列世界第一，連續三年獲得全球最具價值品牌第二名。

7

品牌的本質

品牌是能力而非夢想，品牌是結果而非資源。品牌之所以具有巨大的魅力，是源於品牌就是顧客體驗的總和，是顧客內心所引發的共鳴。

品牌幾乎是中國人骨子裡的情結，我也擁有同樣的品牌情結。但是擁有情結是一回事，創立品牌又是另外一回事。二〇〇五年之前，我傾向於通路優先於品牌，明確地講，對於那個階段的中國企業而言，通路驅動比品牌驅動更加重要，因為我們還不具備創立品牌的能力。太多的企業和企業家把品牌看得太重，太多的人願意做品牌夢，但是成就品牌的不是夢想，而是實實在在的能力，一方面來自於企業的能力，另一方面來自於顧客的能力，離開了顧客和企業的能力，品牌是不會存在的。

品牌是顧客體驗的總和

在過去的幾年裡，人們被繁多的詞彙湮沒，如品牌態度、品牌增效、品牌效應溢出、品牌稀釋、品牌認知等，隨處可見人們對品牌津津樂道，從中可以看到行銷人和經理人對之追求，看到管理者和企業家對之熱愛，看到專業人士對之關注，更看到消費者對於品牌的愛恨交錯。這一切都在表明，品牌已經成為經濟生活一個重要的元素，人們已經確信了品牌具有的強大的魅力。看到一則新聞，《紐約時報》商業版的記者喬伊·夏爾基（Joel Sharkey）寫道：「在一九六七年具有歷史意義的電影《畢業生》中，有這樣一個經典場面。在雞尾酒會上，一位熱心的、上了年紀的男人對乳臭未乾、充滿迷惑的達斯汀·霍夫曼（Dustin Hoffman）低聲提了一項商業建議，就是一個詞『Plastics』（信用卡）。如果現今重拍此片，台詞就要改成『品牌』了。」今天，品牌已經是每個人的詞，儘管並非人人都真正理解其內涵。作為品牌的一個追隨者，我個人對於這些不嚴謹的說法頗感不安，因為如果不能夠真正理解品牌的真實含義，品牌本身的魅力就會變成商業的包裝而失去力量。

定義品牌

關於品牌的定義，從相關的書籍上你可以非常容易得到，我選擇《蘭登書屋英語詞典》（*Random House English Dictionary*）中，有一個詞條對品牌進行的定義。

①一個詞、名稱或者符號等，尤其是指製造商或商人為了在同類產品中區別出自己產品的特色而合法註冊的商標，通常十分明顯地展示於商品或廣告中。②品牌名稱廣為人知的一種產品或產品生產線。③（非正式）在某一領域的名人或重要人物。

這個定義有些過時，但是它可以讓大家對品牌有一個相對清晰的認識，我說它過時是因為這個定義過多依賴於產品、服務、商標之類的有形物。不錯，在一定程度上品牌是物質的，經常由產品、場所和人來代表。而當工業革命轉變到技術革命的時候，整個世界從「有形世界」

轉變為「無形世界」的時候，那些無形的、常常是無重量的理念，如知識產權、創意、產品和服務等對財富的驅動力，要遠遠大於有形的物質。而在這一領域品牌顯得更為突出，比如可口可樂的市場總價值中情感實體遠大於物質實體，罐裝飲料廠、貨車、原材料和建築物，這些有形物質資產對於可口可樂公司和華爾街來說，並沒有全世界的顧客對這一品牌的好感重要。換句話說，可口可樂公司所創造的顧客忠誠度在未來難以估量，要量化這一部分的資產負債，恐怕會使最出色的財務長都發狂，而價值的確就在那裡。

所以，品牌的全面定義應該是：品牌具有最基礎的本質，這一本質不是外在的，也不是完全用產品或服務來定義的。就像柏拉圖所認為的那樣，我們在日常生活中所體驗的任何具體事物的各個面向，都存在著該事物的「理念」，是「理念」使事物更長久，甚至擁有永久的意義。

也許我這樣的表述方式不夠概念化，其實我所想表達的意思是：品牌最終的體現是具體的事物，但是這個具體的事物本身並不代表品牌，而是這個具體事物在人們內心認知的外化表現而已。品牌概念，可以稱為「柏拉圖的理念」，人們可以在沒有看到產品或者沒有直接體驗服務的情況下，對其產生反應。試想一下，哈根達斯，其名稱本身，甚至它的標誌，都能夠讓人想起美好。是的，它代表冰淇淋，但是更意味著美好。品牌承載的最突出意義，卻是一種感覺以及對於這種感覺的期待。

顧客是品牌內核的來源

按照密西根大學商學院教授普哈拉及雷瑪斯瓦米[1]的說法，權力鐘擺向顧客的移動使產品「不過是一種顧客體驗」。這一概念無疑意義深遠。產品和服務總是要不斷地更新，而其品牌卻是永恆不變的。所以定義品牌應該是這些體驗的總和，而非產品或者服務本身。事實上，從進入網路經濟的那一天開始，顧客決定的力量就開始發生作用，企業與顧客之間成為策略夥伴而非交易關係或者服務關係，新的經濟規律是商業世界圍繞著顧客運轉，而不是相反，商業最終會隨著顧客而非那些最成功的分銷商或者零售商而起起落落。正因為我們生活在這樣一個經濟時代，所以必須更加關注顧客的體驗，必須認識到：在顧客與品牌的關係中，產品和企業本身只是一個載體而已。

我這樣說應該是有些過分，但是如果理智地思考，應該可以理解產品和企業的功能到底是什麼，我再一次引用彼得．杜拉克的觀點：企業就是創造顧客[2]。如果沒有顧客，企業和產品其實都沒有存在的意義和緣由。就如耐吉運動鞋，菲爾．奈特推出耐吉品牌後，將運動健身的靈感與渴望達到世界級水準的創新產品結合起來，如耐吉氣墊運動鞋。耐吉本來可以花上千萬美元宣傳產品的價值，在這款運動鞋中跟處薄而柔韌的膜中裝了氣墊，外面包著成型的腳框架，並附有一種動力健身系統。不過耐吉只簡單地展示了一下產品，卻與顧客在更深、更鼓舞人心的層次上做了交流，讓人在更廣闊的運動健身世界裡了解這一產品的真正意義。這超越了產品本身，讓人感動。

有一次我到一家公司調查研究，我問大家，公司最成功的地方是什麼，他們自豪地告訴我說這家公司是業內賺錢最多的公司。而我到另外一家公司調查研究，問了同樣的問題，他們告訴我說他們最自豪的是這家公司是業內最大的公司。我感覺到了一種危機，也許賺錢和規模最大能夠說明企業所取得的成績，可是我感到危機的是，這些公司成員的自豪與顧客沒有任何關係。我在很多地方講過我自己的一個經歷，在美國訪問，中國的企業家常常問美國企業的規模有多大？而美國企業家常常問企業的用戶是誰？有多少？一個不斷關心用戶以及用戶數量變化的企業，我們有理由相信它們會一直存在，因此所參觀的美國企業平均壽命是八十六年，一個擁有八十六年歷史的公司，因有八十六年的顧客認同，應該就是擁有品牌了。

這幾年來中國企業在規模增長上表現神速，但是對於顧客價值的展示上並沒有表現出應有的能力，所以可以看到一個非常奇特的現象：大量銷售的獲得是透過資源投放獲得而非顧客認同獲得，顧客與企業之間是完全的交易關係。這個現象表明我們的企業並沒有真正地建立品牌，相反，距離品牌的核心內核相距甚遠。如果這樣下去，當資源耗盡的時候，顧客就會離開企業，企業也就失去了生存的空間。

所以，企業應該從關注產品回到關注顧客的身上來。在行銷領域，人們對於「第一提及率」非常熱心，可是如果仔細研究就會發現，「第一提及率」所顯示的並不是顧客自身的努力，反而是企業所做的努力，「第一提及率」反映的是一種產品或者產品特徵、一種品牌的自覺認知，但這並不代表人們一定會購買，就像人們可以在多種場合下不斷地提及保時捷汽車，但這些人可能根本就沒有意願去真的擁有一輛保時捷汽車一樣，因為在大多數人的消費習慣中，保時捷並不是與他相關聯的產品。

回到顧客的層面，就會尋找到品牌的核心內核。品牌之所以成為品牌，就是因為它能夠在顧客內心中產生共鳴，能夠引發顧客的信任。品牌如果能夠尊重顧客更高級的需求，能夠在開發產品與服務的同時，開發可以巧妙調節產品與服務的行銷交流途徑，那麼這樣的品牌就可以高於產品，因為它更具有意義。

對於顧客的理解，對於顧客情感需求的滿足，對於顧客認知理念的理解和認同，可以引發顧客更為強烈的、更細微的、更複雜的原動力，正如需求理論所描述的那樣：人們渴望有歸屬感、紐帶關係、希望有所超越和自我實現、希望感受快樂和滿足等。最成功的品牌總是能夠激發起積極的情感，就如DHL「使命必達」。每一次的新廣告發布都會成為一個故事，而這個故事就像一部偉大的神話，永遠也講不完，因為故事的主人公是顧客，而不是公司自己。

品牌並不是企業核心競爭力

企業是要不斷變化的，產品和服務也在周而復始地改變，而顧客體驗最終會定義品牌。在我最初明確地寫下這個觀點的時候，剛好接到郵差送來二〇〇七年第三期的《中國國家地理》雜誌，封面標題是「江南專輯」。江南在不同人的眼裡，是完全不同的，地理學家說：江南是丘陵；氣象學家說：江南是梅雨；文學家說：江南是天堂。一個江南在不同的顧客感受裡就有了不同的認知，之所以江南能夠牽動那麼多人的思緒，是因為那麼多人都可以在江南體驗到自己的感受，都可以表達自己對於生活意義的理解。

我自己也曾寫過一篇散文《西塘》[3]，在這篇散文中，我自己感受到的是清純，「何以踏上這小鎮的土地，我的心就有了一種如歸的親近？安靜地坐在西塘的午後，我知道這是自己內心嚮往的生活狀態，不需要繁華，不需要奢侈，只需要清純的河水，只需要一縷簫音，在微微的風中思緒淡盡就可以了……。」這就是我的江南。很多人都以為是江南的小橋流水、唐詩宋詞的風韻構成它的品牌，其他的地方沒有這些獨到的歷史和資源，所以也就無法建立品牌。但是我不同意這樣的說法，江南之所以是江南，不是因為小橋流水，不是因為唐詩宋詞，是因為江南切合了遊人細膩、溫柔的心，在江南的環境中能夠呼應，能夠服貼。

很多企業都基於企業核心競爭力來確定自己的品牌優勢，這恰恰是錯誤的。企業確定品牌的關鍵是與顧客的價值需求一致，簡單地說就是品牌定位於顧客意圖而非企業核心競爭力。我在一本書上曾經看到，克林頓在一九九六年美國總統競選上發表的一句著名短語：「經濟，乏味透頂的東西。」每次克林頓提到此，他都提醒選民他所關心的是工作、失業、福利、稅收以及所有民眾正擔憂的其他問題。「經濟、乏味透頂的東西」這句話把克林頓定位成唯一一個關心民眾疾苦的人，其他候選人力圖搶回注意力，但是克林頓已經捷足先登，其實，克林頓正是選擇選民的意圖來建立自己的品牌，而非自己的核心競爭優勢：演說能力和領導能力。

所以，在開始考慮確定品牌的時候，首先需要確定的是顧客的意圖，確定在顧客意圖方面企業擅長什麼？不擅長什麼？企業所擅長的地方能否幫助實現顧客的意圖？還是傷害了顧客的意圖？或者根本與顧客意圖的實現毫不相關。

企業核心競爭能力與品牌本質被混淆了，人們認為具有核心競爭能力的企業就能夠建立品牌，更糟糕的是企業把行銷投入也定位為品牌建立，因此不惜投放資源，不斷地進行市場定位的調整和完善，花大量時間和資源來改善進入市場的行銷策略，考慮在哪裡獲得原材料，怎樣管理和分類產品，不斷地調整產品組合，甚至開始創造更新的產品。企業認為這些努力都是在建立品牌。但是這些企業卻忘記了品牌內涵所需要的東西，忘記了品牌內涵需要符合顧客的意願，更加忘記了企業需要吸引顧客前來購買它們的商品。我同意企業核心競爭能力對於企業是非常重要的，但是也請大家明白，企業核心競爭能力是實現品牌建立的一種能力，並不是品牌內涵，品牌的內涵只有一個，那就是顧客意圖，許多公司犯的錯誤，就是簡單地把兩者連結在一起，並不知道核心競爭能力與品牌不能等同。

史考特．貝伯瑞和史蒂芬．芬尼契爾認為對於品牌而言，七種核心價值最為重要[4]：①簡潔；②耐心；③關聯性；④可接觸性；⑤人性化；⑥無處不在；⑦創新。這七種核心價值正是顧客意圖的體現，也許企業會在不同的行業有不同的規模，但是在建立品牌的時候，展現這些核心價值是所有品牌在創建以前都必須關注的，因為它們正是顧客所期望的價值。

建立品牌是一個需要回歸顧客層面的過程，也許品牌有多種表述方式，我還是用顧客價值這個方向來定義品牌，從而使品牌建立的方向能夠符合顧客成長的方向，也唯有這樣，企業才能夠真正建立自己的品牌。所以，再重複我對於品牌的定義：品牌是顧客體驗的總和。

中國企業的品牌能力

品牌所產生的影響主要直接針對消費者和最終用戶群，它強調的是品牌提供商的獨立行為，並不與價值鏈上的其他成員構成直接利益。品牌的奧妙之處，就在於品牌提供商可以在任何逆境下，都仍然保持固定的市場占有率和相對的品牌忠誠度。

這是一些人的觀點，你是否同意？這個問題的實質是回答：品牌到底是怎樣發揮作用的？品牌面對終端市場，好的品牌對品牌提供商產生拉力——有市場作為拉力的動力源，整個供應鏈都受到市場的拉力，供應商至零售商幾乎可以拋開煩惱，不假思索地供貨就行了。在美國、日本、歐洲，奇異、ＩＢＭ、西門子、微軟等品牌早已深入人心，它們透過各種市場媒體手段和品質保證，取得並保持品牌的成功：這些企業側重「品牌為先」，對它們來說開拓新的市場需求，並且達成品牌對市場的最大影響力才是最重要的，因為有了品牌就有了市場拉力，其他的就會隨之而來。

品牌是能力而非夢想

品牌效應導致很多人，特別是一些中國的研究學者認為中國企業已經步入「品牌經濟」時代，但我還是要提醒大家：目前階段中國企業做品牌的能力還非常弱！

在中國企業建立品牌的過程中，蒙牛是一個最有代表性的企業。這家企業曾經在短短的五六年時間裡，增長了幾千倍，並成為市場中最具影響力的企業之一。這家企業從顧客認知最重要的環節做起，第一個在乳業強調「來自草原的牛」，用健康、綠色、環保作為主要的訴求，也因此獲得了消費者的認同。蒙牛開創了產品與民族和國家發展之間的關聯，當神五飛天的時候，人們也記住了「請舉起你的右手，為中國加油！」的蒙牛；當人們關注民族未來的時候，「每天一杯奶，強壯一個民族」的蒙牛，已獲得了高度的認同；而「甜甜的、酸酸的」締造了無數個「超女」夢想的時候，蒙牛已經開始收穫了深入到人們日常生活而不可替代的乳業領先者地位。但是，隨之而來的是「三聚氰胺」事件，之後一些負面的情緒在消費者心中滋生，一系列無法建立誠信的事件，把蒙牛從人們內心中最可信賴的位置中排除出去，這不得不讓我們反思，到底如何去打造和建立品牌？中國企業是否有能力打造品牌？

一些企業認為，不斷地做廣告，進行活動行銷，不斷的行銷策略以及市場投放，就是在為建立品牌做出努力了，看到這麼多企業如此做品牌運作，讓我感到很緊張，因為這是非常浪費的行為。如果把品牌看成企業追求的目標，那是極其錯誤的認識，同時也是不肯面對現實的認識，因為從某種意義上講中國企業還不具備打造品牌的能力。

我同意品牌經營對一個企業在市場上獲得成功有著重要的作用，而且中國企業也真切地感受到了品牌所發揮的不可替代的作用。然而，許多中國企業低估了品牌經營的難度，並且概念不清：將廣告等同於品牌經營；產品等同於品牌；服務等同於品牌經營；市場占有率等同於顧客忠誠度；與競爭對手的區別等同於品牌的區別。這些誤區導致了企業在建立品牌的過程中，常常走到相反的路上。

可口可樂即使生產部門遭受火災化為灰燼，但可樂還是能夠暢銷，可口可樂公司會運用周轉的時間差，尋找另一家飲料工廠繼續生產。而秦池、三株等曾經的廣告巨人，僅僅因為一點微小的失誤就會轟然倒地。廣告是獲得顧客認知和知名度的重要行銷工具，但廣告本身並不等同於品牌的建立。很多企業不顧一切地在中國中央電視台黃金時段播放廣告，透過廣告可以使某一名字廣為人知並促使一個階段內的銷量增加。但過度的廣告投放，過度的服務成本，過度的產品包裝，以拚價格換市場，以適應競爭對手的變化為策略，這樣做的結果不是建立品牌而

表7-1 品牌、商品、名字

	商品	名字	品牌	強勁品牌
1. 顧客是否知道我們的名字	✓	✓	✓	✓
2. 除了「產品類別中的一個」之外，我們的名字是否別無其他	✓			
3. 顧客是否認為我們的產品有別於我們的競爭對手的產品		✓	✓	✓
4. 是否有一部分顧客想要這種差別		✓	✓	✓
5. 顧客是否指名要我們的產品			✓	✓
6. 我們是否可以要求一個比較高的價格			✓	✓
7. 目標顧客是否將我們的品牌人格化並從正面角度與之認同				✓
8. 我們的品牌是否對目標顧客而言無所不在				✓

是傷害品牌。

提供表7-1的目的是想讓大家對商品、名字、品牌、強勁品牌有個清晰的認識。企業的產品進入市場後分為四種情況。第一種情況是商品，特徵是顧客知道產品的名字，除了這個產品是「產品類別中的一個」之外，沒有其他的內容，例如菜市場上的各種蔬菜。第二種情況是擁有了名字的商品，特徵是顧客知道其名字，顧客認為其產品有別於競爭對手的產品，有一部分顧客想要這種差別，例如人們在超市看到的各種商品。第三種情況是擁有品牌的商品，除了具有有名字等產品所具備的特徵外，還具有顧客指明需要其產品，顧客同意用更高的價格接受其產品，例如寶馬。第四種情況是擁有了強勁品牌的商品，到了這個時候，除了具有品牌的特徵外，品牌企業還可以擁有目標顧客，並且目標顧客將其品牌人格化並正面認同，同時品牌企業對於目標顧客而言無所不在，例如麥當勞。打造品牌的過程，應該是獲得了在表7-1中所列明的各種條件。

中國企業還不具備做品牌的能力，是因為中國企業的產品只是達到商品或者擁有名字的產品這個階段，還沒有能夠擁有品牌或者強勁品牌的各種條件。對於大部分中國企業而言，顧客知道它們的名字，但是有關這個企業的產品是否有別於其競爭對手的產品，顧客沒有太多的感受；對於顧客想要的差別，企業多數是沒有能力提供，大部分的顧客不會很確切地指明要哪一個企業的產品；中國企業更多的是採用低價銷售的市場策略；而企業的目標顧客是誰？他們的需求如何？這些問題很多企業回答不了，或者根本就不關心，也因此無法獲得人格化的認同。

從本質上來說，建立品牌是關於定義有競爭力的強勁價值定位，並持之以恆地將此定位價值交付給顧客的過程。為了做到這一點並做得出色，公司必須回到服務顧客的基本工作上，管理其業務運作。只有基於這個出發點，公司才會理解如何才能產生品牌。雖然中國企業在三十年的市場奮鬥中，誕生了很多產品，也擁有了豐富的商品市場，但中國企業沒有一家可以算得上有真正意義的成功品牌，這不是悲觀的論調。我只是想闡述一個事實，因為在我的邏輯中認為，品牌本身並不代表「優秀」，品牌是企業選擇進入市場和取得市場的方式，依靠企業透過市場行銷以及品牌提供商自身形象（產品／服務品質、價格、交貨服務等）得以經營，最終能否獲得市場和顧客的滿意，要看消費者對品牌本身的認知，能否獲得顧客指定購買的殊榮。

建立品牌的時機

企業何時才能獲得建立品牌的時機，取決於以下幾個方面。第一，產品本身是否擁有獨到的價值。產品是品牌的載體，沒有好的產品是不可能產生品牌的。好的產品能夠滿足顧客的需求，能夠提供可靠性和可追溯性，能夠在相同的產品中給顧客獨特的感受，例如，三星產品以品質、可靠性及服務著稱。這是與三星管理人員強調產品品質的做法密切相關的。當顧客對三星手機的不足之處抱怨後，李健熙命令銷毀其庫存產品。另外，三星公司還擁有一支研發團隊來不斷改善產品品質，並提供滿足顧客需求的產品型號。

第二，能否實現個性與可見度。當企業產品和企業形象在個性化和可見度上都能夠有所建樹的時候，企業為品牌的建立奠定了一個基礎。可口可樂雖然一直保持口感不變，但是不斷推出新的包裝，不斷與各種活動緊密結合，迎合了消費者的眼光，成為人們無法忘懷的品牌。二〇一二年倫敦奧運會，可口可樂不失時機地與奧運連接在一起，在中國市場先和麥當勞品牌互動，推出一套杯子，接著和中國奧運冠軍劉翔、陳一冰、張繼科等合作出一組全新的奧運產品。這些安排，讓保持口感和紅色標誌的可口可樂一直彰顯著自己的個性和可見度，無法讓人忘懷。

第三，是否擁有穩定可靠的通路。品牌的建立在更大的程度上取決於通路的可靠性和穩定性。因此建立品牌的企業必須能夠解決通路的問題，才能夠開始談論品牌的建立問題，好的品牌無疑都是通路創新者、通路建設者。它們能夠與通路分享和創造價值，它們能夠和通路一起滿足顧客的需求，通路也因為品牌企業而充滿了活力和成長。典型的案例就是汽車行業中的佼佼者，無論是寶馬、賓士還是奧迪，都是與通路深度合作，從而獲得穩定而持續的市場占有率，以維持品牌的覆蓋率。

第四，是否具有向顧客傳遞並溝通價值的整個業務系統。這是最後的一個關鍵條件，因為品牌本身意味著顧客的忠誠度、顧客的價值定位、顧客對於產品價格的敏感性等，這些要素的獲得不是企業哪一方面做好就可以得到，需要企業整個業務系統支持才可以得到。海爾的服務、新產品研發、物流、供應鏈管理、市場化能力、傳播以及與顧客的溝通，這一切的綜合才構成了海爾的品牌。

建立品牌需要時機，正是基於上述這四個條件，違背這些條件或者不能夠滿足這些條件的，貿然建立品牌只會是把企業葬送。秦池酒、三株口服液等一大批曾經輝煌的企業，因為不能夠好好理解建立品牌的時機，只是簡單地理解為透過大量的廣告就可以打造品牌，結果毀掉了企業本身。因此，需要管理者明白的是：品牌不是企業的目標，只是一個結果，企業需要建立上面四個條件，並尋找屬於自己的一條品牌發展道路，用時間去努力奠定建立品牌的基礎，當時機成熟的時候，品牌自然為顧客所認同。

品牌的發展之路

一個品牌的建立，需要經歷什麼樣的過程，需要什麼樣的關鍵點來完成，是需要認真理解的。否則企業所做的努力很可能只是品牌發展之路的一個點，其他點可能根本就沒有經歷過。那麼品牌發展之路是如何展開的呢？借助於很多人的研究，我將其歸納為以下幾步。

第一步：識別力量。品牌建立的第一步是能夠讓顧客識別，這種識別來自於企業所提供的產品本身，所提供的服務，所提供的標誌。在這一步裡，需要企業非常清晰地傳遞自己產品的價值主張，需要企業非常認真地貢獻產品的品質，也需要企業很好地設計自己的標誌系統，使得顧客可以清晰地認知，並且非常容易記憶和區別。可口可樂、賓士、耐吉、蘋果等，這些公司識別的力量都是極其強大的。相反，中國的一些企業常常希望模仿，總是想讓自己的標誌與一個著名的商標類似，同時對於產品的品質給予的投入和關注程度也不夠，所以在識別的力量上已經有所缺失。

第二步：價值鏈管理。對於價值鏈的管理，以及價值鏈成員之間的權力分配是構建品牌的第二步，這種權力的分配體現在供應商、製造商、銷售商、顧客多方面的權力共享，沒有所有品牌構成成員恰當的資源分配，不可能形成對於品牌的共識。因此，需要品牌企業能夠很好地協同價值鏈成員之間的價值分配，並能夠協調價值空間，使得每一位成員能夠為顧客最終的價值做出貢獻。最可以說明這個問題的是英特爾公司和微軟公司，英特爾和微軟是兩個隱含在價值鏈中的成員，但是因為它們自身價值的貢獻，會決定一台電腦的運行速度和操作有效性，因此無論是之前的ＩＢＭ、還是現在的聯想，以及戴爾、惠普，只要是生產ＰＣ的廠商，都需要在每一台ＰＣ上標注英特爾和微軟的標誌，因為這兩個標誌，可以確定ＰＣ廠商品牌的價值。因為英特爾和微軟可以管理ＰＣ的價值鏈，也就獲得了自己的品牌地位。

第三步：始終如一交付價值的經理人。必須確保產品、銷售方法以及所確立的價值定位之間協調一致。為此，需要經理必須能夠對從產品設計、生產到銷售、分銷和定價這一完整的業務流程進行管理。大部分企業的經理人並沒有把自己和品牌打造連結在一起，經理人只是認為自己是一個管理者。事實上經理人是品牌能否成功的關鍵要素之一，因為經理人決定著產品的設計、品質等一系列決定產品價值的活動和資源分配。

如果經理人能夠保證始終如一的交付價值，顧客就會得到穩定、可靠的價值感。如果經理人沒有這樣去工作，而是用很低的標準在工作，無法提供穩定和可靠的產品，無法保證產品的一致性，品牌打造就會成為空話。這也許是中國企業打造品牌過程中，最容易出現問題的環節，當產品品質無法滿足交付標準的時候，一些經理人為了完成自己的業績，就會放棄品質標準而出貨。當遇到競爭對手處於有利地位的時候，經理人會選擇犧牲消費者的利益來換取自己一時的增長，以期奪回自己有利的市場地位。也許這些行為會獲得暫時性的成功，但是長久的傷害隱藏在裡面，就是對品牌的傷害。需要獲得品牌就需要經理人始終如一的交付價值。

第四步：清晰溝通價值的員工。品牌的真正代言人是企業的一線員工，只有企業的一線員工，能夠清晰地表達企業價值追求以及價值主張，這個產品才會真正深入人心。如果企業的一線員工都無法了解產品的價值，那麼企業就不會得到顧客對於產品價值的認可。我曾經到一家公司調查研究，發現了一個非常有意思的現象，這家企業的員工會很認真地對顧客說：「購買我們公司的產品是非常划算的，因為我們竭盡全力降低成本，這是我們公司的價值理念。」而顧客因為員工這樣的說明，放棄選擇這家公司的產品。我和顧客談話的時候，顧客告訴我說：「我們擔心這家公司的產品品質不夠好，因為公司的員工說，公司會竭盡全力降低成本，也許會偷工減料。」我想這是員工在傳遞公司價值主張的時候，沒有清晰地表達，引發了顧客不好的聯想。

另外一種情況也是我常常在調查研究中看到的，企業的員工並未從內心裡認同自己公司的產品，甚至把這種不認同的情緒傳遞到顧客那裡去，使得顧客對於企業產品認知有疑慮。如何讓員工深刻地理解公司的價值理念和產品的價值主張，如何幫助員工認同公司的產品價值並呈現在日常的行動中，是需要建立品牌的企業必須回答並確保解決的問題。

第五步：可細分的忠誠顧客。顧客被明確細分出來，並具有忠誠度是衡量品牌的一個關鍵指標，因此在經營過程中要不斷診斷一些問題，這些問題能夠幫助公司找出在品牌經營中的關鍵不足之處。例如，一家公司可能會發現，它所提供和推動的產品利益可能並不真正為目標消費者所看重。在這種情況下，為獲得消費者對品牌的忠實度而重新確立產品的價值定位和市場策略，是有必要的。

作為奢侈品的品牌路易．威登了解到它的細分顧客，是那些希望彰顯自己的優越、富有的人群，因此路易．威登總是把自己「LV」的標誌非常張揚地置於產品最明顯的位置，也正是因為這樣使得路易．威登的顧客忠誠度非常高。但是相對於另外一群顧客而言，他們希望的是低調的奢華，希望品味和財富被隱藏起來，路易．威登的產品就不適合這樣的細分顧客，而愛馬仕滿足了這個細分的客群，並設計了更高的價格、更加獨特性，以及產品類型的唯一性。愛馬仕的這些努力，幫助到細分顧客更加明確自己的忠誠度，也讓愛馬仕本身獲得了品牌的更高溢價。

第六步：能夠承受的增長速度。增長本身是一個企業追求的目標，但是這個目標需要成為品牌的一個基礎而不是相反，如果一個企業因增長而帶來的是市場和顧客認同的損傷，那麼這樣的增長就不是能夠承受得了的。二〇一〇年豐田汽車的「品質門」事件，對於豐田品牌的傷害是極其明顯的。而當豐田公司自己在做反思的時候，它們理解到因為豐田追求全球汽車行業第一名的位置，不斷進行擴充和增長，使得在最近五年來把增長放在企業策略的第一位，而忽略了豐田作為經營哲學的「品質」。一味地增長和擴張，使得豐田忽略了產品品質，忽略了技術創新與品質的關係，更是忽略了顧客對於豐田產品可靠性的信任和依賴。

在豐田一味追求增長的過程中，因為品質缺失而導致大量召回汽車的經營現狀，導致了人們對於豐田品牌的疑慮，再加上二〇一一年的福島海嘯，給豐田公司造成極大的衝擊，使得將全球汽車行業第一名保持了二十年之久的豐田汽車，在二〇一一年被美國的通用汽車超越，也許日本經濟持續低迷也是影響豐田發展的原因，但是過度增長和擴張而導致的品質問題，一定是影響品牌忠誠度的關鍵因素之一。

第七步：真正的利潤增長。建立品牌需要大量的投入，從產品設計開始、供應商選擇的標準、生產過程的標準控制，通路有效性、交付的價值，最終到顧客感知的價值，在這個長長價值鏈的每個環節都需要投入，並以高標準來完成。因此，品牌產品一個顯著的調整，就是擁有較高的價格體系。也正是因為在價值鏈的每一個環節的高投入，使得顧客在獲取產品的時候，願意支付高的價格，並感受到高的價值，而在這個時候，往往品牌已經深入顧客心中，或者說品牌已經打造成功。一個成功的品牌一定會獲得高的價值認同，並讓顧客願意支付高價格，藉此品牌可以創造出屬於自己的價值，而不是單純的產品價值，企業也因為品牌所創造的價值而獲得真正的利潤增長。無法提供高價格並且這個價格還是顧客所願意接受的，那麼企業就無法得到真正的利潤增長，沒有真正的利潤增長，就無法建立真正的品牌。

經過這樣的七步，才可以確認企業品牌發展的道路完成，之後循環反覆、不斷持續，企業才會得到一個真正的品牌。所以，可以說品牌發展之路也是企業發展之路，致力於建立品牌的企業，也往往會獲得持續的發展，因為伴隨著品牌發展之路，可以幫助企業從產品功能識別與形象識別，價值鏈各個成員的價值貢獻，始終如一交付價值的經理，清晰溝通價值的員工，可以細分的忠誠顧客，能夠承受的增長速度到真正的利潤增長，這七個階段都有效地達成，的確可以扎實企業的基礎並獲得強勁的品牌與發展。

品牌建立的環境

品牌的建立取決於消費者的認知，而不僅是企業自身的努力。我曾經花了一些時間來研究，為什麼近二百年來，大部分的品牌都源自歐洲？一種觀點認為歐洲是早期資本主義國家，經濟發達，所以可以誕生很多品牌；另一種觀點認為歐洲有著深厚的文化底蘊，可以很細膩地表達，並獲得共鳴。也許這些觀點都可以成立。但是，深入地思考之後，我發現，歐洲之所以在近二百年裡誕生這樣多的品牌，和歐洲人的消費習慣有非常大的關係。在歐洲，人們消費並不是簡單地為了生活，而是表達一種立場，做出一種選擇，也正是因為這樣的緣故，為品牌誕生提供了堅實的基礎。

新奢侈主義者

二〇〇八年秋我在南京大學為EMBA的學生講課，一個學生告訴我說，他只住香格里拉酒店，我內心感到快樂，畢竟我遇到了新奢侈主義者。我喜歡新奢侈主義者的原因是，他們並不是富有的一族，他們所展現的也絕不是社會地位，他們所展現的卻是真情流露。曾經看到一個這樣的故事：傑夫是一個年薪五萬美元的美國建築工人，他花了一年時間存錢，買了一整套的卡拉威（Callaway）高爾夫球杆。在為期八個月的芝加哥高爾夫賽季期間，傑夫六點起床，下午四點趕到高爾夫球場，打上十八個洞。他說：「買這套球杆的原因是，它讓我感到富有。你可以經營世界上最大的公司，成為世界上最有錢的人，但是你買不到比這更好的球杆。當我在球場上把你們打得一敗塗地，我的感覺好極了，感到平等，我賺的錢比你們少，可我的日子比你們好。」這也是一個標準的新奢侈主義者。

奢侈品一直以來是作為商業時代的標籤以及品牌的標籤，成了個人美好生活與社會身分的象徵，所以我們看到很多人為了標籤他的富有，無節制地炫耀，如搖滾明星貓王曾駕駛私人飛機，耗費五千五百加侖汽油，只為買一個三明治，這是老派的擺闊。新派的做法如一九九八年甲骨文億萬富翁埃里森硬要參加海洋帆船比賽，那次比賽有六名水手死於高四十英呎的大浪和時速九十英哩的強風中。在美國經濟學家托爾斯坦·范伯倫的《有閒階級論》（*The Theory of the Leisure Class*）[5]裡，他們都是「招搖式的揮霍」、「對有閒階級而言，價格標籤與地位的關係極為重要，要表現財力並藉此取得或者維持名聲，手段就是招搖式的揮霍行為。」這種行為最為直接的好處，就是讓他們與窮人區別開來。這樣的奢侈是我所不屑的，而慶幸的是今天我也不屑這樣的奢華。

近來中國颳起了越來越強的奢侈品浪潮，在上海一場奢華展覽，歐洲人驚呼「中國的富人真是一擲千金」，我也驚訝於富人對於奢侈品的偏愛。改革開放只有三十多年的中國已經是全球第一大奢侈品消費市場。我的內心中還是有些隱隱地說不出的感受，記得前一陣在網上看到一場大辯論，一個自稱為「上等人」的人對於「下等人」不屑一顧，甚至認為這些「下等人」影響了市容市貌，結果引起軒然大波。好在出現一個「更加上等」的人出來告訴這個人說，你根本就不知道什麼才是真正的「上等人」，這個人提出幾個「上等人」的問題，比如：你穿什麼牌子的衣服？你擁有什麼品牌的汽車？你到哪裡度假？你喜歡什麼樣的紅酒？哪個年分的，什麼品牌？你養什麼樣的狗？等等，問這個人之後，得出結論這個人不是「上等人」。辯論才算是收場。

其實追蹤完這場網上的大辯論，我仍然還是不知道「上等人」到底是什麼樣的，但是我更關心的是，如果一個人以他能夠消費奢侈品作為標準，而把人分為「上等人」、「下等人」，這是非常奇怪的論調，這些人充其量只能夠稱為「有閒階級」。因為他在消費奢侈品牌的時候，除了感受到價格不菲之外，除了可以標榜自己能夠購買之外，對於這個品牌的本質，對於這個品牌的切實認同應該是沒有了解的，一個只是以品牌的外在來區分產品的人，無法對品牌給予絕對忠誠度的貢獻，也就無所謂品牌的建立基礎了。

我一直以為，如果不能夠有真正的新奢侈主義者，恐怕就不會有真正的品牌，我會把這兩者放在一起來看待。國慶假期我和全家人到壩上看塞外風光，去看將軍泡子的時候，需要騎馬，便與馬佚上路了。一路上，我發現小夥子拿了一個最新的諾基亞手機，我問他這裡的人是否很有錢，他笑著說沒有，但是他告訴我他喜愛諾基亞，只要是新款出來，他會把租馬的錢拿出來買手機，他說這是他最愛的事情。我看著他曬得黑黝黝的面孔，簡樸的衣著，甚至很舊的鞋子，知道他也是新奢侈主義者，他也許沒有什麼其他的東西，他也許不在意很多東西，但是他對於自己喜歡的品牌手機卻是全心全意地追求，這份追求讓他顯得很富有和滿足。

這讓我想起了二〇〇五年夏天的「超女現象」，超女的出現恐怕是一次新奢侈主義者很好的見證，上海七十四歲的老奶奶可以買一張機票從上海飛到長沙為自己喜歡的超女拉票，沒有別的原因，只是因為喜歡李宇春的帥氣。人們從各個角度來分析「超女現象」，我反而認為這是一次標準的人們奢侈行為的釋放，沒有這樣奢侈的衝動，也不會釀成一場聲勢浩大的「超女運動」。

新奢侈主義者與奢侈主義者的區別在於：前者更為關心自己內心與品牌的共鳴，後者更關心品牌對於自己身分的顯示。也許正是因為這樣，英國「下午四點因茶而停」誕生了「立頓」

紅茶，因為旅途的紳士般生活依靠而誕生了「LV」箱包。如果沒有這種真正內心的共鳴，也許我們看不到這兩個深入人心的品牌存在。在我的內心中，我一直渴望能夠看到中國品牌的深入人心，但我還是沒有看到，人們在不斷努力和不斷尋找原因的時候，會把原因歸結為產品、技術或者產品的溝通，但是我認為更重要的原因可能不是這些，更根本的原因是我們還沒有一個新奢侈主義者群體的出現，我們已經有了奢侈主義者群體，所以中國不乏超級消費者，但是我們還沒有新奢侈主義者。人們還沒有從內心中追隨一個品牌，並沒有真正渴望與這個品牌走在一起，不為凸顯、不為張揚，甚至不為名利，如果達到這個境界，品牌應該就是可以誕生了。

我有時會想起去重新翻看一本書，書裡介紹法國作家保羅·克洛岱爾（Paul Claudel）對於創作心態的描述，那是我認為最出色的部分，在他的《詩》中，詩人被詢問靈感自何處而來？為什麼他光是滔滔而言不加詮釋，所有的東西能夠明白了然？詩人回答說：

我說的非我所思，而是我的夢語，
我無法解釋它何在，因為牽起靈感的
非我，而是靈魂牽起我自己
我舒展內在的空白，張開嘴

讓靈息吹入，靈息吹出
我把它再現成理性的文辭
透過語言才聆悟自己所言語

這裡所表達的見解，恰恰是我所要表達的想法，品牌創造的道理也是如此，沒有對於人的生命的真實理解，沒有那樣一種被不可知力量從人體內吸乾抽盡的感受，創造又怎會出現；沒有類似於對於生命的理解和執著，類似對於生命的熱愛和追求，品牌是無法誕生的。我常常把品牌創造列入藝術創造之列，沒有把它看成產品或者技術，我固執地認為品牌和技術、和產品的關聯度沒有與藝術的關聯度大，甚至更固執地認為，以技術和產品無法成就品牌。

藝術作品是神妙之物，它具有感染力，不同於機械，不同於技術，它有能力感化與之相識的人，使其趨近於把作品創造出來時能表達藝術家的創造心態。我們在體會到與創作者一樣的心態時，我們所迷醉的是一樣的創造世界，就像我常常感受到貝多芬〈命運〉之門所叩響的音符，那種激動和震撼，很可能沒有達到貝多芬那樣的高度，但是，畢竟透過音樂，感染在我與貝多芬之間產生了，某種東西流了過來，我被感化趨於他的創作心態，他召喚我超越我自己。我關注新奢侈主義者，因為他們更容易進入這樣感染的狀態，他們對於品牌的偏愛可以超越他們自身，而這正是建立品牌顧客的基本前提。

時尚

一直認為時尚離我很遠，因為在我的生活裡更多的是讀書、寫書和看自然，當我這樣生活的時候，學生告訴我說：率性的生活正是他們內心中的時尚。我忽然被搞糊塗了，到底什麼是時尚呢？柏林的時尚是平底靴，自由舒適而不要太吸引眼球；倫敦的風格是搞怪和新潮，能夠吸引世人駐足才最重要。這兩種截然不同的風格，卻都代表了時尚。

《名利場》（*Vanity Fair*）雜誌的前時裝總監朱利亞・弗賴塔格（Julia Freitag）說：「我的時尚座右銘就是——我最喜歡的時刻，就是你處於對與錯的一線之間而不能確定的時候。因為這種時刻孕育著新的概念和可能性，而一個懼怕犯錯的人永遠也體會不到成功的喜悅。」[6]這個被譽為最時尚的人，卻堅持喜歡「特立獨行」的圈外人感覺，而這感覺所形成的風格被稱為時尚。看來需要弄清時尚的確不容易，它太「個性」、太「獨立」、太「主觀」，也正因為此，我甚至認為沒有足夠智慧的人是無法理解時尚的，更加難以把握時尚。

真的讓我開始認識時尚，是和亞敏的結識。那是在新加坡國立大學學校課程的海報上，我知道亞敏被稱為「時尚教母」，看來這一次我可以了解什麼是時尚了。課程的時間並不長，但是亞敏很認真地告訴我她會跟隨我的課程，之後新加坡國立大學在廣州開設巡迴課程，由我來主講，亞敏和智安就真的一個從台灣、一個從新加坡飛到廣州。我終於明白她的認真。這個課程之後，亞敏開始把她代理的產品、她的經營和設計理念，以及她的作品寄來給我，透過這些，我開始隱約了解到時尚內核的元素。

時尚就是一種感覺，一種生活方式，知道自己想要的，並努力去實現它。用亞敏給我的感受可以給出時尚定義：「由內而外的認真喜好。」

時尚是一個時代認同的喜好。久遠的是絲綢，那時，絲綢成為羅馬人狂熱追求的對象。古羅馬市場上絲綢的價格曾上揚至每磅[1]約十二兩黃金的天價，造成羅馬帝國黃金大量外流。這迫使元老院斷然制定法令禁止人們穿著絲衣，而理由除了黃金外流以外，則是絲織品被認為是不道德的。「我所看到的絲綢衣服，如果它的材質不能遮掩人的軀體，也不能令人顯得莊重，這也能叫作衣服？」然而到了一九五三年，克里斯汀．迪奧（Christian Dior）先生大膽地將裙下襬提至離地四十公分的位置，而當時女裝都是及地長裙，這不只是對傳統女裝的革新，他的這一舉動成為當時時尚界的轟動事件，更成為了一個時代永遠的象徵。時尚是一個個人的立場。小巧的「iPod」使得蘋果公司扭虧為盈，之後的「iPhone」則成為時尚的代言並引領著潮流。如果你也是「iPhone」一族的話，你肯定相信其時尚設計因素的加入，讓年輕人的立場有了代言人，從而創造出市場的神話。我常常喜歡去看汽車設計的變化，一代代的元素，引領的正是這一時代人的立場和選擇。每季的時裝發表會，不僅是向大家傳達時尚界的流行資訊，還

---

1 一磅＝454公克。

蘊涵了設計師的觀點和個人立場。

亞敏選擇Camper，是因為她出國期間看到了Camper推出的一款可愛娃娃鞋，由於太喜歡了，令她興起了代理的念頭，採用「毛筆」手寫企畫書，不說能替Camper賣多少雙鞋子，而是強調她的喜好，她對於鞋子和走路的認知，因此獲得賞識並取得了代理權，亞敏將Camper中文名，譯為「看步」。

亞敏認真地對待Camper，認真對待Camper和每一個接觸Camper的人，這就是她對於我的態度，為了選擇一雙適合的Camper鞋子給我，她會很認真地把說明書和產品冊子連同鞋子一起寄給我，甚至多次確認我的尺寸。她的同事說「她是不放過別人，也不放過自己的人。」就算是要做Camper的名片，或者是信封上的LOGO時，她也一定要求要跟Camper產品的顏色完全一樣，「光為了調整名片上小LOGO的色差，就修改了無數次。」在亞敏的眼裡，沒有一樣事情是可以馬虎的，不論是櫥窗擺設的角度，還是燈光明暗。這些細節無不彰顯Camper的風格，而這些風格把顧客和Camper連結起來，成為一體的Camper時尚。

中國自古就有「誠於中而形於外」的說法，這告訴我們，真正的形象就是借助於修飾和改造來凸顯你的個人氣質，使得他人能夠更好、更準確地透過你的外在形象收集有關你的「內在」訊息，這種「內與外」的交融，透過認真、細緻的安排，表明了純粹的立場，這就是時尚了。

時尚是充滿內心選擇和激情的，這一點讓我喜歡它。而正是這份內心的選擇和激情，讓自己可以藉由品牌表達自己的立場和喜好。每一個時尚的出現，都是一個品牌引領變化和表達欣喜的時刻，正如蘋果公司 iPad 的出現，引領了平板電腦的華麗轉型，這一波時尚潮流的出現，已經無法用語言來形容。

張愛玲說「對於不會說話的人，衣服是一種暗語，隨身帶著的一種袖珍戲劇。」透過腳上的 Camper 鞋傳遞給我的正是亞敏所傳遞給我的時尚認知。因為亞敏，我理解了時尚其實是透過人的外在反映人的內心，是一種屬於自己的選擇。時尚很寬容、很細膩，它允許你自己做出取捨；它允許你用自己的方式來表達、溝通；它允許你自己設立生存的空間，自由選擇屬於你自己的快樂和幸福。只要你願意，你內心呼喚，你認真、執著地喜好，時尚就在了，就是你生活的一部分，就是你。借用一句別人的話：「我們無法預測時尚，但你可以創造時尚。」當一系列的時尚展示著人們的喜好和選擇的時候，品牌作為時尚的表徵元素，就嵌入了人們的生活中。

概念化能力

二〇一〇年的上半年有兩件事情讓中國企業再一次被大家關注。一個是英國《金融時報》發布全球市值最大五百強企業排名，中石油首次超過美國埃克森石油公司，成為全球市值最大的企業，埃克森石油排在第二，微軟名列第三。一個是美國《財富》雜誌發布了二〇一〇年度《財富》世界五百強企業最新排名，有三家中國企業進入前十名，分別是中國石化、國家電網和中國石油。這兩件事並沒有讓我們特別開心，因為入榜的中國企業都有其特別的競爭優勢，這也就引申出一個問題，企業真正的競爭力到底是什麼？是市場規模、盈利能力還是其他？

如果仔細分析被公認具有市場競爭力的企業，不難發現這些企業除了市場規模、盈利能力，還具有一個非常特殊的地位：行業領導者的地位，品牌深入人心。具有市場競爭力的企業能夠引領行業的進步和變化，創造出產業的全新理解和潮流，能夠超越顧客的期望價值，能夠發現並創造性地實現顧客的價值，並能夠界定和釐清顧客和企業之間的溝通。這些企業也因此被稱為行業領導者和全球企業領袖，而此時企業也就擁有這個行業的領導者品牌地位，這讓我可以從領導技能中獲得啟示：這些企業具有概念化能力。

概念化能力就是複雜問題簡單化。二〇〇五年當我卸任公司總裁回歸到研究與教學職位的時候，記者在採訪中問了一個這樣的問題：教授與總裁這兩個身分有什麼區別？我的回答是這樣的：做教授的時候，一句話變八句話說，而做總裁的時候，八句話變一句話說。管理實踐強調複雜問題簡單化，需要概念能力，需要在紛繁的影響因素中尋找到關鍵因素，透過關鍵因素的把握和解決來提升整體的競爭力；而研究學者的思維方式是習慣於窮盡所有要素，尋找到因素之間的關聯，並力圖把這些關聯整理清楚，從而獲得完整的、體系性的認識和結論。

從管理的本身看，沒有概念能力是無法真正成為領導者並引領變化的。從二十世紀七〇年代開始，美國意識到經濟發展需要全球的資源，倡導「生態一體化」。在這個概念下，世界開始了全新的改變，之後的「經濟一體化」到「全球化」的概念，把技術、生態、變化以及區域的發展資源、不同地域的文化等所有的複雜性都統一起來，將全球統一成一體的認識之中。借助於概念能力，美國成為全球資源的管理者，並引領著世界朝著美國所引導的方向發展。

近幾年來中國一直謀求在世界體系中的話語權，很多人認為只要中國的經濟實力強大就應該具有世界話語權，這樣的想法有一定的道理，但是大家還需要理解另外一個關鍵：是否具備解決複雜問題的能力，沒有概念能力，所謂的世界體系中的話語權只能是一個願望或者空想。對於世界格局來說，其變化程度和複雜性更加劇烈，並不是單純經濟實力可以解決的，其中最關鍵的是如何達成共識，共識的基礎就是明確的概念理解，而這就是複雜問題簡單化的能力。

概念力是領先品牌的核心要素。一直以來很多管理者希望借鑑先進的企業經驗，把它們的管理體系複製過來；但是這樣的努力並沒有帶來實質上的效果，其原因是只了解這些優秀企業的體系，並沒有了解這些企業管理中的關鍵要素，也就是核心概念。當我們不斷地學習和分析美國西南航空公司（簡稱「西南航」）案例的時候，並沒有了解到美國西南航空公司之所以可以用總成本領先的策略持續成功，其關鍵概念是「盡可能最少地占用顧客的時間」。中國大部分企業都是以成本策略為選擇，但是並沒有誕生出像美國西南航空公司這樣優秀的公司，其背後的原因就是關鍵概念不同。中國企業的成本優勢來自於勞動力、土地資源、政策和原材料，而美國西南航空公司的成本優勢來自於時間效率，而時間效率是顧客看重的最重要價值訴求。當美國西南航空公司可以滿足顧客這個價值訴求的時候，其品牌也就根植於顧客心中。

管理的關鍵之一就是如何達成共識，共識的基礎就是擁有對概念的明確理解，這就是複雜問題簡單化的能力。正如西蒙[7]所說的：「管理理論的首要任務，就是要建立一系列概念，讓人們能用這些與該理論相關的術語來描述管理狀況。」在大部分情況下，人們會在管理領域探討概念化的問題，但是我借用概念化來表達企業與顧客達成共識的基礎和條件。那些獲得顧客認同的企業在概念化能力上，一定是卓越和超群的。如聯邦快遞的「使命必達」，招商銀行的「因您而變」等，這些清晰的概念非常容易獲得顧客內心的共鳴，從而認同和確認企業的品牌。

結語
誰會被拋棄

環境的不確定影響著企業的發展，但是總有企業無論在什麼環境下都可以獲得發展和持續。能夠超越環境，自己決定增長和持續的企業，一定是具有創新能力的企業，時代會拋棄一切落伍者。

二〇一二年五月，應新加坡國立大學管理學院EMBA十五班同學的邀請，我參加了該年度的同學聚會。在座談會上，同學們問得最多的問題是：這樣的經濟環境下企業該如何做？的確，這是目前困擾大家的根本性問題。外部環境的持續低迷給企業經營帶來了很多困難，無論是國際市場，還是中國市場，較之二〇〇八年的金融危機，似乎更加困難。在我看來，二〇〇八年的金融危機中企業依然可以保持增長，因為那個時間，中國本土市場以及消費者，特別是中國政府所動用的資源，使得人們並沒有失去對於市場的信心。溫家寶總理明確道出「信心比黃金更重要」的觀點，更加讓人們確信危機中依然可以做到增長。但是二〇一二年所遭遇的情況是：人們失去了信心，形勢下行、歐債危機、美國復甦遲緩、通膨的壓力，各國大選的不穩定因素等，成為人們日常生活中的基本共識。這樣的共識導致了信心危機，而這也正是比二〇〇八年更加困難的主要原因。

然而，不管環境如何變化，企業自身的發展是無法停滯的，在回答同學們問題的同時，我自己也必須回答在不確定環境下，企業如何發展的問題。面對這樣複雜的挑戰，就需要企業從多方面做出努力和改變，具體集中在以下四個方面。

⑴可持續性的安排。過去的三十年，因為外部環境和自身能力的提升，增長成為一個可持續的事實，人們習慣於用增長來表現持續，事實上也是增長拉動了持續性。因為習慣於增長，導致了企業管理者把增長與持續性等同起來，而沒有真的在持續性上奠定基礎。一個企業的持續主要來自於三個基本的層面。

第一，企業的商業模式符合顧客的期望。對於顧客的理解，成本構成的合理性，供應鏈的管理以及盈利模式的安排，特別是競爭力的可持續性安排，都能夠獲取顧客的認同。第二，擁有超越自我的能力。企業需要不斷調整自己以適應環境的變化，而不是緊抱著自己的優勢不放。大部分情況下，企業的優勢是隨著時間變化而調整的，如果不能夠與時俱進，優勢將會成為企業發展的障礙。第三，與環境互動的能力。社會化與互動，這是目前環境的一個基本特徵，這就要求企業具有與環境互動的能力，借助於環境帶來持續性。因此，增長並不是可持續性的根本原因，是一個階段性的特徵而已，企業管理者需要了解到如何保持可持續性，要求企業自己具備一些基本的能力。

(2)扎實企業基礎。當外部環境多變和不確定的時候，企業自身的能力顯得尤為重要，往往在這樣的條件下，企業之間不再是誰具有競爭優勢，而是誰具有不犯錯或者少犯錯的能力，一方面市場不再給犯錯誤企業新機會，另一方面資源和時間也不再允許企業犯錯。因此，企業需要增強自己的基礎，減少犯錯誤的機會。

一個強基礎的企業會在三個部分展現出能力：計畫管理、流程管理和組織管理。企業需要了解目標與資源之間的關係，以確保計畫管理有效地整合資源，並有效地運用資源以達成目標。企業需要發揮流程的效率，快速決策並有效決策，能夠借助於流程使得企業成員做出有效的判斷，並保障每一個業務事項順利展開，並獲得相應的支持。企業還需要借助於組織系統的能力，把責任與權力組合起來，讓組織可以真正匹配到策略執行之中，確保策略能夠轉化為企業實際的競爭能力和經營結果。這也許就是人們平常所說的企業內功，我也傾向於用企業內功來表達，需要明確的是，企業內功需要呈現在計畫管理、流程管理和組織管理的有效性上。

(3)持續的創新與創業。創新與創業是我最近思考最多的話題，相信大家都很熟悉創新與創業的基本內涵。所謂創新，就是將遠見、知識和冒險精神轉化為財富的能力；所謂創業，就是把創新放在一個組織中。重複這兩個詞的內在含義，就是要表達這樣一個想法，面對不確定性持續的創新與創業是一個非常有效的、必要的途徑。觀察市場中卓越的企業，一定會看到這些企業創新與創業的努力和成效，三年前我們驚訝於蘋果公司成功的時候，想不到今天三星對於蘋果的挑戰和超越。所以無論在任何環境、任何時代，只要持續創新和創業，就一定會取得令人意想不到的成功，具有創新與創業能力的企業，是不會受環境約束的。

(4)回歸經營的基本層面。企業經營的基本層面是由四個元素構成，它們分別是：顧客價值、成本、規模和盈利。當企業管理者能夠圍繞著這四個基本元素展開工作的時候，也許外部環境提供的機會不足夠，但是因為持續實現的顧客價值、合理且有競爭的成本、有效的規模，以及具有人性關懷的盈利，可以保證企業能夠超越環境獲得市場的認可，從而獲得自己的持續性和發展。

可持續性的安排、扎實企業基礎、持續的創新與創業和回歸經營的基本層面，針對這四個方面的努力，可以幫助在現今如此複雜與不確定性環境下的企業。因此，我和同學們交流自己的這些想法時強調，在現今的環境中，讓企業保持內在的動力，發展自己的能力是極其重要的，並不是環境是否提供機會，而是企業能夠做好一切準備接受全新的挑戰。

在人們不斷地想確認未來經濟何時復甦的時候，二〇一二年卻出現了奇蹟，那就是三星手機超越諾基亞、蘋果一躍成為世界第一，三星突破了亞洲企業代工的宿命，一個一九九八年才剛剛進入手機領域的全新品牌(那時候諾基亞已經超越摩托羅拉，成為世界上最大的手機製造商)，在二〇一二年首季手機銷量首次超過諾基亞，結束了後者十四年的領先地位。為什麼如此？

創新是最有效的途徑。三星不同於亞洲企業那樣以價廉取勝，三星的智慧手機並不比蘋果便宜，但速度更快，螢幕品質更好。三星向西方企業學習注重創新、市場和設計，把自己定位為高端產品，這樣使得三星可以脫離價格和成本控制的束縛。同時三星又具有亞洲企業控制成本的習慣，它既想方設法壓低成本，提高利潤率，又注重打造自己的高端形象，使得消費者不介意它較高的價格。三星研發費用占到它收入的九%，把其他亞洲企業甚至歐美企業都甩在後面。三星的研發不僅注重產品設計技術，對改進生產流程也很重視。員工可以在不同部門、產品、流程技術之間流動。和蘋果公司封閉的技術平台、利潤率至上的文化不同，三星推的是開放平台、多元業務經營，三星博採眾長，又做大又做強。三星也曾是蘋果最大的代工商之一，透過跑量它降低了自己零組件的成本，又學到了本領。三星把一個亞洲企業成功地轉型為創新型企業，並具有西方優秀企業的品牌和設計能力，這就是其創造奇蹟的內在因素。

從三星所創造的奇蹟之中，我們清醒地看到，唯有創新並持續累積自己獨特的能力，才會不受環境的約束，締造屬於自己的輝煌。蘋果如此、三星如此、華為如此、西門子也是如此。這些增長的企業都會圍繞著創新展開自己的策略，並清晰地界定創新的定義，西門子中國研究院SMART創新策略中[1]，用「SMART」確定其創新的含義：Simple（簡單易用）、Maintenance friendly（維修方便）、Affordable（價格適當）、Reliable（可靠耐用）、Timely to market（及時上市）。這五個面向都是顧客所關注的最直接的價值創新，也是這些企業獲得增長的根本原因。

賈伯斯曾經這樣引用畢卡索的觀點：「『好的藝術家抄，偉大的藝術家偷』。[2]我們從不為竊取奇思妙想而感到羞愧……」我認為，令麥金塔電腦（簡稱Mac）變得偉大的部分原因是，在它身上傾注心血的是音樂家、詩人、藝術家、動物學家和歷史學家，而他們恰恰又是世界上最棒的電腦科學家。由此我們可以看出蘋果為什麼可以成功，因為從思維方式上，賈伯斯已經為蘋果注入了全新的產品概念，難怪日本評論家嘲諷說：「我們可以為一部iPhone提供六〇%的零件，卻再無能力奉獻walkman。」[3]這真是需要中國企業反思並做出改變的行動。

時代會拋棄一切落伍者。實際上，在柯達之前，很多攝影器材的佼佼者也破產了，如美能達（Minolta）、愛克發（AGFA）等，柯達應該了解到這個產業發展的趨勢，以及技術帶來根本性的消費習慣改變，但是為什麼依然沒有逃離同樣的宿命。如果分析柯達目前的困境，正所謂「成也底片，敗也底片」，正是陶醉於底片業務的巨大利潤，在數位影像產品蜂擁而至後，柯達的轉型顯得沉痛而緩慢。在錯失轉型的最佳時機後，柯達如今已不得不透過拋售專利等方式賣血求生。

回顧最近短短的十幾年的時間，可以看到很多曾經是行業巨頭的企業無法延續自己以往的風光，柯達、黑莓、索尼、松下等，相反蘋果、三星、華為等為什麼會增長？失去輝煌的一定不是市場的原因，一定是企業自己故步自封，自我陶醉，看不到危機，甚至滿足於自己所具有的核心優勢。創造奇蹟的，也一定不是市場的原因，一定是企業自己不斷地超越自己，不斷地轉型和調整，時時讓自己具有高度的危機意識。這樣巨大的反差，源於企業自己是否願意做出轉型，並為此付出極大的努力和傾注足夠的熱情。轉型對於今天的企業而言是如此重要，如果不願意為轉型做出努力，就會被淘汰。德國媒體評論認為：「在科技面前，沒有人能一直高高在上，時代會拋棄一切落伍者。」[4]

注釋

第一章　經營的基本元素

[1] 財經網。哈佛筆記：曼昆的經濟學第一課[EB/OL]。財經網文化頻道，http://culture.caixin.com/2007-11-10/100053415.html, 2007-11-10。

[2] 彼得・杜拉克。彼得・杜拉克的管理聖經[M]。齊若蘭，譯。台北：遠流出版，2004。

[3] 孫進。騰訊360之戰擴大化誰在霸權？[EB/OL]。第一財經日報，http://tech.china.com/zh_cn/news/net/domestic/11066127/20101105/16228340.html, 2010-11-05。

[4] Levitt T. Marketing Myopia[J]. Harvard Business Review, 1960, 54 (5): 45-56.

[5] Porter M E. What Is Strategy[J]. Harvard Business Review, 1996, 74 (6): 61-78.

[6] Prahalad C K, Ramaswamy V. Co-opting Customer Competence[J]. Harvard Business Review, 2000, 78 (1): 79-87.

[7] 普哈拉、雷馬斯瓦米。消費者王朝：與顧客共創價值[M]。顧淑馨，譯。台北：天下雜誌出版社，2004。

[8] Prahalad C K, Ramaswamy V. Co-creation Experiences:The Next Practice In Value Creation[J]. Journal of Interactive Marketing, 2004, 18 (3): 5-14.

[9] Prahalad C K, Ramaswamy V. Co-creating Unique Value With Customers[J]. Strategy & Leadership, 2004, 32 (3): 4-9.

[10] 陳春花。超越競爭：微利時代的經營模式[M]。北京：機械工業出版社，2007。

[11] 美國國家品質獎官方網頁：http://www.nist.gov/baldrage/baldrige-award。

[12] Treacy M, Wiersema F. The Discipline of Market Leaders: Choose Your Customers, Narrow Your Focus, Dominate Your Market [M]. New York: Harper Collins Publisher, 1997.

[13] 汪洋。富士康給生產線工人加薪30％ [EB/OL]。全景網新聞頻道，http://www.p5w.net/news/gncj/201006/t3011942.htm, 2010-06-03。

[14] 王如晨、李娟。富士康再加薪66％一年或新增50億元成本[EB/OL]。第一財經日報，http://it.people.com.cn/GB/42891/42893/11810250.html, 2010-06-08。

[15] 李學詩。美國西南航空公司案例分析[EB/OL]。中華英才網，http://blog.chinahr.com/blog/lxs7000/post/37837, 2007-06-03。

[16] 大野耐一。追求超脫規模的經營：大野耐一談豐田生產方式[M]。吳廣洋，譯。台北：中衛發展中行發行，2011。

[17] 山姆．沃爾頓、約翰．惠伊。富甲天下—Wal-Mart創始人山姆．沃爾頓自傳[M]。李振昌、吳鄭重，譯。台北：足智文化有限公司，2018。

[18] 李延龍。麥當勞傳奇[M]。北京：中國鐵道出版社，2007。

[19] 經濟觀察報。過冬法則：40家傑出企業渡過金融危機的策略[M]。北京：中國紡織出版社，2009。

[20] 陳春花。管理的常識：讓管理發揮績效的七個基本概念[M]。北京：機械工業出版社，2010。

[21] 石川康。稻盛和夫的經營哲學[M]。北京：電子工業出版社，2011。

[22] 大野耐一。追求超脫規模的經營：大野耐一談豐田生產方式[M]。吳廣洋，譯。台北：中衛發展中行發行，2011。

[23] 任正非。讓聽得見炮聲的人來決策[EB/OL]。網易財經，http://money.163.com/09/0318/11/54MENIJ2002524TH.html, 2009-03-18。

[24] 陳春花。中國企業的下一個機會：成為價值型企業[M]。北京：機械工業出版社，2008。

[25] 21世紀經濟報導。比亞迪進入三年調整期王傳福認錯員工安心[EB/OL]。網易財經，http://money.163.com/11/0914/03/7DSPVG1300253B0H.html, 2011-09-14。

[26] 北京晨報。王傳福認錯比亞迪檢討盲目擴張銷售網絡[EB/OL]。騰訊財經，http://finance.qq.com/a/20120427/007964.htm, 2012-04-17。

[27] 理查德．彌尼特。市場份額的神話[M]。歐陽昱，譯。北京：北京師範大學出版社，2006。

[28] 豐田章男。豐田章男社長發言稿[EB/OL]。豐田官方網站，http://www.toyota.com.cn/information/show.php?newsid=450, 2010-03-01。

[29] 傑弗里．揚、威廉．西蒙。活著就為改變世界：史蒂夫．喬布斯傳。蔣永軍，譯。北京：中信出版社，2010。

[30] 威廉．大內。Z理論[M]。黃明堅，譯。臺北：長河出版社，1985。

[31] 查爾斯．韓第。適當的自私：人與組織的希望與追尋[M]。趙永芬，譯。台北：天下遠見出版，1998。

第二章　策略的本質

[1] 羅伯特．伯格曼。策略就是命運[M]。高梓萍、彭文新、鄒立堯，譯。北京：機械工業出版社，2004。

[2] 財經網。哈佛筆記：曼昆的經濟學第一課[EB/OL]。財經網文化頻道，http://culture.caixin.com/2007-11-10/100053415.html, 2007-11-10。

[3] Johnson M W, Christensen C W, Kagermann H, Harvard Business Review, Mundt T. *Reinventing Your Business Model* (Harvard Business Review) [M]. Boston: Harvard Business School Publishing, 2008.

[4] Porter M E. What Is Strategy. Harvard Business Review, 1996, 74 (6): 61-78.

[5] 葛斯納。誰說大象不會跳舞？：葛斯納親撰IBM成功關鍵[M]。羅耀宗，譯。台北：時報出版，2003。

[6] 彼得．杜拉克。下一個社會[M]。劉真如，譯。台北：商周出版，2002。

[7] 華夏時報。工信部未明提反對聯通iPhone4新政軟著陸[EB/OL]。騰訊科技，http://tech.qq.com/a/20101204/000178.htm, 2010-12-04。

[8] 湯馬斯．希伯。客戶至上：Siebel總裁解析十大成功案例[M]。羅惟正，譯。北京：機械工業出版社，2002。

[9] 湯馬斯．佛里曼。世界是平的[M]。楊振富、潘勛，譯。台北：雅言文化，2007。

[10] 騰訊專訪。可口可樂Kiger：數字營銷關鍵是講好故事[EB/OL]。騰訊科技，http://tech.qq.com/a/20100623/000084.htm, 2010-06-23。

[11] 琳達．S．桑福德、戴夫．泰勒。開放性成長：商業大趨勢（從價值鏈到價值網絡）[M]。劉曦，譯。北京：東方出版社，2008。

[12] 琳達・S・桑福德、戴夫・泰勒。開放性成長：商業大趨勢（從價值鏈到價值網絡）[M]。劉曦，譯。北京：東方出版社，2008。
[13] 孫維晨。萬通地產與首開股份五年來首現虧損[EB/OL]。中國經濟週刊，http://finance.ifeng.com/news/house/20120508/6424929.shtml, 2012-05-08。
[14] 《財富》中文版。2011年世界500強排行榜（企業名單）[EB/OL]。財富中文官方網站，http://www.fortunechina.com/fortune500/c/2011-07/07/content_62335.htm, 2011-07-07。
[15] 陳春花，趙海然。爭奪價值鏈[M]。北京：中信出版社，2004。
[16] Kotler P, Levy S J. The Concept of Marketing[J]. Journal of Marketing. 1969, 33 (1): 10-15.
[17] Kotler P. A Generic Concept of Marketing[J]. Journal of Marketing. 1972, 36 (2): 46-54.
[18] 曹艷愛。廠商合作帶來的渠道價值鏈增值[J]。家用電器科技。2002 (4): 56-58。
[19] Nokia-Press Release. Nokia Outlines New Strategy, Introduces New Leadership, Operational Structure[EB/OL]。諾基亞官方網站，http://press.nokia.com/2011/02/11/nokia-provides-financial-targets-and-forecasts-linked-to-new-strategy/, 2011-02-11。
[20] Nokia - Press Release. Nokia and Microsoft Announce Plans for a Broad Strategic Partnership to Build a New Global Ecosystem[EB/OL]。諾基亞官方網站，http://press.nokia.com/2011/02/11/nokia-provides-financial-targets-and-forecasts-linked-to-new-strategy/, 2011-02-11。
[21] Ormerod P. Why Most Things Fail[M]. London: Faber & Faber, 2005.
[22] Solomon M R. *Consumer Behavior*[M]. New Jersey: Pearson Education, 2006.
[23] 菲利普・科特勒。科特勒：經濟衰退時期的差異化競爭[EB/OL]。中國家電網，http://news.cheaa.com/2009/1012/202560.shtml, 2009-10-12。
[24] 財經網。哈佛筆記：曼昆的經濟學第一課[EB/OL]。財經網文化頻道，http://culture.caixin.com/2007-11-10/100053415.html, 2007-11-10。

第三章　行銷的本質

[1] 陳春花。回歸基本層面：中國營銷問題的思考[M]。北京：機械工業出版社，2006。
[2] 陳春花。冬天的作為：金融危機下的企業如何逆勢增長[M]。北京：機械工業出版社，2009。
[3] 彼得・杜拉克。德魯克文集[M]。王伯言、沈國華，譯。上海：上海財經大學出版社，2006。
[4] 黃沙、饒宇鋒。財經時報：阿里巴巴背後的資本力量[EB/OL]。阿里巴巴貿易資訊，http://info.china.alibaba.com/news/detail/v0-d1001112853.html, 2007-11-02。
[5] 湯馬斯・佛里曼。世界是平的[M]。楊振富、潘勛，譯。台北：雅言文化，2007。
[6] 中華工商時報。中國美國商會發佈年度調查報告美企業競爭力愈加依賴在華表現[EB/OL]。網易財經頻道，http://money.163.com/07/0428/23/3D71J10F00251OBD.html, 2007-04-28。
[7] 葛鑫。憤怒的小鳥如何贏得世界[EB/OL]。商業價值，http://content.businessvalue.com.cn/post/3027.html,2011-01-14。
[8] 劉逸之。靠文化賣出「喜羊羊」[J]。企業文化。2010, (4): 57-58。
[9] 菲利浦・科特勒、陳就學、伊萬・塞提亞宛。行銷3.0 [M]。顏和正，譯。台北：天下雜誌出版，2011。
[10] 史考特・貝伯瑞、史蒂芬・芬尼契爾。品牌新世界[M]。苑愛玲，譯。北京：中信出版社，2004。
[11] 陳春花。管理的常識：讓管理發揮績效的七個基本概念[M]。北京：機械工業出版社，2010。
[12] 陳春花。從理念到行為習慣：企業文化管理[M]。北京：機械工業出版社，2010。
[13] 約瑟夫・熊彼特。經濟發展理論（百年經典重譯版）[M]。蕭美惠譯。台北：商周出版，2015。
[14] 亞德里安・斯萊沃斯基、大衛・莫里森、鮑伯・安德爾曼。發現利潤區（白金版）[M]。凌曉東，譯。北京：中信出版社，2010。

第四章　產品的本質

[1] 劉世錦。中國國有企業的性質與改革邏輯[J]。經濟研究。1995, (4): 29-36。
[2] 經濟日報。李健熙：「除了老婆孩子一切都要變」[EB/OL]。新華網財經頻道，http://news.xinhuanet.com/fortune/2003-06/30/content_944984.html, 2003-06-30。

[3] Cherry。致敬喬布斯：喬布斯經典語錄之生存成長篇[EB/OL]。eNet矽谷動力，http://www.enet.com.cn/article/2011/1009/A20111009921128.html, 2011-10-09。

[4] Hamel G, Prahalad C K. Strategic Intent [J]. Harvard Business Review. 1989, 83 (7): 148-161.

[5] Hamel G, Prahalad C K. Strategic Intent [J]. Harvard Business Review. 1989, 83 (7): 148-161.

[6] 小米公司官方網站（關於小米）：http://www.xiaomi.com/about.

[7] 經濟觀察網。品牌活動文章：北京小米科技有限責任公司[EB/OL]。經濟觀察網品牌活動，http://www.eeo.com.cn/2012/0427/225344.shtml, 2012-04-07。

[8] 創業幫。40歲雷軍重新開始二次創業：人因夢想而偉大[EB/OL]。創業幫互聯網人物，http://news.cyzone.cn/news/2011/07/13/206445.html, 2011-07-13。

[9] 夏勇峰。揭秘小米：雷軍重新發明手機[EB/OL]。商業價值（北京），http://tech.163.com/11/0809/17/7B1HD0D1000940FL.html, 2011-08-09。

[10] 段曉燕。專訪雷軍：小米，「火山口」上的競賽[EB/OL]。http://www.21cbh.com/HTML/2011-10-9/zMMDcyXzM2OTkzMA.html, 2011-10-09。

[11] 小米公司官方網站（發展經歷）：http://www.xiaomi.com/about/history。

[12] 田小紅。該向許振超學什麼[EB/OL]。學習時報，http://www.china.com.cn/xxsb/txt/2007-05/28/content_8312636.html, 2004-03-25。

[13] 羅夫．錢森。夢想社會：後物質主義世代的消費國度：[M]。沈若薇，譯。台北：美商麥格羅希爾，2000。

[14] 西部超導材料科技股份有限公司官方網站（公司簡介）：http://www.c-wst.com/GongSiJianJie/GongSiJianJie.asp。

[15] 陝西日報。西部超導「人造太陽」計畫的「西安元素」——來自西安經開區中小企業的報導[EB/OL]。陝西日報經濟頻道，http://www.sxdaily.com.cn/data/jjxw/20110729_86716656_2.html, 2011-07-29。

[16] 西安日報。西部超導「人造太陽」計畫完成立志做百年老店[EB/OL]。華商新聞，http://news.hsw.cn/system/2011/07/21/051044203_02.shtml, 2011-07-21。

[17] 普哈拉、雷馬斯瓦米。消費者王朝：與顧客共創價值[M]。顧淑馨，譯。台北：天下雜誌出版社，2004。

第五章 服務的本質

[1] 約瑟夫・派恩、詹姆斯・吉爾摩。體驗經濟時代（十週年修訂版）：人們正在追尋更多意義，更多感受[M]。夏業良、魯煒、江麗美，譯。台北：經濟新潮社，2013。

[2] 孫海藍。管理文化到文化管理——打造服務企業的文化營銷[EB/OL]。搜狐博客，http://moonshl.blog.sohu.com/116398349.html, 2009-05-14。

[3] 孫海藍。向海景花園大酒店學服務！[EB/OL]。谷逸人力資源專業博客，http://space.goiee.com/html/79/48779-60335.html, 2007-12-06。

[4] 黃鐵鷹、梁鈞平、潘洋。「海底撈」的管理智慧[J]。哈佛商業評論（中文版）。2009, (4): 82-91。

[5] 約瑟夫・派恩、詹姆斯・吉爾摩。體驗經濟時代（十週年修訂版）：人們正在追尋更多意義，更多感受[M]。夏業良、魯煒、江麗美，譯。台北：經濟新潮社，2013。

[6] 山姆・沃爾頓、約翰・惠伊。富甲天下——Wal-Mart創始人山姆・沃爾頓自傳[M]。李振昌、吳鄭重，譯。台北：足智文化有限公司，2018。

[7] 李紅柳。西南航空：強大企業凝聚力保障高效率[EB/OL]。效率專家，http://blog.sina.com.cn/s/blog_72037e530100ploy.html, 2011-03-01。

[8] 陳春花。回歸基本層面：中國營銷問題的思考[M]。北京：機械工業出版社，2006。

[9] 梁美娜。上汽通用金融公司總經理：高利率帶來高質服務[EB/OL]。中國經營報，http://data.book.hexun.com/1037168.shtml, 2005-02-18。

[10] Nayar V、蔡威。管理應重新回歸一線員工[J]。管理@人。2010 (12): 16-19。

[11] 趙珊珊。外企與國企培訓策略對比[J]。運籌與管理。2003, 12 (5): 124-126。

[12] 趙珊珊。外企與國企培訓策略對比[J]。運籌與管理。2003, 12 (5): 124-126。

[13] 任正非。讓一線來呼喚炮火[EB/OL]。中國企業家（北京），http://tech.163.com/09/0318/11/54ME5HMA0009387B.html, 2009-03-18。

第六章 共享價值鏈

[1] 麥可．波特。競爭優勢[M]。李明軒、邱如美，譯。台北：天下文化出版社，2010。

[2] 袁磊。什麼是價值鏈[EB/OL]。深圳商報，http://paper.sznews.com/n1/ca1233549.htm, 2004-10-27。

[3] Kotler P, Levy S J. The Concept of Marketing [J]. Journal of Marketing. 1969, 33 (1): 0-15.

[4] Kotler P. A Generic Concept of Marketing [J]. Journal of Marketing. 1972, 36 (2): 46-54.

[5] 曹艷愛。廠商合作帶來的渠道價值鏈增值[J]。家用電器科技。2002, (4): 56-58。

[6] Williamson O. Markets and Hierarchies[M]. New York: Free Press, 1975.

[7] 陳尚雲。三星「星世界」立足渠道共贏未來[EB/OL]。MSN中文網首頁科技頻道，http://it.msn.com.cn/network/118672/153852532946.shtml, 2010-04-13。

[8] 李志剛、孫秀梅、張蕭。宜家家居的經營模式分析[J]。企業管理。2010 (10): 56-58。

[9] Jack Li。善用渠道創造新優勢[EB/OL]。世界經理人網站，http://www.ceconline.com/sales_marketing/ma/8800021942/01/, 2002-04-01。

[10] Steven Wheeler Evan Hirsh。尋求渠道差異化優勢[J]。企業標準化。2002 (3): 40-41。

[11] Kanter R M. Collaborative Advantage :The Art of Alliances[J]. Harvard Business Review. 1994, 72 (4): 96-108.

[12] 王雪。騰訊開賣當當圖書 QQ用戶可直接下單購買[EB/OL]。eNet矽谷動力，http://www.enet.com.cn/article/2012/0702/A20120702130322.shtml, 2012-07-02。

[13] 計世網。IBM商業價值研究院發佈中國公司發展觀點[EB/OL]。計世網資訊頻道，http://www.ccw.com.cn/work2/news/pinglun/htm2008/20080807_480118.htm，2008-08-07。

[14] Hamm S. Master Plan for a Big Blue World [EB/OL]。商業週刊，http://www.businessweek.com/stories/2005-05-22/master-plan-for-a-big-blue-world, 2005-05-02。

第七章　品牌的本質

[1] 普哈拉、雷馬斯瓦米。消費者王朝：與顧客共創價值[M]。顧淑馨，譯。台北：天下雜誌出版社，2004。
[2] 財經網。哈佛筆記：曼昆的經濟學第一課[EB/OL]。財經網文化頻道，http://culture.caixin.com/2007-11-10/100053415.html, 2007-11-10。
[3] 陳春花。在蒼茫中點燈[M]。北京：機械工業出版社，2008。
[4] 史考特・貝伯瑞、史蒂芬・芬尼契爾。品牌新世界[M]。苑愛玲，譯。北京：中信出版社，2004。
[5] 范伯倫。有閒階級論[M]。李華夏，譯。台北：左岸文化，2007。
[6] 嚴軍。Julia Freitag：時尚圈中的多角色人生[EB/OL]。優家網，http://uplus.metroer.com/people/content/10626-1, 2009-07-09。
[7] 普哈拉、雷馬斯瓦米。消費者王朝：與顧客共創價值[M]。顧淑馨，譯。台北：天下雜誌出版社，2004。

結語　誰會被拋棄

[1] 石磊。西門子變Smart[EB/OL]。第一財經週刊，http://tech.qq.com/a/20100107/000383.htm, 2010-01-07。
[2] 大公報。日本電子業大敗局：錯失互聯網大潮[EB/OL]。大公網財經頻道，http://www.takungpao.com/finance/content/2012-04/23/content_42697.htm, 2012-04-23。
[3] 新華國際。外媒：喬布斯經典語錄[EB/OL]。新華網，http://news.xinhuanet.com/world/2011-10/07/c_122124095.htm, 2011-10-07。
[4] 馬想斌。柯達落敗時代拋棄落伍者[EB/OL]。每日經濟新聞，http://www.21cbh.com/HTML/2012-1-21/3NMDM2XzM5Njk3Nw.html, 2012-01-21。

經營的本質（二版）：回歸4大基本元素讓企業持續成長
The Essence of Business Operations

作　　者　陳春花
責任編輯　夏于翔
協力編輯　王彥萍
內頁構成　李秀菊
封面美術　兒日

發 行 人　蘇拾平
總 編 輯　蘇拾平
副總編輯　王辰元
資深主編　夏于翔
主　　編　李明瑾
業　　務　王綬晨、邱紹溢
行　　銷　廖倚萱
出　　版　日出出版
地址：10544台北市松山區復興北路333號11樓之4
電話：02-2718-2001 傳真：02-2718-1258
網址：www.sunrisepress.com.tw
E-mail信箱：sunrisepress@andbooks.com.tw

發　　行　大雁文化事業股份有限公司
地址：10544台北市松山區復興北路333號11樓之4
電話：02-2718-2001 傳真：02-2718-1258
讀者服務信箱: andbooks@andbooks.com.tw
劃撥帳號：19983379 戶名：大雁文化事業股份有限公司

印　　刷　中原造像股份有限公司
二版一刷　2023年9月
定　　價　499元
I S B N　978-626-7261-84-2

國家圖書館出版品預行編目（CIP）資料

經營的本質：回歸4大基本元素讓企業持續成長／陳春花著. -- 二版. -- 臺北市：日出出版：大雁文化發行, 2023.09
352面；17×23公分
ISBN 978-626-7261-84-2（平裝）
1. 企業管理　2. 企業經營
494.1　　112013288

圖書許可發行核准字號：文化部部版臺陸字第108019號
出版說明：本書由簡體版圖書《經營的本質》以正體字在臺灣重製發行。